미용영양학

심은경 · 이순례

청구문화사

머리말

건강한 아름다움은 복잡하고 다양한 현대인들의 삶에 기본적인 자기관리의 개념이 되고 있다. 타고난 외형적인 아름다움은 올바른 식생활과 규칙적인 습관을 통하여 더욱 빛을 발하며 피부를 통해 건강을 사정할 수 있는 하나의 지표가 될 수 있다. 영화에서나 볼 수 있는 창백하거나 침상에 누워있는 연약한 아름다움 보다는 건강하고 기능적이고 활발한 현대인의 아름다움이야 말로 진정한 의미의 아름다움으로서 그 정의가 변화하고 있다.

건강한 아름다움을 유지, 증진하기 위하여 올바른 식생활을 위한 기본적인 영양소의 종류 및 기능, 소화흡수 및 대사 등에 대한 기본 지식을 제공하고 필요한 분야에 적용하게 하기 위하여 이 책을 정리해 보았다.

이 책을 통하여 올바른 식생활의 중요성과 스트레스가 미용에 어떠한 영향을 미치는지 알 수 있도록 기술하였으며 비만과 식이, 생애주기별 영양관리 및 각 연령별 식생활지침을 제시하고 또한 영양과 질병과의 관련성에 대해 언급하였다.

요즈음에는 질병에 걸린 후의 의료적인 접근보다는 일상생활에서 질병을 예방하는 방편으로서 잘 살아가는 방법을 위한 식생활에 대한 중요성에 대하여 여러 매스미디어를 통하여 관련된 지식과 정보가 다양하게 제공되고 있다.

또한 시중에 판매되고 광고를 통하여 접하고 있는 다이어트, 활성산소, 산성과 알칼리성 음식 및 건강기능 보조식품에 대한 기본적인 지식을 제공하여 올바른 영양섭취에 대한 기본 개념을 형성할 수 있도록 하였다.

부디 이 작은 책자가 올바른 식생활의 지침이 되어 미용은 물론 건강한 삶을 유지해 나가는데 도움이 되어주길 바라는 바이다.

항상 책을 탈고할 즈음엔 아쉬움과 부족함으로 송구한 마음이 생긴다. 이 책이 나오기까지 모든 부분을 철저히 감수해주신 청구문화사 이상태 대표님과 이민석 부장님, 편집부직원들께 깊은 감사를 전한다.

2015년 새봄

저자 일동

목 차

PART Ⅰ 영양학개론

PART Ⅳ 생애주기별 영양

PART V 다이어트, 활성산소, 산성음식과 알칼리성 음식, 건강기능 보조식품

PART I

영양학개론

제1장
영양학개론

현대인의 삶의 질을 높이기 위한 여러 노력들은 건강한 몸 상태를 유지하는 것을 기본으로 하고 있다. 건강한 신체와 체력을 바탕으로 외부적으로 활발한 활동 및 아름다움을 유지하기 위한 필수적인 요소가 올바른 식습관임은 강조해도 과언이 아니다. 부족하거나 지나치지 않는 건강한 식습관이야말로 현대인의 과도한 스트레스로 인한 불건강한 상태로부터 벗어날 수 있는 근본적인 해결책이라 할 수 있다.

그러므로 건강한 영양상태가 무엇이며 그 상태를 유지 · 증진시키기 위해 필요한 영양소가 또한 무엇인지 기본지식을 공부하고 운동 및 식이요법 등 자기관리 및 상담자로서의 필수적인 기초지식을 연마하도록 하자.

1. 미용과 건강

세계보건기구(WHO: World Health Organization)의 건강의 정의(1948)

"건강이란 단지 질병이 없는 상태뿐만 아니라 신체적-정신적-사회적으로 완전히 안녕한 상태(Health is a complete state of physical, mental and social well-being and not merely the absence of disease or infirmity)"이며 1998년에 건강의 정의에 "영적복지"(spiritual well-being) 개념을 추가하여 영혼의 건강까지 포함하는 개념으로 확대되었다.

미용은 건강의 개념이 완벽히 충족되는 것을 기본 조건으로 하여 건강한 아름다움의 중요성을 강조하고 진정한 미(美)는 건강한 신체, 정신과 사회적, 영적 건강이 조화로운 것에서 그 출발점을 갖는다.

2. 한국인을 위한 식생활 지침(2009.12. 보건복지부)

① 각 식품군을 매일 골고루 먹자

- 곡류는 다양하게 잡곡을 많이 먹는다.
- 여러 가지 색깔의 채소를 매일 먹는다.
- 다양한 제철과일을 매일 먹는다.
- 간식으로 우유, 요구르트, 치즈와 같은 유제품을 먹는다.
- 가임기 여성은 기름기 적은 붉은 살코기를 적절히 먹는다.

② 활동량을 늘리고 건강체중을 유지하자

- 일상생활에서 많이 움직인다.
- 매일 30분 이상 운동을 한다.
- 건강체중을 유지한다.
- 활동량에 맞추어 에너지 섭취량을 조절한다.

③ 청결한 음식을 알맞게 먹자

- 식품을 구매하거나 외식을 할 때 청결한 것으로 선택한다.
- 음식은 먹을 만큼만 만들고 먹을 만큼만 주문한다.
- 음식을 만들 때는 식품을 위생적으로 다룬다.
- 매일 세끼식사를 규칙적으로 한다.
- 밥과 다양한 반찬으로 균형 잡힌 식생활을 한다.

④ 짠 음식을 피하고 싱겁게 먹자

- 음식을 만들 때는 소금, 간장 등을 보다 적게 사용한다.
- 국물을 짜지 않게 만들고, 적게 먹는다.
- 음식을 먹을 때 소금, 간장을 더 넣지 않는다.
- 김치는 덜 짜게 만들어 먹는다.

⑤ 지방이 많은 고기나 튀긴 음식을 적게 먹자

- 고기는 기름을 떼어내고 먹는다.
- 튀긴 음식을 적게 먹는다(트랜스지방 섭취 금지).
- 음식을 만들 때 기름을 적게 사용한다.

⑥ 술을 마실 때는 그 양을 제한한다.

- 남자는 하루2잔, 여자는 1잔 이상 마시지 않는다.
- 임신부는 절대로 술을 마시지 않는다.

3. 미국인을 위한 식사지침(1995. 미국농무성)

① 다양한 식품을 골고루 먹자
② 신체활동에 맞는 균형 잡힌 식사를 하자
③ 정상체중을 유지하자
④ 곡류, 채소, 과일이 충분한 양의 식사를 선택하자
⑤ 지방, 포화지방산, 콜레스테롤이 적은 식사를 선택하자
⑥ 설탕은 너무 많이 먹지말자
⑦ 소금과 나트륨을 너무 많이 먹지말자
⑧ 술을 마신다면 적당량 마시자

4. 영양(nutrition)과 영양소(nutrients)

1) 영양

생물이 살아가는 데 필요한 에너지와 몸을 구성하는 성분을 외부에서 섭취하여 소화, 흡수, 순환, 호흡, 배설하는 과정을 영양이라고 한다. 즉, 영양은 외부에서 섭취한 영양소를 우리 몸의 구성요소와 에너지로 전환하는 과정이며 건강한 영양상태를 유지하는 것이라고 볼 수 있다.

영양은 상태나 과정이며 영양소는 물질을 뜻한다.

2) 영양소

인간은 생존에 필요한 에너지를 식물처럼 자기스스로 광합성 할 수 없기 때문에 외부로부터 필요한 물질을 섭취해야 한다.

영양소란, 성장과 건강의 유지 및 증진 등 정상적인 생리기능을 영위하기 위해서 섭취해야 하는 영양성분을 말하며, 특히 단백질, 지방, 당질, 비타민, 미네랄을 5대영양소(five major nutrients)라 한다. 또 물도 대단히 중요한 영양소이다. 단백질, 미네랄, 물은 주로 몸의 구성성분으로 작용하며 지방, 당질, 단백질은 에너지원으로, 비타민, 미네랄은 대사의 조절물질로 작용하고 있다. 또 단백질은 효소나 핵산의 합성소재로도 이용되며 생체반응의 촉매, 유전자 구성이나 기능의 발현을 위해서도 중요하다.

식이성 섬유질은 영양소에는 포함되지 않지만 생리적 기능에 관한 기전이 점차적으로 밝혀지고 있다.

3대영양소 : 탄수화물, 지질, 단백질
5대영양소 : 탄수화물, 지질, 단백질, 무기질, 비타민
6대영양소 : 5대영양소 + 물

제2장
열량영양소의 역할(3대영양소)

1. 탄수화물(Carbohydrate)

탄소(C), 수소(H), 산소(O)의 비율이 1 : 2 : 1로 일정하며 일반식은 $Cn(H_2O)m$으로 다양하게 결합된 유기화합물이다. 탄수화물이라는 이름은 일반식이 마치 탄소에 물 분자가 결합한 수화물의 형태를 띠고 있다고 하여 붙여졌지만 실제로 탄수화물 분자는 수화물은 아니다.

대부분의 단당류분자들은 $Cn(H_2O)m$의 일반식을 따르지만 디옥시리보스나 글리세롤의 경우는 일반식을 만족시키지 않으며 엄밀히 말하면 그 분자들은 탄수화물이라고 할 수 없다.

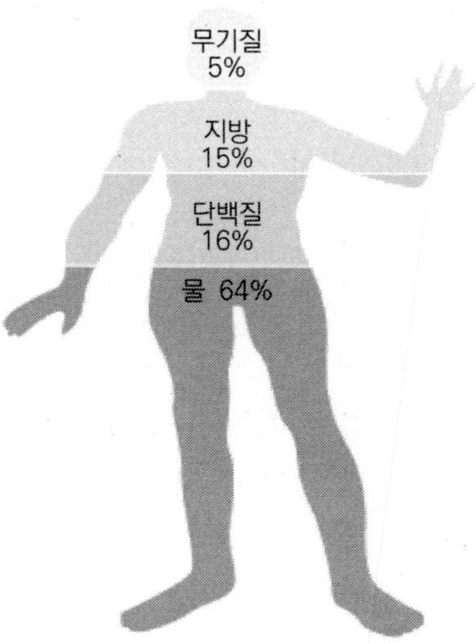

▮ 그림 1-1 ▮ 우리 몸의 구성성분(예)

▮ 표 1-1 ▮ 주요 탄수화물 분류

분류	명칭	탄수화물 명
단당류	트리오스	글리세로오스 디하드록시아세톤
	테트로오스	트레오스
	펜토오스	리보오스 크실로오스 아라비노오스
	헥소오스	포도당(글루코오스) 젖당(갈락토오스) 만노오스과당(프룩토오스)
소당류(올리고당류)	이당류	말토오스 락토오스 수크로오스
	삼당류	라피노오스
	사당류	스타키오스
다당류		펜토산 녹말(스타치) 덱스트린 글리코젠 셀룰로오스 이눌린
복합다당류		크실란 만난 펙틴 아가로오스(한천) 알긴산

탄수화물의 정의가 모호한 만큼 분자들의 성질도 다르다. 가장 간단한 탄수화물은 포름알데히드(HCHO)이고 대부분의 단당류는 5탄당이나 6탄당이지만 9탄당 분자가 존재하기도 한다.

탄수화물은 3대영양소의 하나로 식물이 태양, 물과 이산화탄소를 이용하여 광합성 과정에서 생합성하여 제공한다.

1) 탄수화물의 기능

• 열량공급

1g당 4kcal 의 에너지를 공급하며 소화흡수율은 약 98%이다.

학업능률에 영향을 미치는 영양소로서 뇌세포, 신경세포, 적혈구(Red Blood Cell)은 탄수화물의 최종분해산물인 포도당만을 에너지원으로 사용한다.

• 단백질의 절약작용

식사를 통하여 충분한 열량이 공급되지 않으면 신체의 체조직구성과 보수에 사용되어야할 단백질이 열량원으로 사용된다. 그러므로 탄수화물을 충분히 섭취하면 단백질이 열량으로 사용되는 것을 방지하는 절약작용을 할 수 있다.

• 혈당유지

정상인의 혈액내의 혈당수치는 항상 0.1%로 유지된다. 그러나 혈당량이 약 80mg% 이하로 저혈당상태가 되면 항상성을 유지하기 위하여 간에 저장되었던 글리코젠이 포도당으로 분해되어 혈류로 흘러간다.

글리코젠은 탄수화물의 분해산물인 저장다당류이다.

• 케톤증(Ketosis) 예방

당분섭취의 부족이나 당분소비가 심할 때 또는 지나치게 단백질과 지방질 위주의 식단을 계속하면 체단백의 소모와 더불어 체지방의 연소가 일어난다. 그 결과 지방대사산물인 케톤체(Ketone Body)가 생성되어 혈중농도가 높아지고, 오줌으로 빠져나가는 상태를 케톤증이라고 한다. 케톤체는 산성이기 때문에 혈액의 pH를 산성으로 만든다.

이를 예방하기 위해서는 최소 1일 100g이상의 탄수화물(당질)을 섭취해야한다.

참고상식

케톤증의 증상

케토시스는 체내에 탄수화물(당분)이 부족하거나 과도한 체지방 분해로 인해 체내 케톤체가 다량 축적되어 대사성 산중독증을 일으키는 상태를 말한다.

만일 신체가 에너지 공급에 필요한 것보다 많은 양의 케톤을 만들게 되면 케톤증이라 불리는 위험한 증상이 생길 수 있다. 케톤증은 신체의 나트륨과 수분 손실을 늘리고 메스꺼움, 허약, 피로를 유발할 수 있다.

- **섬유소의 공급**

다당류와 복합다당류의 탄수화물 중에서 셀룰로오스, 헤미-셀룰로오스, 펙틴, 검 등이 장운동을 원활하게 하여 변비예방과 콜레스테롤의 흡수억제기능이 있어 비만 및 혈액관련 질환예방에도 도움이 된다.

- **감미제공**

단맛을 제공하여 식품의 가치를 높게 한다.

2) 탄수화물의 소화

포도당의 에너지 대사경로

탄수화물의 최종분해산물인 포도당은 탄수화물을 섭취하면 소화관에서 분비되는 아밀레이스(Amylase)에 의해서 가수분해되어 포도당으로 변한 다음 췌장에서 분비되는 인슐린의 작용으로 혈액에 들어간 다음 세포로 이송된 후 에너지원이 된다.

〈포도당〉 → 피루브산 → 아세틸 CoA → TCA CYCLE(회로)
ATP생성(에너지) + O_2, H_2O

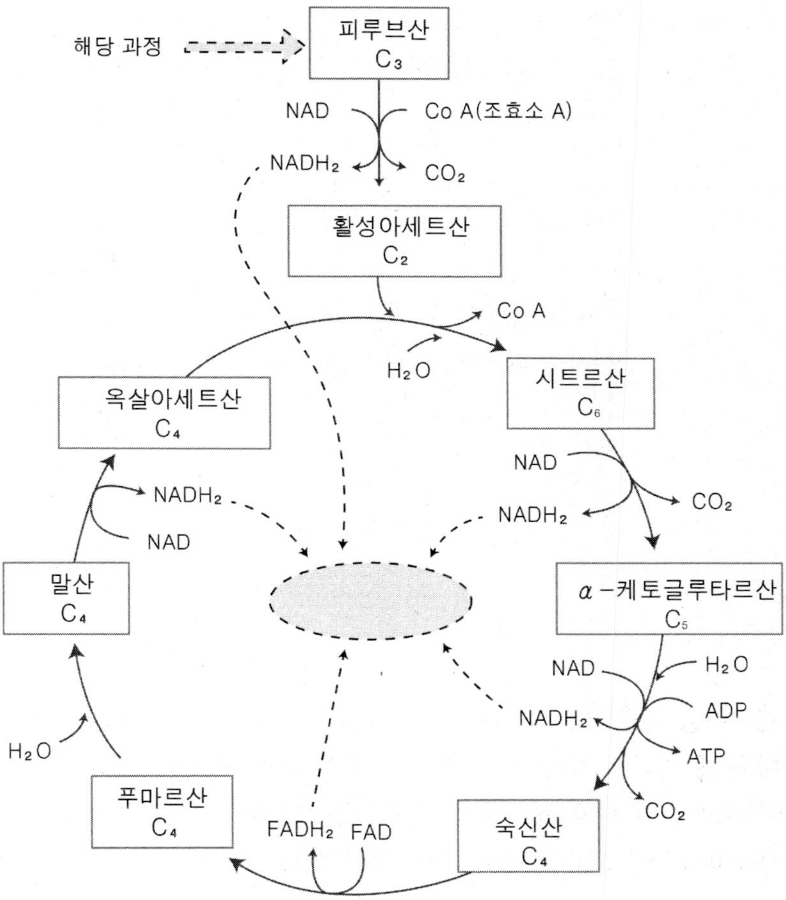

▮ 그림 1-2 ▮ TCA cycle

초성포도산이 CO_2 전자 및 수소이온으로 분해되는 과정

▮ 표 1-2 ▮ 탄수화물의 소화

소화기관	효소	효소작용	분비기관	소화작용 기전
입	아밀레이스(침)	알파 아밀레이스는 아밀로오스, 아밀로 펙틴을 덱스트린으로 분해	침샘	치아에 의한 저작, 침에 의한 녹말의 화학적 변화
위	(효소는 없음)	소량의 자당을 포도당과 과당으로 가수분해	위액 위벽점막	음식물이 위벽의 가스트론 호르몬분비 촉진
소장	췌장의 아밀레이스	전분과 덱스트린을 이당류인 맥아당으로 분해	소장벽(췌장액, 소장액, 담즙)	탄수화물의 소화, 흡수가 일어나는 가장 중요한 장기 단당류, 이당류, 포도당, 과당, 전분, 덱스트린, 맥아당, 섬유소 분해
	말타아제	맥아당(Maltose)을 2개분자의 포도당(Glucose)으로 분해		
	수크라아제	자당(Sucrose)을 포도당과 과당(Fructose)으로 분해		
	락타아제	유당(Lactose)을 포도당과 갈락토오스(Galactose)로 분해		

3) 식이섬유소

점차 서구화된 식생활의 변화에 따라서 가공식품과 패스트푸드의 섭취가 늘어나고 있으며 이에 따라 건강을 위한 식이섬유소의 중요성이 대두되고 있다.

식이섬유소란 식물성과 동물성식품 모두를 포함하여 사람의 장내 소화효소에 의해 가수분해 되지 않는 고분자 화합물을 말한다.

(1) 식이섬유소의 종류

물리적 특성	특성	기능	종류	급원식품	
식물	비가용성 식물의 세포벽 구조물질	장 통과시간 단축 대변량 증가	셀룰로즈	잡곡류, 통밀	배아, 두류, 채소, 밀기울
			헤미셀룰로즈	잡곡류, 통밀, 채소 및 과일 일부	밀배아, 곡류, 채소
			펙틴	과일류	미숙과일, 채소
			리그닌	채소	두류, 밀기울, 코코아
	가용성 저장 다당류	만복감 부여 포도당 흡수지연 콜레스테롤 흡수 방해	펙틴(수용성)	채소, 과일	
			검류(Gum)		
			구아검	구아나무	
			곤약만난	곤약감자	
			곡물검	채소	보리, 귀리, 라이맥의 배유
			해조 다당류		
			알긴산	갈조류	
			카라기난. 한턴	홍조류	
			다당류 유도체 전분	난소화성 덱스트린	
			화학합성 다당류	폴리덱스트로즈	
동물	비가용성	지방배설(콜레스테롤)혈중 HDL-C 증가 중금속(Cd) 배출효과 면역증진과 항종양 지수 활성	키토산	갑각류의 껍질, 연체동물	새우, 게 껍질 조개, 오징어
			키틴	갑각류의 껍질	새우, 게 껍질

(2) 섬유소를 함유하고 있는 식품

- 곡류: 옥수수, 식빵, 콘플레이크, 보리, 현미 등
- 감자류: 고구마, 감자 등
- 두류: 대두, 완두콩 등
- 채소류: 우엉, 양파, 브로콜리, 당근, 샐러리, 양배추, 시금치, 호박 등
- 과일류: 사과, 키위, 바나나, 건포도, 무화과, 감, 딸기, 오렌지 등
- 견과류: 잣, 땅콩, 호두, 아몬드, 참깨, 밤

(3) 식이섬유소의 생리작용

- 분변량 증가
- 복압의 정상화
- 변비완화
- 혈중 콜레스테롤과 중성지방인 트리글리세리드의 수치를 낮추어 준다(심장병 고지혈증예방)
- 당뇨환자의 혈당상승을 완화
- 대장암, 게실증 등과 같은 소화계 질환의 위험을 낮추어 준다.

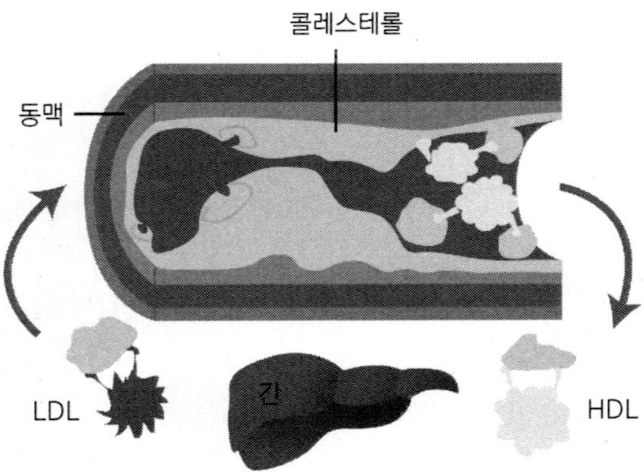

▮ 그림 1-3 ▮ 식이섬유소의 효과

LDL 콜레스테롤을 저하시키고 HDL 콜레스테롤 상승효과가 있음

- 장내세균총의 개선: 장의 움직임을 촉진하며 장내 유해균 작용을 억제하여 면역기능을 강화시킨다.
- 체중조절에 도움
- 영양소의 흡수저해: 섬유소안의 수산이나 피틴산은 칼슘, 아연, 철분 등의 무기질 흡수를 방해할 수 있다.
- 담석예방, 요로결석예방
- 충치예방: 식후 섬유질이 함유된 후식 제공 시 치주질환 예방효과가 있다.

참고상식

장내세균총이란?

지구상의 존재하는 생물 중 가장 하등생물인 미생물은 가장 긴 역사를 갖는 생명체이며 우리 몸에도 상당수 살고 있다. 피부, 손, 발, 입과 코속, 질 안에도 살고 있으나 그 수가 가장 많이 존재하는 곳으로는 대장이며 5백여 종 이상의 미생물이 살고 있고 약 1백조마리 정도로 추정하고 있다. 대략적인 무게는 약 1kg에 달하고 건조한 분변의 30-50%가 미생물이다.

사람마다 장내의 미생물의 종류나 수, 그리고 특성이 다르고 환자와 인종에 따라서도 많은 차이가 있다. 유아의 경우도 모유를 먹은 유아의 장내에는 유익한 장내균이 많다. 흔하게 외국 여행 시 겪게 되는 설사도 외국의 익숙하지 않은 식품을 통해 다른 미생물이 들어와서 기존의 장내 미생물의 균형이 깨져 이상 반응을 일으키는 것으로 추정되고 있다.

유익균으로는 비피더스균, 락토바실러스균 등이 있으며, 젖산과 초산과 같은 유기산을 생성하여 유해균의 생육을 억제하며 비타민B 복합체를 합성하여 인체에 공급하고 면역계에 작용하여 감염저항력을 높인다.

균형잡힌 유익한 장내균의 유지는 각종 알레르기, 노화, 면역기능조절, 변비, 설사, 장질환, 간기능, 심혈관질환에도 영향을 미치며, 세계 각국의 발효음식을 통해 유익한 장내균을 유지, 증진시킬 수 있다.

통계적으로 세계적인 장수마을에서는 발효음식을 많이 섭취한다.

참고상식

프로바이오틱스

프로바이오틱스(Probiotics)는 적당량을 섭취했을 때 인체에 이로움을 주는 살아있는 미생물을 총칭하는 말로 우리 몸에 유익(有益)한 균(菌)을 말한다.

친절한 미생물이라고도 불리는데 락툴로스나 락티톨, 프락토 올리고당, 이눌린 등과 같은 복합 탄수화물을 말하며 건강에 유익한 세균의 연료가 되어 이들의 성장과 활동을 촉진하여 해로운 미생물의 성장과 활동을 억제하는 역할을 한다.

식품 중에서 특히 발효된 유제품에 풍부하며 프로바이오틱스의 활동을 돕는 음식으로는 일본된장(나또), 템페(콩을 쪄서 발효시켜 만든 인도네시아 음식), 캐피어(티벳 버섯), 원유(가공 처리되지 않은 우유), 콤부차(러시아 지역의 발효된 차음료), 바나나, 마늘, 양파 등이 있다.

체내 면역계에 대한 작용으로는 프로바이오틱 세균은 염증성 대장염이나 항생제로 인한 설사, 클로스트리듐 디피실리균 독성에 의한 대장염, 염증성 설사, 간성 뇌병증, 과민성 대장 증후군, 알레르기등과 같은 몇가지 위장관계 질환에도 도움이 된다.

또한 아토피 피부염, 간경화, 대장암, 면역강화, 부비동염, 충치예방, 췌장염, 천식등의 다양한 질환에 대한 동물 및 인간 대상 연구가 활발히 진행되고 있다.

참고상식

올리고당(oligosaccharides)

설탕에 비하여 감미도가 20-60%로서 비만이나 충치예방을 위해 설탕대체 감미료로 사용이 되고 있으며 단당류가 3~10개 연결된 형태의 올리고당 중 소화 효소에 의해 분해되지 않고 식이섬유와 유사하게 작용하여 대장으로 내려가 장내 유익균의 영양원이 되어 대장 환경을 개선하는 데 도움을 주는 기능을 나타내는 성분을 의미한다.

주요 기능은 장내 환경개선이지만 이외에도 대장암 예방, 게실염 예방, 변비 개선 등이 알려져 있다. 그러나 과량섭취 시 더부룩함, 장내가스발생, 복통, 설사 등의 증세를 유발할 수 있으므로 적당량 섭취하도록 주의해야 한다.

올리고당의 종류

프락토올리고당(fructo-oligosaccharide, FOS)
이소말토올리고당(isomalto-oligosaccharide, IMO)
갈락토올리고당(galacto-oligosaccharide, GOS)
자일로올리고당(xylo-oligosaccharide, XOS)
키토올리고당(chito-oligosaccharide)
셀로올리고당(cello-oligosaccharide)
대두올리고당(soy oligosaccharide)
스타키오스(stachyose) - 3당류
라피노스(raffinose) - 4당류
등이 있다.

참고상식

유당불내증(Lactose Intolerance)

유아기이후 소장의 유당분해효소(Lactase, 락테이스) 결핍 때문에 유당의 분해와 흡수가 충분히 이루어지지 않아 대장의 연동운동이 자극되어 설사, 가스에 의한 장부만시에 복통 등의 증상을 일으키는 현상을 말한다. 이것은 우유 단백질에 의한 알러지 반응이 아니라 유당분해효소의 결핍으로 나타난다.

아시아, 유태인, 멕시코인, 아프리카인, 지중해 일부지역의 사람에게서 자주 나타나고 소장 내 박테리아에 의해 유당이 가스와 산으로 분해되어 경련, 설사, 복부 팽만 등의 증상이 발생한다. 이런 사람들을 위해 칼슘과 비타민 D 결핍이 나타나지 않도록 요구르트, 치즈, 유당분해우유(락토우유)를 섭취하도록 하고 칼슘이 많이 함유된 식품을 섭취하도록 권유한다.

4) 혈당조절

정상적인 공복혈당은 74~100mg/dL이다. 이 기준치를 벗어나면 고혈당(hyperglycemia)이라고 하며, 공복혈당이 126mg/dL을 넘는 경우를 일반적으로 당뇨병이라고 한다.

참고상식

당지수(GI ; Glycemic Index)

당지수(GI)는 당뇨병환자들의 식이에 대한 연구 개발과정에서 1981년 토론토 대학의 데이비드 젠킨스 교수에 의해 제시되었다.

GI 지수란 글라이세믹 인덱스(Glycemic Index)의 약자로 탄수화물을 먹은 뒤 혈당치가 올라가는 속도를 식품별로 나타낸 수치다. GI 지수가 높으면 혈당치가 빨리 올라가고 낮으면 잘 올라가지 않는다. GI 지수가 낮으면 혈당치가 오르기 어려워 몸에서 혈당을 조절하기 위해 분비하는 인슐린 분비가 적어진다.

(1) 당지수(GI ; Glycemic Index)

GI지수는 예를 들어 같은 양의 호밀 빵과 쌀밥을 먹고 한 시간 후의 혈당량이 각각 다르다는 것이다. 이러한 차이를 포도당을 기준치 100으로 놓고 음식별로 상대적지수를 측정하여 숫자로 표시한 것이다.

예를 들어 딸기잼의 GI 지수는 51 인데 이는 포도당에 비해 51%의 속도로 분해, 소화, 흡수되어 혈액에 혈당을 공급한다는 의미이다.

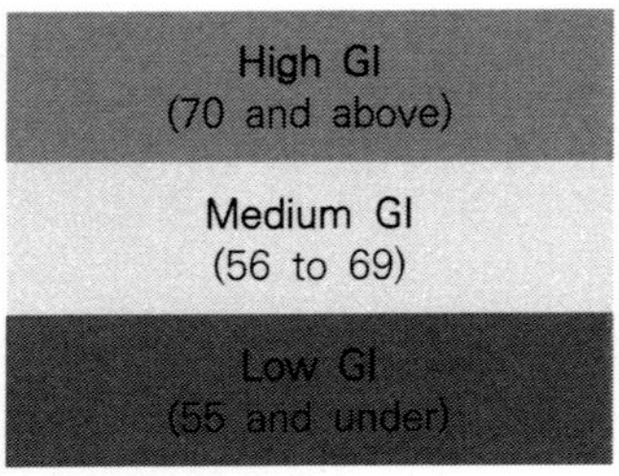

위에서 숫자로 표시한 당지수가
70 이상: 고당지수(High GI),
56 ~ 69: 중당지수(Medium GI),
55 이하: 저당지수(Low GI)로 분류한다.

GI 지수가 높다면 수치가 낮은 음식으로 대체 하는 게 좋으며 안심할 수 있는 GI 수치는 60 이하다.

다이어트를 고려하는 사람과 당뇨병 환자에게 당연히 Low GI 식품이 좋으나 무조건 저당지수(Low GI)식품만 섭취하는 것은 영양불균형 등을 초래하므로 바람직하지는 않다.

① GI지수와 함께 당부하 지수(GL)를 고려하세요.

당부하지수란 GI지수와 함께 실제 탄수화물의 양을 고려하여 혈당을 예측하는 지수이며 GI지수가 높더라도 그 음식에 당질이 적게 들어 있으면 실제로 미치는 영향은 미비하기 때문에 GI지수의 만을 맹목적으로 고려하는 것은 바람직하지 않다. 예를 들어 수박이나 당근은 GI지수가 70이상의 높은 음식에 속하지만 실제로 당질함량은 낮아 혈당에 큰 영향을 미치지 않는다.

참고로 당부하지수를 계산하는 방법은 '한 사람 분량의 음식에 포함된 당질(g) × 해당 음식의 GI/100'이며 통상적으로 20이상이면 높다 하고, 10 미만이면 낮다고 평가한다.

② GI 다이어트

GI지수가 높은 음식을 섭취하면 혈당지수가 빠르게 오르고 이 때 혈당지수를 정상적으로 유지하기 위해 우리 몸에서는 '인슐린'이라는 호르몬을 대량으로 분비하게 된다. 이때 과하게 분비된 인슐린은 남아 있는 혈당을 지방으로 바꿔 저장해 버리기 때문에 쉽게 살이 찌는 것이다.

반대로 GI지수가 낮은 음식을 섭취하면 혈당지수가 천천히 오르고 인슐린과 반대되는 개념의 호르몬 '글루카곤'이 분비되어 지방을 분해시키기 위한 역할을 충실히 수행함으로써 살이 찌는 것을 방지한다.

- GI지수가 높은 탄수화물 → 높은 혈당 → 인슐린 분비 → 지방 합성 촉진, 지방분해 억제
- GI지수가 낮은 탄수화물 → 낮은 혈당 → 글루카곤 분비 → 지방 합성 억제, 지방분해 촉진

즉, GI 다이어트란 쉽게 말해 당지수가 높은 음식을 줄이고 당지수가 낮은 음식 위주로 식사를 함으로써 인슐린 분비를 줄이는 다이어트 방법이다.

③ GI와 당뇨병

당뇨병환자 들은 정상인보다 높은 혈당을 가지고 있는 사람들로서 당지수가 높은 음식을 섭취하여 단위시간에 많은 포도당이 빠르게 공급되면 혈당 조절능력이 떨어지는 당뇨환자들의 혈당량은 더욱 높아지게 되는 것이다.

그리고 또 한 가지 중요한 것은 혈당조절 호르몬인 인슐린에 관한 것이다. 당지수가 높은 음식을 섭취하면 단위시간에 혈당량이 높아지므로 혈당조절을 위해 더 많은 인슐린이 분비되는 것이다.

문제는 인슐린분비가 많아지면 우리 몸에서 인슐린에 대한 내성, 즉 저항성이 생기는데 이로 인해 인슐린 비의존형인 2형 당뇨병이 발병한다. 따라서 당뇨병환자는 물론 정상인도 고당지수 음식보다 저당지수 음식이 좋은 것이다. 저당지수음식들은 우리 몸에서 소화가 잘되지 않는 식이섬유 등을 많이 포함하고 있다. 즉 저당지수 음식은 혈당을 덜 높이게 되고 인슐린도 적게 분비하게 하여 2형 당뇨병의 원인인 인슐린 저항성을 줄일 수 있다는 것이다. 사실 GI 개발과 이용의 주된 목적도 인슐린이 공급되나 저항성을 가지는 2형 당뇨병 환자들에게 도움을 주기 위해 시작된 것이다.

④ GI와 혈관질환

GI와 혈관질환과의 관계를 살펴보자. 의학적으로 혈당이 높으면 각종 혈관질환이 발생할 확률이 높아진다. 당뇨환자나 비만인 사람들이 협심증 등 각종 혈관질환에 잘 걸리는 이유다. 따라서 저당지수 음식을 섭취하면 혈관질환 발생확률을 낮출 수 있다.

(2) GI측정은 어떻게 하는가?

- 지원자 8, 9명을 선발하여 표준 탄수화물량(25g 또는 50g)을 함유한 실험식품을 먹게 한다.
- 2~3시간 동안 처음 1시간 동안은 15분 간격으로 그 이후는 30분 간격으로 혈액을 채취하여 혈당을 측정하여 기록한다.

· 실험식품의 지원자가 같은 양의(25g 또는50g) 순수 포도당을 섭취하였을 때의 혈당을 같은 방법으로 측정한다.
· 대조식품의 실험은 시간간격을 두고 두 세번 실시하여 평균값을 이용한다.
· 컴퓨터프로그램을 이용하여 포도당대비실험식품의 상대적 혈당변화의 상대적지수를 계산한다.

당지수 개발자들의 주장은 음식물섭취 시 음식물 섭취량과 함께 소화 흡수 속도도 고려해야 한다고 주장하고 있다. 음식물에 영양분 표시가 되어 있는 것처럼 GI지수를 표시하여 소비자들이 섭취량과 소화속도도 함께 고려하여 음식물을 섭취할 수 있도록 하자고 한다. 일부 논란이 있으나 당지수의 유용성에 대해서는 미국당뇨협회에서도 그 유용성을 인정한 상황으로 추후 환자식이나 다이어트 식이에 광범위하게 사용될 수 있을 것이라고 생각한다.

(3) 당지수를 낮추는 식사요령

· 흰밥보다는 잡곡밥을, 흰빵 보다는 통밀빵을, 찹쌀보다는 멥쌀을 선택한다.
· 채소류, 해조류, 우엉 등 식이섬유소 함량이 높은 식품을 선택한다.
· 주스형태보다는 생과일, 생채소 형태로 섭취한다.
· 잘 익은 과일, 당도 높은 과일(예: 열대과일)은 피한다.
· 조리할 때 레몬즙이나 식초를 자주 이용한다.
· 식사할 때 한 가지 식품만 먹기보다 골고루 섭취한다.
· 천천히 식사시간을 여유롭게 가진다.

▮ 표 1-3 ▮ GI 수치가 높은 음식들 (GI 지수 60 이상)

설탕/과자/음료	곡류/빵/면	과일	야채/근채류
백설탕 (109)	바게트 (93)	딸기잼 (82)	감자 (90)
초콜릿 (91)	식빵 (91)	파인애플 (65)	당근 (80)
도넛 (86)	떡 (85)	황도 통조림(63)	옥수수 (75)
쿠키 (77)	흰쌀 (84)	수박 (60)	호박 (65)
크래커 (70)	우동 (85)		밤 (60)
카스텔라 (69)	롤 (83)		은행 (58)
포테이토 칩 (60)	콘플레이크 (75)		
연유 (82)	라면 (73)		
아이스크림 (65)	크로와상 (70)		

▮ 표 1-4 ▮ GI 수치가 낮은 음식들

야채/콩류	곡류/빵/면	과일
마늘 (49)	흰죽 (57)	바나나 (55)
팥 (45)	잡곡밥 (45)	포도 (50)
두부 (42)	보리 (50)	복숭아 (41)
양파 (30)		감 (37)
토마토 (30)		사과 (36)
송이 버섯 (29)		귤 (33)
양배추 (26)		배 (32)
무 (26)		오렌지 (31)
검은콩 (25)		자몽 (31)
미역 (16)		살구 (29)
		딸기 (29)

2. 지질(Lipids)

1) 지질(lipid)의 정의

탄수화물처럼 C, H, O로 구성되어 있으나 물에는 녹지 않고 ether나 acetone, alcohol, benzene, chloroform 등의 유기용매에 녹는 화합을 말한다. 3대영양소로서 열량의 주된 공급원이며 탄수화물, 단백질과 같이 생체 구성성분이며, 영양상 중요한 물질이다. 상온에서 액체상태를 유지하는 경우는 기름(oil, 油)이라고 하며 고체상태인 경우는 지방(fat, 脂)이라고 한다.

- 기본구조: 지방산 (RCOOH) + 글리세롤 (R'OH) → (RCOOR')

2) 지질의 특성

- 탄수화물과 같이 C, H, O로 구성되어있다.
- 생물의 구성성분 및 저장물질이다.
- 생체 내의 중요한 3대 영양물질 중의 하나이다.
- 물에는 녹지 않고 ether, acetone, benzene, chloroform 등의 유기용매에 녹는다.
- 기름, 지질, 유지의 유사물질을 통틀어 지질이라 부른다.
- 탄수화물이나 단백질 같은 열랑소에 비하면 1g당 9kcal의 열량을 낸다.
- 불용해성이기 때문에 단독으로 존재하지 않으며 지단백질 또는 인지질 등의 복합체를 구성하고, 이러한 복합체는 대부분 물에 용해된다.
- 지질은 상온에서 고체형태인 지방과 액체형태인 기름으로 존재한다.

3) 지질의 생리적 기능

- 에너지원 : 9㎉/g. 1g당 9kcal의 에너지를 발생한다.
- 필수지방산의 공급 : 식용유에는 linoleic acid, linolenic acid 등의 필수 지방산을 함유한다.
- 체내 지용성비타민의 용매(흡수 및 운반) : 비타민 A, D, E, K의 흡수를 쉽게 하고 리놀레산, 리놀렌산 등의 필수지방산의 소화흡수를 돕는다.
- 체구성 성분으로 작용 : 체지방 조직의 구성 외에 세포막, 뇌조직, 신경 보호막의 구성 성분이다.
- 체온 유지 : 체지방의 ½정도가 피하지방으로 열을 차단하는 단열재효과가 있다.
- 생체기관 보호(주요 장기 보호) : 외부의 충격이나 자극으로부터 내장기관을 보호한다.
- 식품에 맛과 향을 제공(촉감, 맛, 유화 및 연화)한다.
- 비타민 B_1 절약작용을 한다.
- 단백질 절약작용
- 포만감 부여: 위에서 머무는 시간이 길어서 포만감을 느끼며 장시간에 걸쳐 소화흡수가 된다.

4) 지질의 분류

- 단순지질 – 중성지방, 왁스
- 복합지질 – 인지질, 당지질, 지단백질
- 유도지질 – 콜레스테롤, 에르고스테롤, 담즙산

(1) 화학적인 분류

분류	종류	정의	특징	비고
단순 지질	중성 지방	3가 알코올인 글리세롤과 3개의 지방산의 에스테르 결합물, 글리세롤 1분자에 에스테르로 결합한 지방산의 수에 따라 monoglyceride, diglyceride, triglyceride로 구분	인체의 저장지방. 에너지원	
	왁스	1가의 고급알코올과 지방산의 에스테르 결합물. 고급지방산과 고급알코올의 에스테르로 자연계에 광범위하게 분포	동식물체의 표면에 존재하는 보호물질로서 미생물의 침입 및 습윤 건조, 흡수 방지, 영양가는 없음. 체내에서 분해되지 않음	
복합 지질	인지질	글리세롤과 2개의 지방산, 그리고 인과 염기가 결합(레시틴(lecithin), 세팔린(cephalin), 스핀고미엘린(sphingomyelin))	세포막의 레시틴은 유화제로 사용됨. 분포: 뇌, 심장, 신장, 난황, 대두에 많이 존재	단순지질에 다른 성분이 결합한 것
	당지질	지방산 + sphingosine + 당질이 연결되어 구성	뇌, 신경조직에 많음	세레브로사이드(cerebrosides)
	지단백질	지질에 단백질이 결합 난황의 lipovitellin, lipovitellenin. 혈액 내 chylomicron, VLDL, LDL, HDL이 해당	난황구성분, 혈액내의 지질운반	
유도 지질 (스테롤)	콜레스테롤	물에 녹지 않으며, 체내에서 acetyl-CoA로부터 1.5g~2.0g 정도 합성	뇌, 신경조직, 간에 많음(난황, 버터, 간장, 육류에 많이 분포(콜레스테롤). 호르몬 및 담즙산, 비타민D전구체 형태(7-dehydrocholesterol)로서 자외선 조사 시 비타민D_3로 전환, 간에서 분해되어 담즙산을 생성함. 지질의 유화와 흡수에 관여함	동물성 식품. 성호르몬, 부신피질 호르몬의 전구체.
	에르고스테롤	식물계에 존재하는 스테롤	효모나 표고버섯에 많음. 콜레스테롤에 비하여 흡수율 낮음. 식물성 스테롤은 혈청 콜레스테롤의 수치를 낮추는 작용. 자외선을 조사하면 비타민D2로 전환	

▮ 표 1-5 ▮ 식품별 콜레스테롤 함량(100g 당)

소량 함유(0~50mg)	보통 함유(51~100mg)	다량 함유(100mg 이상)
견과류(땅콩, 잣, 호두)	육류	꽃게, 새우
식물성 기름	생선류	오징어, 명란젓
계란 흰자	치즈	계란노른자
우유	아이스크림	동물 내장
비스킷	도너츠	버터

5) 지방산의 분류

자연계에 존재하는 지방산은 50여 종이며 포화정도에 따른 분류로서 포화지방산과 불포화 지방산이 있다.

지방산은 사슬의 형태로 탄소원자가 길게 연결된 구조로서, 한쪽 끝에는 카르복실기(-COOH)를 다른 한쪽 끝에 메틸기($-CH_3$)를 가지고 있다.

(1) 포화정도에 따른 분류

a. 포화지방산(saturated fatty acid: 이중결합 없음)

일반식 $C_nH_{2n+1}COOH$ 로 표시된다.

- 탄소(C)수가 증가함에 따라 물에 녹기 어렵고 녹는점이 상승한다. 상온에서 고체이다
- 천연유지 중에 함량이 많은 것은 스테아르산(stearic acid)과 팔미트산(palmitic)이 있다.
- 동물성 식품(우유, 치즈, 버터)에 55%, 식물성 식품(야자유, 팜유, 마가린)에 10~25%
- 포화지방은 실온에서 고체로 굳어지는 지방이며 주로 동물성 지방이다. 따라서 사람이 포화지방을 섭취하면 조직과 장기에 침착하여 굳어버리면 우리 몸의 세포나 조직 및 장기의 기능에 문제가 생긴다.

소기름은 대부분은 포화지방이지만 소는 사람들보다 체온이 약 2-3도 높기 때문에 소의 몸속에서는 굳거나 고체상태가 되지 않지만 사람에게는 해로운 것이다.

b. 불포화지방산(unsaturated fatty acid: 분자내 이중결합 존재)

일반식 $nH_2n\text{-}2xO_2$ 로 표시되며 X는 불포화도를 나타낸다.

- 불포화지방산은 탄소수가 같은 포화지방산에 비해 녹는점이 낮아 소화가 잘 된다.
- 불포화지방산을 비교적 많이 함유할수록 상온에서 액체 상태이다.
- 포화지방산 보다 융점이 낮고, 일반적으로 상온에서 액체이다.
- 종실유, 어유 등에 많이 분포한다.

① 단일 불포화지방산 (monounsaturated fatty acid, MUFA)

이중결합이 한 개, $CnH_2n\text{-}1COOH$, 올레산이 대표적.

② 다가 불포화지방산 (polyunsaturated fatty acid, PUFA)

이중결합이 두 개 이상 이중결합은 단일결합에 비해 불안정하며, 공기 중에 쉽게 산화된다.

이중결합 2개 → $CnH_2n\text{-}3COOH$
이중결합 3개 → $CnH_2n\text{-}5COOH$
식품 중의 분포 비율 : 올레인산 (oleic acid, C18 : 1) 〉
리놀레산 (linoleic acid, C18 : 2) 〉
리놀렌산 (linolenic acid, C18 : 3)
불포화지방산 : 식물성 cf) 생선, 옥수수, 콩기름, 참기름

---

③ 오메가 지방산

지방산의 -COOH기로부터 마지막 위치의 탄소를 ω탄소라고 하며, 이 탄소를 기준으로 하여 첫 번째 이중결합이 나타나는 탄소의 위치에 따라 ω-3계 지방산, ω-6계 지방산, ω-9계 지방산으로 분류한다.

▮ 표 1-6 ▮ GI 수치가 높은 음식들 (GI 지수 60 이상)

지방산	탄소수	불포화도	계열	급원
linolenic acid	18	3	ω-3	식물성 기름(들기름, 아마인유 등)
eicosapentaenoic acid(EPA)	20	5	ω-3	등푸른 생선(참치, 꽁치, 고등어 등)
docosahexaenoic acid(DHA)	22	6	ω-3	등푸른 생선, 어유
arachidonic acid	20	4	ω-6	간유
linoleic acid	18	2	ω-6	식물성 기름(콩기름, 옥수수기름, 참기름 등)
oleic acid	18	1	ω-9	동·식물성 기름

참고상식

1. EPA(eicosapentaenoic acid)

물개기름에 있는 EPA는 심장혈관 시스템의 염증과 혈액응고를 줄인다. 임상실험에서 풍부한 EPA를 섭취한 사람들은 류머티즘, 크론병(장염), 낭창, 천식, 다중 경화증 및 피부병에 덜 걸리는 경향을 보였다.

2. DPA(Docosapentaenoic Acid)

물개기름에서만 다량으로 발견되는 DPA는 뇌기능을 돕는 중요한 작용을 한다. 혈액 내에서 순환되는 긴고리 오메가3 지방산의 1/3이 DPA의 덕분인데 혈관벽에서 EPA가 효과적인 인자로서의 DPA로 변환되는 것 같다.

3. DHA(docosahexaenoic acid)

DHA는 뇌, 신경, 눈 조직의 구성에 필수적인 것으로 알려져 있다. 이것은 유아의 시각발달과 운동신경 발달에 특히 중요하다. DHA는 모유를 통해 자연적으로 섭취되는데 최근에는 DHA 보충방식을 통하기도 한다. 하프물개 기름은 우수한 DHA 공급원이다.

참고상식

4. 오메가 지방산이 많이 함유된 식품

- 들기름(왼쪽 위) 리놀렌산 풍부, 무침, 볶음 요리
- 콩기름(오른쪽 위). 토코페롤(비타민 E) 풍부. 튀김, 부침 요리.
- 올리브유(왼쪽아래) 올레산 많이 포함.
  엑스트라 버진: 샐러드, 퓨어: 볶음, 부침요리.
- 포도씨유(오른쪽아래) 리놀레산, 비타민 E 풍부. 튀김, 볶음요리.

5. 오메가3, 오메가6, 오메가 9의 주요기능과 섭취 균형

종류	주요기능	식품군	지방산의 종류	오메가 3와 6의 섭취 권장비율
오메가-3	염증 및 혈액응고억제, 혈중콜레스테롤 농도 저하	들기름, 견과류, 녹황색채소, 등푸른생선	불포화지방산 필수지방산(외부 섭취요망)	1
오메가-6	염증반응유발가능(나쁜 균과 싸움) 혈전가능(출혈예방)	포도씨, 해바라기씨유, 콩기름, 옥수수기름	불포화지방산 필수지방산(외부 섭취요망)	4~10
오메가-9	올리브유(올레산)	혈중콜레스테롤 낮춤. 동맥경화억제, 비타민E, 카로틴 함유, 항산화 폴리페놀(비타민 c의 20배이상), 항암효과(스쿠알렌성분)	불포화지방산	

c. 필수지방산(essential fatty acid, EFA)

필수지방산	주요기능	급 원
linoleic acid (리놀레익 산)	항피부병 인자, 성장 인자	일반 식물성유(종실유), 채소
linolenic acid (리놀렌 산)	성장 인자	아미인유, 콩기름
arachidonic acid (아라키돈 산)	항피부병 인자	동물의 지방, 간유

에너지 공급, 체온조절, 필수지방산 공급, 지용성 비타민의 흡수에 도움을 주는 등 동물의 성장이나 정상적인 생리기능을 유지하는 데 필요하나, 체내에서는 합성되지 않으므로 음식물로 섭취해야 하는 지방산을 말한다.

1929년 미국의 부어(Burr) 부부에 의해 처음으로 식이필수성이 밝혀졌으며 리놀레산, 리놀렌산, 아라키돈산이 대표적이다. 이 필수지방산들은 모두 불포화지방산이다. 그러나 불포화지방산에는 이외에도 팔미트산, 스테아르산, 올레산 등이 포함된다. 따라서, 필수지방산은 모두 불포화지방산에 포함될 수 있지만, 불포화지방산이 모두 필수지방산인 것은 아니다.

필수지방산을 비타민 F라고도 한다. 음식 속에 지방이 전혀 없으면 동물의 성장이 정지하고 특유한 피부염이 생긴다. 이 증세는 리놀레산, 리놀렌산, 아라키돈산 중 어느 것을 함유하는 지방을 투여하더라도 치유된다. 이 중에서 리놀산은 일반적인 유지에 널리 함유되어 있으므로, 보통의 지방을 섭취하면 필수지방산이 결핍되는 일은 없다. 또한 필요량은 리놀레산의 경우 에너지 섭취량의 1~2%이므로 보통의 식사만으로도 부족하지 않다.

필수지방산은 주로 인지질에 들어 있으며, 생체막의 정상적인 기능발휘에 도움을 주고, 여러 가지의 프로스타글란딘(prostaglandin)으로 전환되어 대사나 기능의 조절작용을 하며, 혈청콜레스테롤의 농도를 저하시키는 효과도 있다. 식물성 유지에는 리놀레산이 다량 함유되어 있으며, 그 중에서도 콩기름, 해바라기기름, 옥수수기름, 쌀기름 등은 필수지방산의 좋은 공급원이다.

① 필수지방산의 특징

❶ 체내에서 합성이 되지 않거나 불충분하게 합성되어 반드시 식사를 통하여 매일 일정량을 섭취해야 하는 지방산

❷ 종류: linoleic acid, linolenic acid, arachidonic acid(C20:4)
가장 중요한 필수지방산은 linoleic acid로 하루 총열량의 1~2%를 섭취 요구됨.

❸ 비타민 F라고 불림

❹ 생체막의 중요 구성성분으로, 혈중 콜레스테롤 함량을 낮추는 기능 보유.
여러 생리과정과 신체성장 및 유지 등 정상적 기능을 수행하기 위해 필요

❺ 대두유, 옥수수유 등 식물성 기름에 많이 분포

❻ 피부건강, 성장에 도움, 혈액 내 콜레스테롤 축적 방지, 부족한 경우에는 피부염, 성장불량, 지방간 등의 증세를 보임

② 필수지방산의 기능

❶ 혈청 지단백질과 세포막의 중요 구성 성분이다

❷ 혈청 콜레스테롤의 감소작용이 있어, 동맥경화증의 예방과 치료에 효과적이다.

❸ 아이코사노이드(eicosanoods ; 프로스타글란딘 등)의 전구체로 작용한다.

❹ 세포 내 대사기능을 정상으로 유지한다.

❺ 피부병 예방, 성장 촉진, 지방간 예방에 도움을 준다.

③ 필수지방산의 부족 증상

피로, 피부와 점막건조, 소화불량, 변비, 감기, 우울증, 관절염, 심장병, 고혈압 등

④ 조리법에 맞는 올바른 기름 선택

기름마다 발연점이 약간씩 다르기 때문에 특성에 맞추어 사용하여야 한다.

- 튀김 요리에는 발연점이 200℃ 이상인 포도씨유, 옥수수유, 카놀라유, 콩기름이 적합하다. 튀김 요리를 할 때 식용유를 여러 번 재사용하면 몸에 나쁜 트랜스지방(trans fat)이 많이 생기므로 주의해야 한다.
- 볶거나 부쳐서 먹을 때는 포도씨유나 퓨어 올리브유, 콩기름, 옥수수유, 카

놀라유 등이 적합하다. 올리브에서 처음 짜낸 '엑스트라 버진'은 향이 진하고 발연점이 낮으므로 샐러드드레싱으로 사용하는 게 적합하다.

반면 퓨어 올리브유는 정제한 올리브유 90% + 엑스트라 버진 올리브유 10%를 섞은 것으로 발연점이 높아 고온에 사용해도 무방하다.

- 무침 요리에는 참기름과 들기름이 좋다. 섬유질이 강한 채소를 무칠 때 이 들기름을 조금 넣어 무치면 한결 음식이 부드러워진다.

⑤ 안전한 기름 보관법

기름은 신선할수록 좋으므로 조금씩 용량이 적은 것을 구입해서 사용하며 일단 개봉하면 빨리 먹거나 뚜껑을 잘 닫고 어둡고 시원한 곳에 보관한다.

특히 들기름은 몸에 유익한 반면에 산화가 빨리 진행되므로 냉장고에 보관하고, 기름을 짠 뒤 15일 이내에 먹는 것이 좋다. 기름 용기색깔도 자외선이 투과하지 않도록 어두운 색의 유리병을 사용한다.

또한 유전자 조작(GMO) 논란이 있는 콩기름과 옥수수기름, 카놀라유는 이를 염두에 두어야 하며 장기섭취 시 신체에 미치는 영향에 대한 부분은 아직 논란이 많은 편이다.

6) 지질의 소화와 흡수

(1) 중성지질의 소화와 흡수

① 식품 중의 중성지질은 위에서 소량의 리파아제와 혼합되고 대부분은 소장에서 분비하는 담즙과 리파아제에 의해 일어난다.

② 담즙은 간에서 합성되는 황록색 액체로 담낭에 농축저장 되었다가 지질 섭취 시 소장으로 분비된다. 담즙은 콜레스테롤, 레시틴 그리고 유화제로 작용하는 담즙산을 함유한다.

③ 담즙산은 중성지질을 소화효소의 작용을 받기 쉽도록 작은 지방구로 나눈다. 이는 중성지질이 소화효소의 작용을 쉽게 받도록 표면적을 넓혀주는 유화작용을 한다.

④ 췌장에서 분비하는 리파아제는 지질을 소화시키는 효소로, 중성지질을 모노글리세라이드(MG)와 2개의 지방산으로 분해하는 역할을 한다.

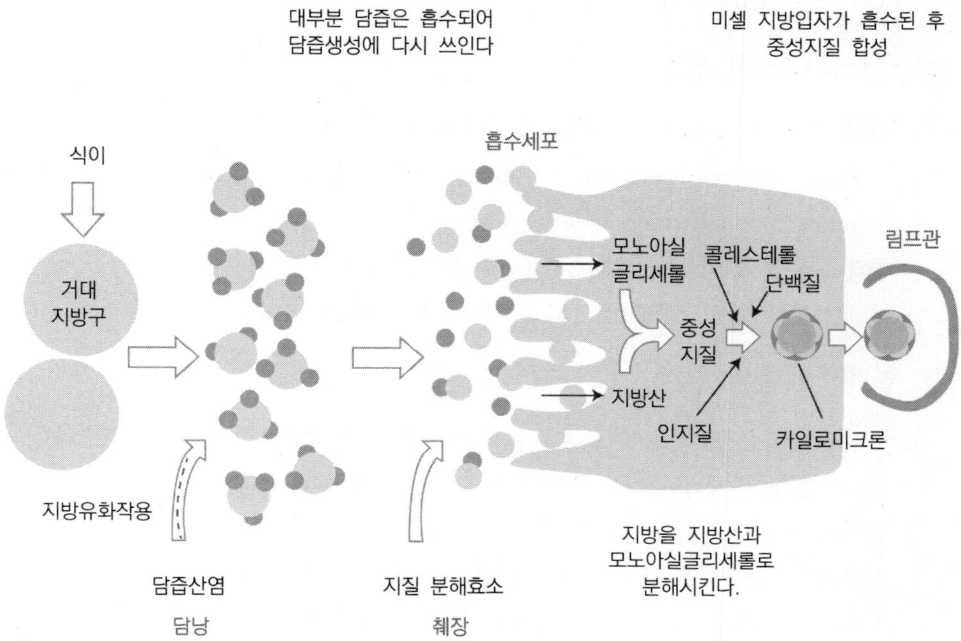

▮ 그림 1-4 ▮ 지질의 소화와 흡수

7) 지질의 대사

(1) 중성지질의 대사

a. 지질 분해(lipolysis)

장기간 음식물을 섭취하지 않은 공복상태를 유지한 경우에는 지방조직이나 간 등에 만약을 대비해 저장해 놓았던 저장된 중성지질이 글리세롤과 지방산으로 분해된 후 지방산의 산화가 세포내의 미토콘드리아에서 진행된다.

b. 지질합성(lipogenesis)

칼로리를 필요한 이상 과잉 섭취하는 경우 간과 지방조직 등에서 중성지방형태로 저장되며 주로 피하지방, 복강, 장기주변 등에 저장된다.

(2) 콜레스테롤 대사

a. 콜레스테롤의 합성

① 주로 간에서 acetyl-CoA로부터 1.5~2.5g이 생성된다.
② acetyl-CoA → acetoacetyl-CoA → HMG-CoA → mevalonic acid → squalene → lanoserol → cholesterol
- 콜레스테롤 합성 증진 호르몬 (인슐린, 갑상샘 호르몬)
- 콜레스테롤 합성 억제 호르몬 (글루카곤, 글루코 코티코이드)

b. 콜레스테롤의 분해

① 콜레스테롤은 스테로이드 호르몬과 비타민D 합성에 일부 사용되고 나머지는 배설을 위해 HDL을 통해 간으로 돌아간다.
② 간에서 담즙을 형성하여 매일 장으로 배출된다.
③ 배출된 담즙은 대부분 문맥으로 흡수되어 들어가고, 필요할 때 다시 담즙으로 재배출되는 순환을 한다(장간순환).

c. 케톤체의 형성

장기간 또는 환자(당뇨환자)에 따라서 단기간의 경우에도 일어나는 케톤증(ketosis, 산독증)의 원인물질이다. 주된 생성의 이유로는 당질 섭취부족, 기아나 단식 상태, 당뇨병으로 적절한 당질대사가 일어나지 않음으로 인하여 저장지방이 산화되는 경우에 케톤체를 형성하여 혈액 내에 정상수치 이상으로 상승하게 된다.

8) 지질과 건강

(1) 동맥경화증 및 관상동맥관련 심장병

a. 동맥경화증(arteriosclerosis)

동맥의 내벽에 죽종이라는 지질과 결합조직, 평활근 세포, 대식세포로 구성된 물질이 침착되면서 혈관벽이 굳어지고 탄력성이 없어진 것이다.

동맥의 탄력이 떨어지고 동맥에 혈전 등이 생기거나 하는 등 기타의 이유로 동맥이 좁아지는 질병이다. 뇌혈관에 생기면 뇌졸중, 심장에 생기면 심근 경색증, 협심증이 생기고, 동맥이 완전히 막히면 막힌 동맥이 혈액을 공급하는 신체 각 부위가 죽는 괴사가 발생하는 치명적인 질병이다. 대개는 치명적인 문제를 일으키며 동맥이 좁아지면 이 동맥이 공급하는 혈액이 가지 않는 부위는 창백, 통증, 무감각, 감각이상, 마비가 생길 수 있다.

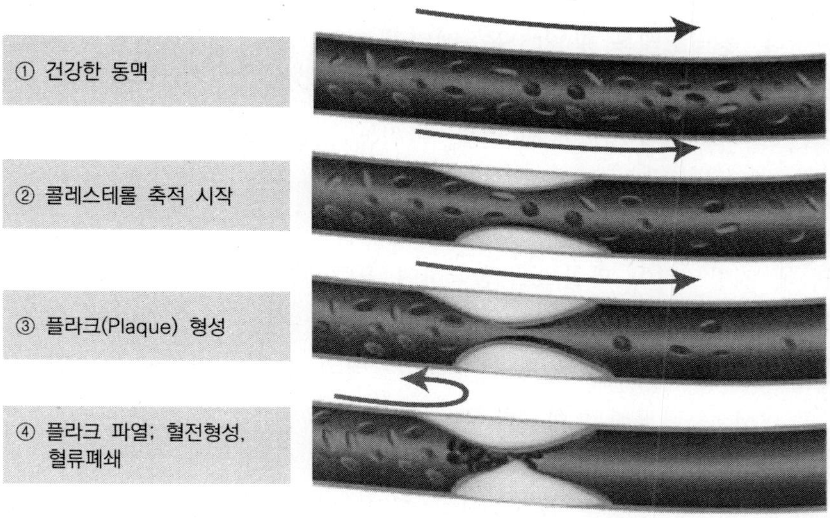

▮ 그림 1-5 ▮ 동맥경화증의 진행과정

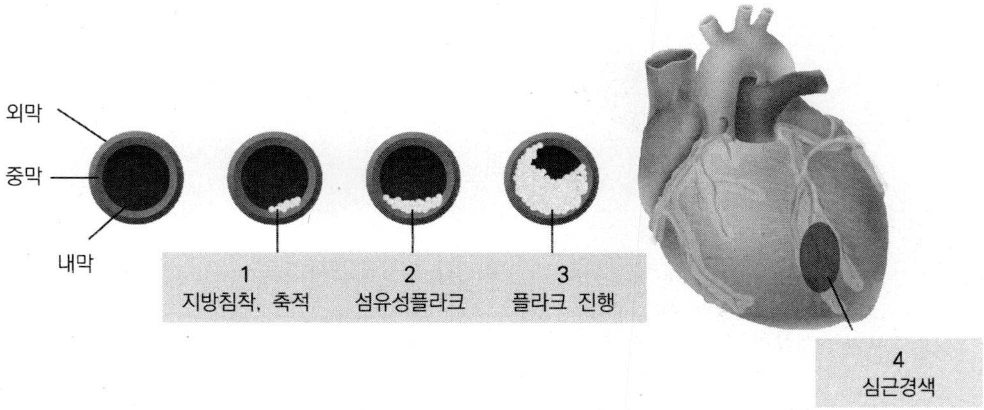

▮ 그림 1-6 ▮ 동맥경화증의 진행단계

b. 관상동맥관련 심장병

동맥경화증의 합병증으로 혈액에 돌아다니던 혈전(피딱지) 등이 심장에 분포된 관상동맥이나 뇌로 연결되는 혈관을 막게 되면 심근경색이나 뇌졸중이 발생한다. 고콜레스테롤혈증, 흡연, 고혈압이 중요한 위험인자이다.

(2) 지방간(fatty liver)

음식을 필요이상 과잉 섭취하여 저장된 중성지방이 간에 축적된 상태이며 포화지방산이나, 콜레스테롤 및 알코올, 설탕의 과잉 섭취, 필수지방산의 결핍되거나 항지방간 인자(lipotropic factor)인 콜린, 이노시톨, 메티닌, 레시틴, 베타인 등의 부족, 그리고 비타민B_6 등의 결핍, 아미노산 불균형의 경우에 발생한다.

(3) 비만

a. 피하에 지방조직이 과잉으로 참착하여 표준체중의 20% 이상 초과한 경우를 말한다.
b. 심장질환, 동맥경화, 당뇨병 등 생활습관병의 주요 원인이 될 수 있다.

(4) 고지혈증(hyperlipidemia)

혈액 내 콜레스테롤 또는 중성지질이 정상보다 높게 증가하는 상태거나 두 가지가 전부 증가한 상태를 말한다.

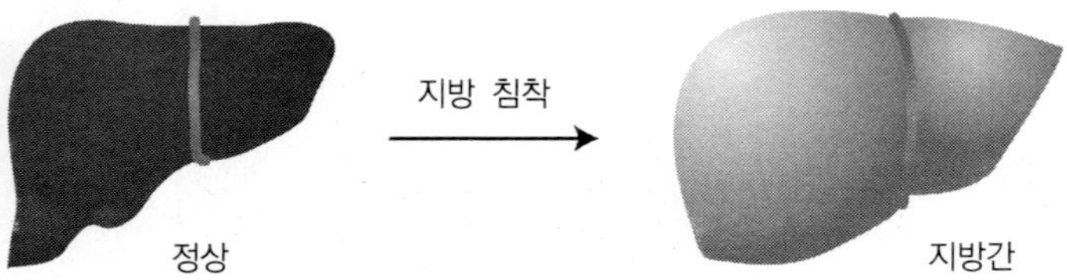

▮ 그림 1-7 ▮ 지방간과 고지혈증

복부비만(내장비만)환자에서는 지방조직이 간에 침착되는 경우가 많으며 심장이나 근육에도 지방이 침착된다.

종류	정상범위 mg/dl	경계선 mg/dl	위험수준 mg/dl
콜레스테롤	〈 200(170)	200~239	〉 240
LDL	〈 130	130~159	〉 160
HDL	〉 40	35~40	〈 35
치료지침	2년 내 재검	병력 참조 식사요법	식사요법 약물치료

▮ 표 1-7 ▮ 고지혈증의 분류

	원 인	공복혈청치	혈청 지질의 농도 변화
고콜레스테롤 혈증 (hypercholesterolemia)	일차적 고콜레스테롤혈증: 유전, 고지방 식사 이차적 고콜레스테롤혈증: 당뇨병, 갑상선 기능저하, 신증후군	콜레스테롤 농도 ≥ 240mg/dL	총 콜레스테롤 ⇧ LDL-C ⇧ HDL-C ⇩ 총 콜레스테롤/HDL-C 비 ⇧ LDL-C/HDL-C 비 ⇧
고중성지방 혈증 (hypertriglyceri-demia)	비만, 단순당과 포화지방의 지나친 섭취, 음주, 운동부족, 당뇨병 등	중성지방 ≥ 250mg/dL (500mg/dL 이상인 경우 알코올 섭취를 엄격히 금함)	중성지방의 비정상적 ⇧ VLDL ⇧ 총 콜레스테롤, LDL-C이 약간 ⇧
복합형	유전	콜레스테롤 ≥ 240mg/dL 중성지방 ≥ 250mg/dL	혈청 콜레스테롤과 중성지방의 농도가 모두 ⇧ VLDL, LDL ⇧

LDL-C(LDL-콜레스테롤), HDL-C(HDL-콜레스테롤).

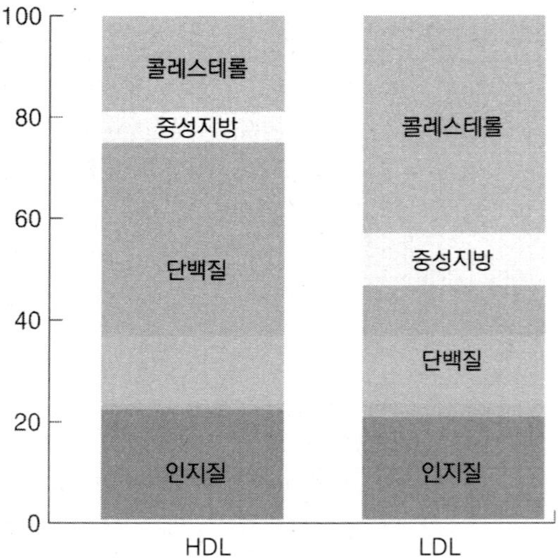

▮ 그림 1-8 ▮ VLDL: Low density Lipoprotein

참고상식

HDL과 LDL은 무엇인가요?

고밀도 지단백(High density Lipoprotein)의 약자로 콜레스테톨의 일종이지만 혈액내의 콜레스테롤을 간으로 이동시켜 분해하므로 "좋은 콜레스테롤"이라고 불린다. 보통 정상범위가 혈액 중 35mg/100ml이나 높으면 높을수록 좋은 것으로 혈액을 맑게 유지시키는데 필요하다.

반대로 저밀도 지단백(Low density Lipoprotein)인 LDL은 혈액속으로 콜레스테롤을 이동시켜 혈중 콜레스테롤 수치를 높이는 "나쁜 콜레스테롤"이라고 불린다.

- HDL콜레스테롤을 높이는 좋은 생활습관
  - ▸ 규칙적인 운동
  - ▸ 정상 체중유지
  - ▸ 금연
  - ▸ 포화지방산의 섭취 절제
- LDL콜레스테롤을 높이는 나쁜 생활습관
  - ▸ 흡연
  - ▸ 과체중
  - ▸ 커피(+프림) 과량 섭취
  - ▸ 포화지방산, 트랜스지방의 과다섭취

▮ 표 1-8 ▮ 한국인의 이상지질혈증 진단 기준(2009년 개정)

총콜레스테롤 (mg/dL)	LDL 콜레스테롤 (mg/dL)	HDL 콜레스테롤 (mg/dL)	중성지질 (mg/dL)
높음 ≥ 230	높음 ≥ 150	낮음 〈 40	높음 ≥ 200
경계치 200~290	경계치 130~149	높음 ≥ 60	경계치 150~199
정상 〈 200	정상 100~129		정상 〈 100
	적정 〈 100		

(5) 암 발생률 증가

a. 유방암 및 대장암과의 역학적인 발생 증가와 관련성이 많다

b. 지질 섭취량이 증가할수록, 특히 동물성 지질 섭취가 증가할수록, 포화지방산, n-6계 지방산이 증가할수록 암유병률 증가하며, 트랜스지방산도 포화지방산과 유사기능을 한다.

c. n-3계 지방산이 증가할수록 암발생을 억제시킬 가능성이 있다

(6) 불포화지방산의 증가

a. 다가 불포화 지방산(polyunsaturated fatty acid, PUFA)은 자동산화되어 과산화지질을 형성하고, 이를 장기간 섭취하면 설사, 복통, 구토증세가 나타난다.

b. 체내 세포막은 PUFA를 다량 함유하며, 체내에서 과산화지질을 형성하면 단백질과 반응하여, 조직 변성, 세포막 손상, 효소 활성 저하, 세포기능 장애, 노화, 동맥경화, 암, 지방간의 원인이 된다.

9) 지질의 권장량

(1) 고열량식품이므로 많이 섭취하지 않는 것을 기본으로 1일 섭취에너지의 15~25% 이내로 그 이상을 초과하여 섭취하지 않도록 한다.

(2) 포화지방산(P) / 다가불포화 지방산(S) = 1~2 : 1,
포화지방산(P) / 단일불포화 지방산(M) / 다가불포화 지방산(S)
= 1~1.5 : 0.7~1.6 : 1

(3) n-6/n-3 = 4~8 % : 1% 내외
식용유 한 작은술 정도면 필요한 필수지방산을 섭취가능하다.

(4) 오메가 6지방산: 오메가 3지방산= 4~10: 1 이 되도록 권장한다.

(5) 하루섭취 콜레스테롤의 총 함량은 300mg미만을 권장하며 특히 동물성지방과 눈에 보이지 않는 지질의 섭취를 주의한다.

10) 지질의 급원식품

(1) 눈에 보이는 가시 지방(버터나 식용유 등)과 눈에 보이지 않는 비가시 지방(육류의 살코기 지방이나 유지방 등)

(2) 돼지기름, 쇠기름(팔미트산, 올레산), 옥수수유, 콩기름(리놀레산), 생선유(EPA, DHA), 올리브유(올레산), 들기름(리놀렌산), 마가린, 쇼트닝(트랜스 올렌지방산) 등

(3) 동물성 유지

a. 우지(beef tallow)

- 소의 배, 신장, 심장 등의 지방조직에서 얻어지는 연한 황색의 고체지방
- 주요 구성 지방산: 올레익산(oleic acid), 팔미틱산(palmitic acid), 스테아릭산(stearic acid)

b. 라드(lard)

- 돼지의 복부, 콩팥 및 기타 다른 지방조직에서 얻어지는 백색의 고체지방
- 융점이 30-50℃로 우지에 비해 낮아 입에서 촉감이 좋음

c. 어유(fish oil)

- 물고기에서 얻어지는 기름으로, EPA, DHA 등의 고도 불포화지방산이 많음
- 자동산화가 쉽게 일어나 수소 첨가한 경화유로 만든 후 사용

d. 버터(butter)

- 우유의 원심분리 후 얻은 크림을 살균하여 혼합세균배양으로 발효, 숙성시켜 제조
- 풍미: diacetyl, 초산, 프로피온산에 의함

(4) 식물성 유지

a. 면실유(cotton seed oil)

- linolenic acid의 부분 경화로 변향을 줄이고 산화안정성을 높여 튀김유로 사용
- 생장저해물질인 gossypol 함유하고 있어 정제 시 주의 요함
- 주로 마가린, 쇼트닝 제조에 사용

b. 옥수수기름(corn germ oil)

- 옥수수 씨눈을 분리하여 압착하고, 용매로 추출하여 왁스성분 제거한 것
- 조리, 샐러드, 튀김유로, 마요네즈, 마가린, 쇼트닝의 재료로 사용

c. 미강유(rice bran oil)

- 도정 중에 생산되는 부산물(7-8%)의 14-18%가 유지
- 착유, 정제하여 linolenic acid 함량 낮추어 사용

d. 유채유(rape seed oil, canola oil)

- 유채의 종실을 착유한 것으로, 융점 32-34℃이며 oleic acid 함량이 높음

e. 참기름(seame oil)

- 참깨: 지방질(45-55%), 단백질, 탄수화물, 비타민(A, B_1, B_2, C 등)이 풍부
- 천연항산화제: tocopherol, sesamol 함유 → 저장성 좋음

f. 대두유(soybean oil)

- 전세계적으로 가장 많이 생산됨
- 비타민 E가 100mg% 함유되어 있어 미용과 노화방지 효과 있음

g. 팜유(palm oil)

- 팜은 아프리카, 말레이시아, 인도네시아, 나이지리아 들에서 주로 재배됨
- 카로틴이 0.02~0.20% 함유되어 진한 오렌지 빛 적색을 띔
- 산화안정성과 담백한 특유의 풍미 및 저렴성
- 라면튀김용으로 사용(국내)

(5) 가공유지

a. 마가린(margarine)

- 식물성 유지와 유제품을 주재료로, 유화제, 비타민(A, D), 식염, 보존료, 향료, 착색료, 산화방지제 등을 첨가하여 제조
- 두 종류의 상(phase)을 적당한 온도와 속도로 조절하면서 교반하여 유화시켜 만든 유중수적형 에멀션(emulsion)

b. 쇼트닝(shortening)

- 라드(lard) 대용품으로 미국에서 발명됨
- 대두유 등의 정제유에 니켈 촉매로 수소를 첨가하여 경화시켜 원하는 정도로 결정화시켜 가소성의 영역을 넓힌 것
- 무미, 무취, 무색으로
- 비스킷, 쿠키, 빵, 케이크 등에 사용

참고상식

트랜스 지방(Trans fatty acids)은 무엇인가요?

트랜스지방은 액체 상태인 식물성 지방에 수소를 첨가하여 고체 상태로 만들 때 생겨나는 지방이다. 음식을 보기 좋게 더 맛있게 하는 효과가 있어서 시중에 유통되는 가공식품에 들어있다.

식물성 기름의 보존성을 높이기 위해 일부를 가공하는 과정에서 생기는 독특한 형태의 지방산이다. 저밀도 지단백(LDL)을 증가시켜 심장병, 동맥경화 및 각종 암을 유발시키므로 적게 섭취를 권장한다.

트랜스지방산이 함유된 음식으로는 유지(쇼트닝, 마가린), 빵류(도넛, 피자, 케이크 등), 과자(쿠키, 팝콘 등), 인스턴트식품, 양념류, 튀김, 어육류 등이 있다.

기름을 재사용하는 경우에는 트랜스 지방이 더 많이 생기고 개봉된 기름은 냉장보관을 권장한다.

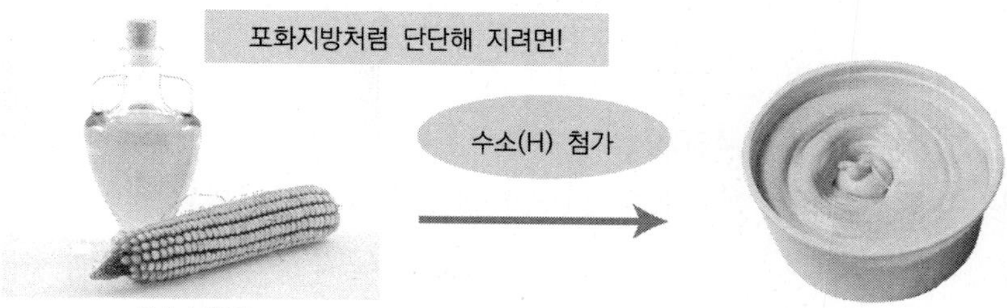

옥수수기름 옥수수마가린

• 트랜스지방이 많은 식품

식품에 지방이 많다고 트랜스지방도 많은 것은 아니다. 트랜스지방은 주로 가공식품에 들어 있다. 가공식품을 살 때에는 트랜스지방 함량을 꼭 확인해야 한다.

• 트랜스지방을 줄이는 5계명

▸ 밥과 국으로 된 한식을 골고루 먹는다.

▸ 간식으로 지방이 적은 고구마나 과일 등을 먹는다.

▸ 기름에 튀긴 음식은 조금만 먹는다.

▸ 육류는 지방이 적은 부위를 선택한다.

▸ 가공식품을 먹을 땐 영양표시에서 지방 함량을 반드시 확인한다.

• 지방과 트랜스지방 1일 섭취량

지방 1일 영양소 기준치는 50g이다. 기준치 이상 먹지 않도록 주의하여야 한다. 또한 트랜스지방 1일 섭취 제한양은 2.0gm이며 되도록 적게 먹는 것이 좋다.

11) 지질 대치식품

(1) 필요성

① 전 세계적으로 지질섭취량 및 심혈관계 질환으로 인한 사망률의 증가하여 에너지는 적으면서 지질의 맛을 제공하는 지질대용품의 개발 요구 및 이용 증가되고 있다.

② 주로 가공식품에 이용한다.

(2) 종류

a. 심플리스(simplesse)

① 물과 우유단백질을 2:1의 비율로 섞어서 만든 것이다.

② 마요네즈와 유사한 맛과 질감을 제공한다.

③ 지질의 약 1/7정도의 에너지를 제공한다.
(예, 심플리스 3g(물 1g + 단백질1g)은 4㎉, 지질 3g은 27㎉)

④ 열에 약하므로 튀김 등의 고온 조리에는 사용이 불가능하다.

⑤ 아이스크림, 샐러드유의 제조에 적합하여 많이 사용된다.

b. 올레스트라(Olestra)

① 설탕과 기름을 섞어서 만든 제품이다.

② 조리에 첨가하면 지방과 같은 물리적 특성을 제공하나 체내에서 소화되지 않으므로 에너지를 제공하지 않는다.
③ 고온에 강하므로 튀김과 같은 고온조리에 이용할 수 있다.
④ 지용성 비타민의 흡수를 저해하므로 올레스트라를 첨가하는 식품에는 지용성 비타민의 강화하는 처리가 필요하다.

12) 유지의 산패에 영향을 미치는 인자

(1) 온도: 온도가 높을수록 산패속도도 증가한다.
(2) 광선: 광선 및 자외선에 가까운 파장의 광선은 유지의 산패를 촉진한다.
(3) 수분: 수분이 많을수록 금속의 촉매작용이 강화된다.
(4) 산소의 분압: 적은 산소 분압에서도 산패는 발생한다.
(5) 금속 또는 금속이온: 자동산화를 촉진한다.
(Cu, Fe, Mn, Ni. Co. Al. Sn, Zn 등)
(6) 지방산의 불포화도: 불포화도가 클수록 산패가 증가한다.
(7) 항산화제: 유지기간을 연장시켜주는 물질로 작용한다.
(비타민 C, 비타민 E, 레시틴, 플라보노이드 등)

3. 단백질(Protein)

1) 단백질의 정의

단백질은 생물의 몸을 구성하는 탄소(C), 수소(H), 산소(O) 이외에 질소(N)를 포함하는 고분자 유기 물질이며 흰자질이라고도 한다.

단백질의 영어명 프로틴(protein)은 그리스어의 proteios(중요한 것)에서 유래된 것이다. 단백질의 한자 표기에서 단(蛋)이 새알을 뜻하는 것에서 알 수 있듯, 단백질은 달걀 등의 새알의 흰자위를 이루는 주요 성분이다.

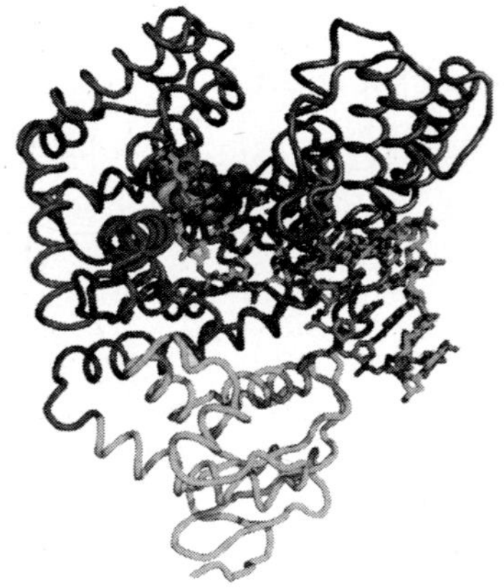

▮ 그림 1-9 ▮ G-Protein의 구조

2) 단백질의 특성

(1) 화학식은 $(NH_2CHR_nCOOH)_n$ 이며

(2) 수많은 아미노산의 연결체로 20가지의 서로 다른 아미노산들이 펩타이드 결합이라고 하는 화학 결합으로 길게 연결된 것을 폴리펩타이드라고 한다.

(3) 여러 가지의 폴리펩타이드 사슬이 4차 구조를 이루어 고유한 기능을 갖게 되었을 때 비로소 단백질이라고 불리며 단백질과 폴리펩타이드는 엄밀히 말하면 다른 분자이지만 경우에 따라 구분 없이 쓰이기도 한다. 일반적으로는 분자량이 비교적 작으면 폴리펩타이드라고 하며, 분자량이 매우 크면 단백질이라고 한다.

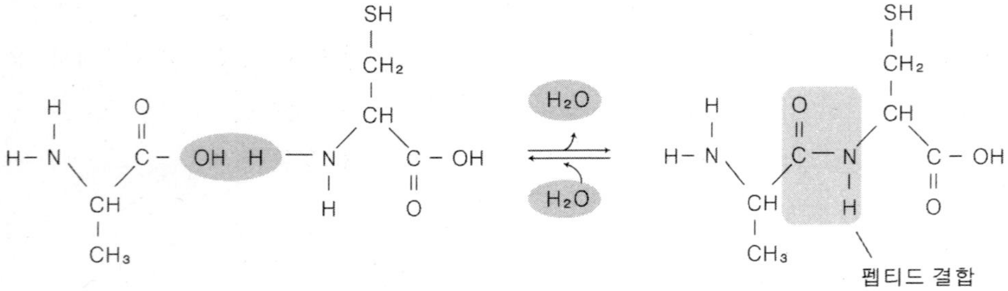

3) 단백질의 분류(아미노산의 분류)

(1) 인체구성 단백질

아래의 표는 인체에 존재하는 약 2만여종의 단백질로서 기능, 구성성분, 형태, 구조를 바탕으로 분류한 표이다.

▮ 표 1-9 ▮ 단백질의 분류

분류방법	종 류	예
기능적인 분류	효소	펩신(pepson), α-아밀라아제(α-amylase)
	구조단백질	콜라겐(collagen), 엘라스틴(elastin), 케라틴(Keratin)
	세포골격단백질	튜불린(tublin)
	수축성 단백질	액틴(actin), 미오신(myosine)
	접착단백질	피브로넥틴(fibronectin), 라미닌(laminin)
	방어단백질	면역글로불린(immunogllobulin), 인터페론(interferon)
	수용체(receptor)단백질	호르몬 수용체, 신경전달물질 수용체
	수송단백질	헤모글로빈(hemoglobin), 트랜스페린(transferin)
	영양단백질	카세인(casein)
구성성분에 의한 분류	단순단백질(아미노산만으로 구성)	펩신, 헥소키나아제(hexokinase), 트립신(trypsin), 혈청알부민(serum albumin)
	복합단백질 (아미노산 이외 성분도 포함): 당단백질, 지단백질, 금속단백질, 헴단백질	면역글로불린, 트랜스페린, LDL[1] HDL[2], α-아밀라아제[3], 페리틴(ferritin)[4], 헤모글로빈[5], 시토크롬(cytochrome)[6]
형태에 의한 분류	구상단백질	효소, 호르몬(hormone)을 비롯한 거의 대부분의 단백질
	섬유단백질	콜라겐, 엘라스틴, 케라틴
구조적인 분류	단량체(monomer)단백질 (한 개의 폴리펩티드 사슬로 구성)	펩신, 미오글로빈(myoglobin), α-아밀라아제, 혈청알부민
	올리고(oligo)단백질(두 개 이상의 폴리펩티드 사슬로 구성)	헤모글로빈(4개), 알코올탈수소효소(alcohol dehydrogenase)(2개)

1) LDL: : low density lipoprotein(저밀도지질단백질)
2) HDL : high density lipoprotein(고밀도지질단백질)
3) Ca와 결합하고 있다.
4) Fe와 결합하고 있다.
5) 헴(heme)과 결합하고 있다.

(2) 아미노산의 정의

단백질의 최종분해산물인 아미노산의 일반적 구조는 다음과 같다.

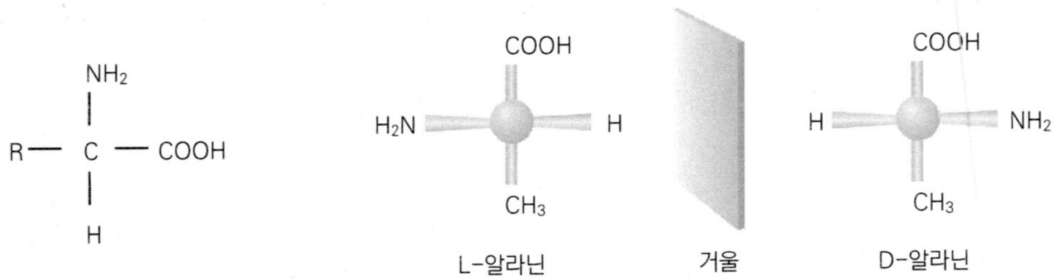

a. 아미노산(Amino acid)의 일반구조　　b. 알라닌(Alanine)의 광학이성질체

▮ 그림 1-10 ▮ 아미노산(Amino acid)의 일반구조와 알라닌(Alanine)의 광학이성질체

R(곁사슬부분)은 아미노산의 종류에 따라 다르다. 예를 들면, 알라닌의 경우 R은 CH_3이다.

a. 표준아미노산(Standard amino acid)

단백질의 구성성분이 되는 아미노산 총 20가지

b. 비표준아미노산(Nonstandard amino acid):

생물체에 존재하지만, 단백질의 구성성분이 되지 않는 아미노산
단백질(혹은 polypeptide)을 구성하는 아미노산 중 화학적으로 변형된 것

거의 모든 생물체내의 구성성분인 단백질은 세포 내에서 각종 화학반응의 촉매 역할(효소), 항체를 형성하여 면역을 담당하는 등 여러 가지 중요한 역할을 수행한다.

4) 단백질의 기능

(1) 체조직의 구성성분, 재생 : 단백질은 신체의 기본구성요소이며 체내의 여러 성장과 유지, 보수에 필요한 주요 성분이다

(2) 산 알칼리 평형유지(항상성: Homeostasis): 단백질은 산성기(카르복실기)와 알칼리성기(아미노기)를 동시에 가지고 있는 양성물질로서 신체내의 산 알칼리 평형에 주요 관여하는 완충작용으로 체액의 PH를 조절한다. 체액은 pH 7.35-7.45 약알칼리성 또는 중성을 유지한다.

(3) 삼투압 조절(수분의 평형) : 단백질은 혈액내에서 조직의 삼투압과 수분의 평형을 조절하며 단백질이 부족할 경우 교질 삼투압이 감소해서 부종이 생긴다.

참고상식

삼투압이란?

저농도 용액에서 고농도 용액으로(수분이 많은 쪽에서 적은쪽으로 이동)

삼투현상은 순수한 용매를 포함한 저농도 용액에서 고농도 용액 쪽으로 반투과성막을 경계로 용매(물)가 이동하는 현상이며 삼투압은 이때 용매(물)가 이동하려는 힘이라고도 할 수 있다. 반투과성막은 용액 속에 들어있는 용질은 입자가 커서 통과시키지 못하고 용매분자만 통과시키는 막이며 농도 차이가 줄어드는 방향으로 용매들이 움직이려고 한다. 이 막을 경계로 한쪽에는 순수한 용매를, 다른 한쪽에는 용액을 두면 용매들이 양방향으로 서로 이동하게 된다.

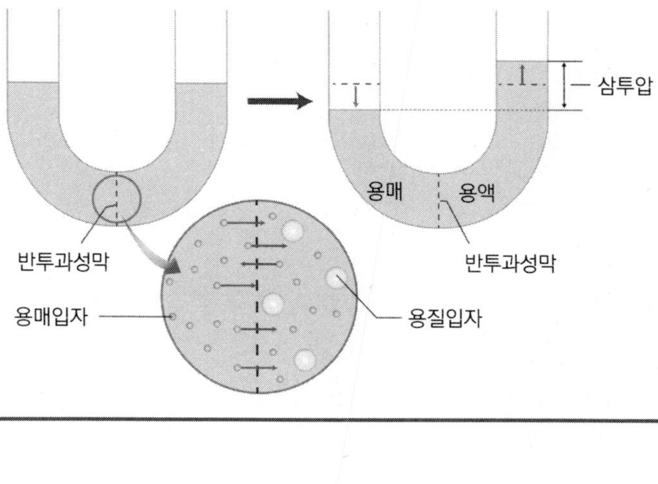

▮ 표 1-10 ▮ 수분평형

흡수방법	수분흡수량	배설방법	수분배설량
음료수	550 ~ 1500	신장	500 ~ 1400
식품	700 ~ 1000	피부	450 ~ 900
대사 수(체내)	200 ~ 300	폐	350
		대변	150
총 흡수량	1450 ~ 2800	총 배설량	1450 ~ 2800

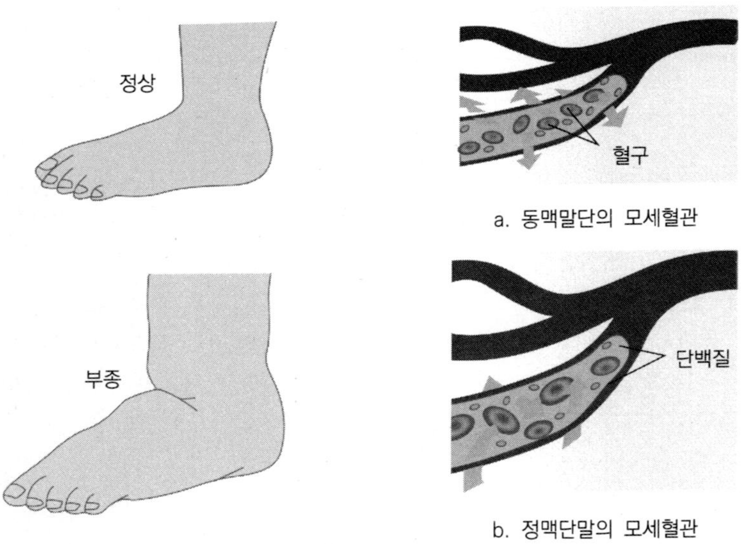

▮ 그림 1-11 ▮ 단백질의 수분평형

a. 혈압에 의해 수분이 조직으로 빠져나감
b. 혈관내의 단백질이 모세혈관내의 삼투압을 높여 조직의 수분이 모세혈관으로 들어옴

(4) 효소 및 호르몬의 합성: 생리기능을 조절하며 체내의 화학반응에 필요한 효소는 모두 단백질을 원료로 한다.

부신피질호르몬, 부신수질 호르몬, 갑상선호르몬등과 1000여개 이상의 효소들이 단백질로부터 만들어진다.

(5) 면역기능(항체형성): 바이러스나 박테리아에 대항하기 위한 물질인 항체(antibody)를 형성하는데 단백질이 필요하다. 글로불린(Globulin) 등을 형성한다.

(6) 에너지원: 단백질 1g에서 4 kcal의 열량을 발생한다. 탄수화물을 충분히 섭취하지 않은 경우에 필요한 에너지를 단백질에서 공급하게 되는 경우는 신체재생이나 조절기능 등이 원활히 되지 않으므로 바람직하지 않다.

5) 단백질의 소화

단백질은 위의 펩신, 췌장의 트립신, 키모트립신, 카르복시펩티다아제, 그리고 소장의 아미노 펩티다아제 및 디펩티다아제라는 단백질 분해효소의 작용에 의해 소화된다.

그런데 콩에는 트립신의 활동을 방해하는 콩트립신 저해제라는 단백질이 들어있어 콩을 날로 먹으면 소화가 잘 되지 않는다. 하지만 콩을 가열할 경우 이 단백질 성분이 변성되어 저해기능을 잃는다. 결국 트립신이 활성화되어 소화효소의 침입이 용이해지는 것이다.

최종대사산물- 아미노산으로 분해된다.

* **아미노산** : 모든 생명현상을 관장하고 있는 단백질의 기본 구성단위이다.

6) 단백질대사

단백질이 아미노산으로 분해되거나 반대로 아미노산에서 단백질이 합성되는 과정이다.

음식으로 섭취된 단백질은 아미노산으로 소화, 분해된 후 세포, 특히 간세포로 유입되어 단백질 합성 및 에너지원으로 사용된다, 장시간의 격렬한 운동이나 금식 시에는 단백질로 저장되어 있던 아미노산이 분해되면서 에너지원으로 기여하게 된다.

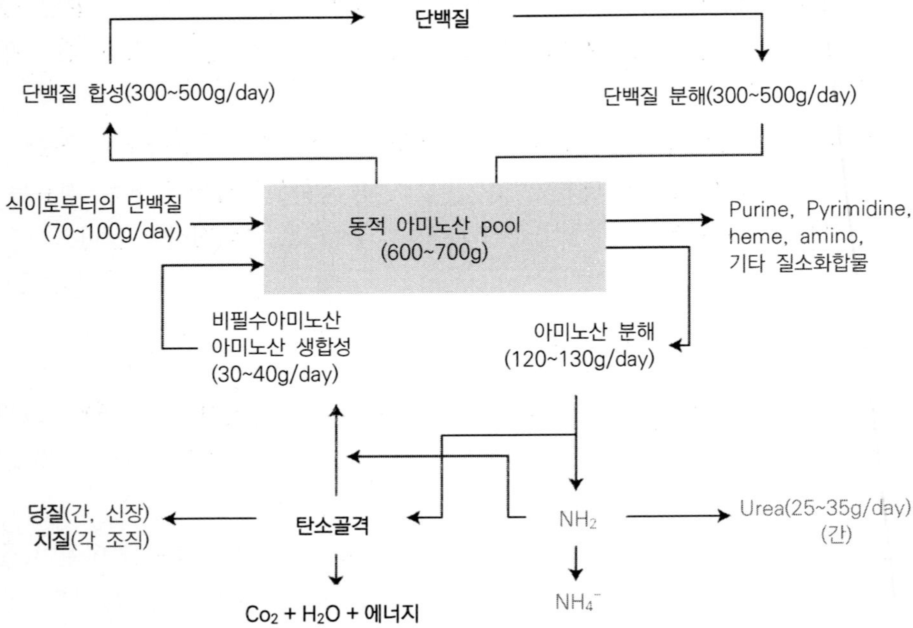

7) 단백질의 변성(Denaturation)

물리적, 화학적 자극에 의해 단백질의 2,3,4차 구조가 깨지는 것을 말한다.

-단백질의 변성을 일으키는 요소-

(1) 강산, 강염기: pH의 변화를 일으켜서 단백질의 용해도 및 수소결합의 변화를 일으킨다.

(2) 유기용매: 수소결합이나 소수성 상호작용을 방해한다(세제, 환원제)

(3) 중금속: Hg^+, Pb^+, 이온결합 방해

(4) 온도: 온도 상승시 분자의 진동이 커져 수소결합 파괴

(5) 물리적 자극: 단백질 구조에 관여하는 결합 파괴(가열, 건조, 교반, 압력, X선, 초음파, 진동, 동결 등)

8) 단백질 섭취 부족으로 인한 단백질 결핍증(PCM)

단백질 결핍과 에너지 결핍이 광범위하게 복합된 증후군. 이 증후군에 콰시오커(kwashiorkor)와 마라스무스(marasmus)가 있다.

콰시오커에서는 단백질 결핍이 뚜렷하게 나타나고, 에너지 결핍은 비교적 미약하나, 체내에 복부 등에 지방을 저장한 형태이다. 마라스무스는 중증의 에너지 결핍증으로, 전신형태가 기아상태의 모습을 보인다. 피하지방의 소실, 근위축, 위장장애를 나타낼 수 있으며, 현저한 저체중을 특징으로 한다. PCM(protein calorie malnutrition)이라고도 한다.

(1) 결핍

a. 콰시오커(kwashiorkor)

양질의 단백질이 부족한 상태로 체중감소, 지방간, 소화흡수 장애, 부종, 피부염, 머리털 변색, 무감각, 냉담반응을 나타낸다.

b. 마라스무스(marasmus)

이유기와 유아기에 많으며 에너지와 단백질 부족증으로 체중감소, 노인 같은 얼굴, 근육쇠퇴, 피하지방 적음, 신경질, 심하게 마름 등이 나타나고 지방간이나 부종은 없다.

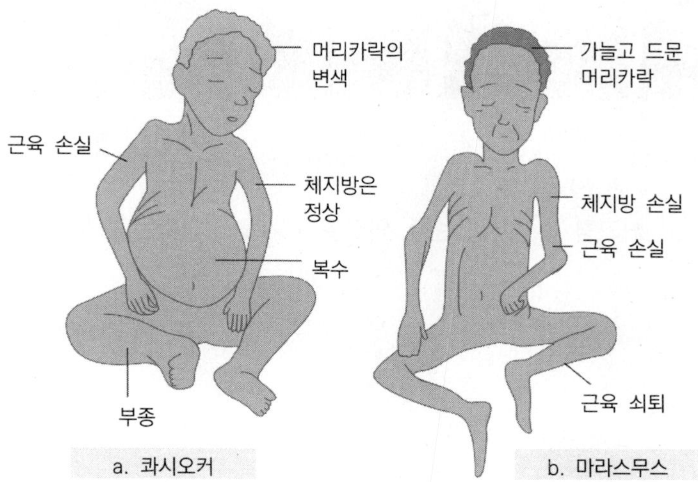

▮ 그림 1-12 ▮ 콰시오커와 마라스무스의 비교

(2) 과잉

체온 증가, 혈압증가, 피로감 등이 오며 단백질 분해물 증가로 요독증이 나타나고 간장질환시에는 간성혼수같은 의식수준의 변화가 발생하며 혼수상태에 이르면 사망하기도 하므로 위독한 증상이다. 소변으로 칼슘 배설이 증가한다.

(3) 함유식품

* 동물성 - 유제품, 어육류, 난류(계란), 육류
* 식물성 - 콩류, 견과류

소고기 탁구공 크기 1토막(40g)

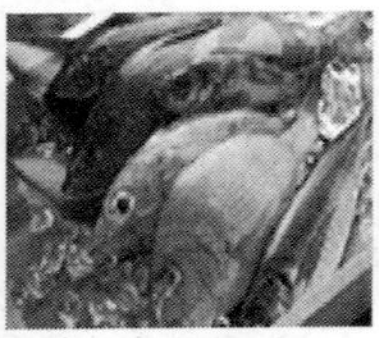
생선 작은 것 1토막(50g)

닭고기 1토막(40g)

오징어 1/2토막(50g)

중간크기 새우 3마리(50g)

조갯살 1/3컵(70g)

멸치 1/4컵 (15g)

달걀 1개 (55g)

검정콩 2큰술 (20g)

두부 1/6모 (119g)

▮ 그림 1-13 ▮ 순수 단백질 10g을 공급하는 음식 양

4. 비타민(Vitamin)

1) 비타민의 개요

비타민(vitamin)은 미량으로 생명현상 유지에 필요한 생리작용을 돕는 필수 영양소로 체내에서 합성이 되지 않아 반드시 식품으로 섭취해야 하는 영양소이다.

현재까지 알려진 비타민은 20여 종류로 영양을 지배하며 탄소(C), 수소(H) 산소(O)로 되어있는 유기화합물이다.

비타민은 체내 대사과정에서 생기는 화학적 변화를 촉진 시키는 특수작용을 하며 열량소와 구성소의 체내기능을 조절하고 수행하는데 필요한 영양소이다.

비타민 1일 필요량은 미량으로 충분하지만 결핍 정도에 따라 건강에 이상이 나타난다.

따라서 비타민이 풍부하고 신선한 녹황색 채소와 과일을 섭취하는 것이 피부 건강에 중요하다.

2) 비타민의 기능 및 대사

비타민은 일반적 성질인 용해성에 따라 수용성 비타민과 지용성 비타민 2 종류로 나뉜다. 수용성 비타민은 포화량이 있어서 과잉 섭취하게 되면 소변으로 배출되어 결핍증이 나타나기도 한다.

수용성 비타민은 혈액, 조직액 등의 체액 속에 용해되어 분포한다. 수용성 비타민의 중요한 체내 기능은 신체 기능을 조절하는 조효소로서의 기능으로 섭취된 음식물의 소화, 흡수, 대사에 관여하는 보조 효소로서의 기능을 가지고 있다. 조효소는 효소 단백질과 밀접한 관계를 맺고 있으며 효소의 촉매 활성을 도우며 신체의 대사 과정에 수용성 비타민의 조효소의 역할이 필수적이다.

지용성 비타민은 물에 녹지 않으므로 그 생리적 기능과 결핍증이 비교적 일치하며 지질과 함께 흡수된 후 림프관을 거쳐 혈액으로 유입되어 간장에서 저장된다. 지용성 비타민 기능은 소화, 흡수, 운반과 저장 등에 지방이 필요하며 세포층에서 산화되어 에너지를 내게 하며 따라서 지용성 비타민을 과잉 섭취할 경우 중독 증상이 일어날 수 있다.

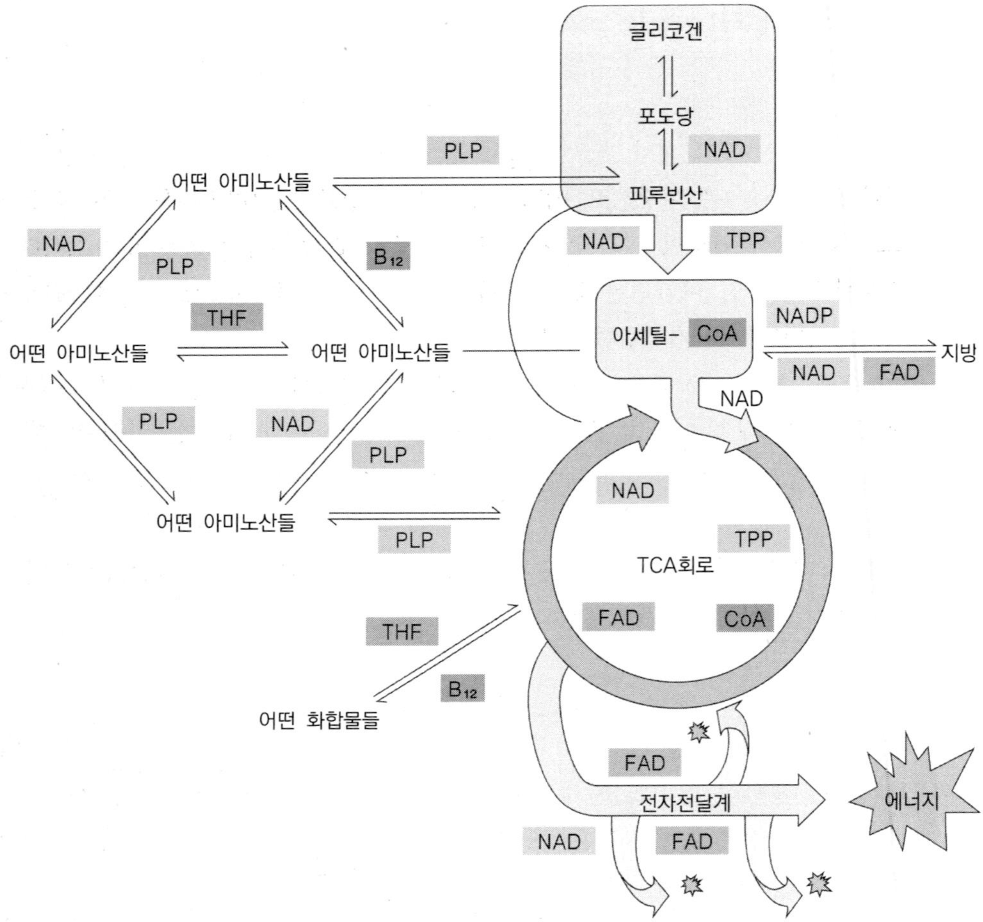

▮ 그림 1-14 ▮ 비타민 B군을 필요로 하는 신체 대사과정

비타민은 저장 에너지 화합물인 APT를 합성하여 에너지 대사에 관여하며 당질, 지질, 단백질의 대사를 완성 시킨다.

3) 비타민이 피부에 피치는 영향

건강하고 아름다운 피부를 유지하는 데는 개인의 영양관리가 중요하며 특히 인체에서 미량으로 영양을 지배하는 비타민은 건강한 피부 유지에 매우 중요하다.

피부 건강에 필요한 비타민은 지용성 비타민 A, D, E, K 와 수용성 비타민 C 및 비타민 B군이다. 이들 비타민을 섭취하면 피부 트러블을 줄여 주고 피부가 맑아 보이는 등의 효과가 있다고 알려져 있다. 비타민 A는 피부 상피조직의 점막을 유지 하므로 피부의 보습과 탄력을 유지하는데 관여한다. 비타민 D는 두피의 혈액 순환을 도와 모발의 재생과 모발을 윤택하게 한다. 비타민 E는 일명 토코페롤(tocopherol)로서 항산화제(anti-oxidant) 작용으로 세포의 유해산소를 제거하여 피부 세포의 노화를 지연 시키고 세포막을 보호하며 피부의 미백에 도움을 준다. 비타민 C는 교원섬유(collagen fiber)를 합성하는데 중요한 역할을 하며 또한 피부의 미백에 영향을 미친다. 비타민 B군은 피부를 촉촉하게 하고 매끄럽고 윤기있는 피부로 가꾸어 준다. 이러한 비타민이 부족하게 되면 식욕감퇴, 피로, 신경과민, 불면증과 함께 피부세포 증식이 원활히 이루어 지지 않아 피부가 건조하고 매끄럽지 않게 된다.

4) 비타민의 분류

비타민의 종류는 크게 두 부류로 나누며 지방에 용해되는 지용성 비타민과 물에 잘 녹는 수용성 비타민으로 구별된다. 지용성 비타민에는 비타민 A, D, E, K 가 있으며 체내에서 비타민으로 전화하는 프로비타민이 있다. 지용성 비타민은 지질 식품에 많이 들어 있으며 체내에 흡수 될 때 지방과 같이 흡수되며 간과 피하지방조직에 저장 될 수 있다. 지용성 비타민은 매일 섭취해야 하는 것은 아니며 과잉 섭취일 경우 중독증세(toxicity)가 나타날 수 있다. 또한 물에 녹는 성질이 아니기 때문에 주로 대변을 통하여 배출된다.

수용성 비타민은 비타민 B군과 비타민 C 두 가지가 있다. 비타민 B군에는 B_1, B_2, B_6. B_{12}, 나이아신, 비오틴, 판테텐산, 엽산, 콜린, 등이 있으며 열, 산, 알칼리, 광선, 공기 중의 산소 등에 의해 성질이 쉽게 산화 또는 파괴 될 수 있다. 수용성 비타민은 일부 장내 세균에 의해 합성되지만 대부분 체내에 저장되지 않으므로 필요이상 과다하게 섭취하면 소변으로 배출되므로 매일의 식품을 통하여 섭취해야 한다.

▮ 표 1-11 ▮ 지용성 비타민과 수용성 비타민

	지용성 비타민	수용성 비타민
종 류	비타민 A, D, E, K	비타민 B_1, B_2, B_{12}, 니아신, 판토텐산, 엽산, 비오틴, 콜린, 비타민 C
저장성	체내에 잘 저장됨(예외: 비타민 E)	체내에 저장되지 않음(예외: 비타민B_{12})
독 성	과잉섭취 시 저장되어 독성 유발 (비타민 A, D는 특히 심함)	독성이 별로 심하지 않음(장기간 고농도로 섭취하면 독성유발 가능)
흡수성	체내로 흡수가 어려움	체내로 흡수가 쉽고 빠름

(1) 지용성 비타민

a. 비타민 A(Retinol)

비타민 A는 동물성 식품과 식물성 녹황색 식품에 들어 있으며 녹황색 식품에 들어 있는 ß-카로틴은 체내에서 비타민 A로 전환 될 수 있는 전구체인 프로비타민 A의 카로티노이드(carotenoid) 형태로 들어 있다. 비타민 A 성분은 레티놀(retinol), 레티날(retinal), 레티노익산(retinoic acid)으로서 생체 활력성을 가지고 있으며 비타민 A 성분 대부분은 레티놀(retinol)이다.

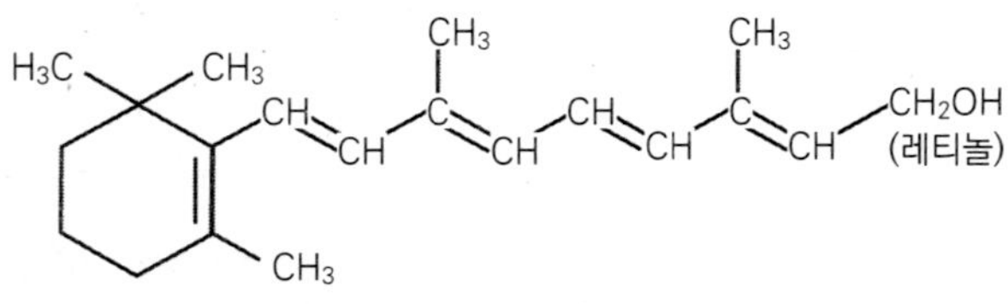

▮ 그림 1-15 ▮ 비타민 A 구조식

① 비타민 A의 기능 및 대사

비타민 A의 주요 기능은 소화기와 호흡기의 상피세포 점액 분비를 강화, 보호하고 피부건조 예방 및 점막 세포의 정상화에 관여하며 망막의 시각색소 생성을 하여 정상적인 시력유지에 관여한다.

동물성 식품에 함유되어 있는 비타민 A는 대부분 소장에서 레티놀로 가수분해 된다. 가수 분해된 레티놀은 90%까지 소장 세포로 흡수된 후, 다시 지방산과 결합하여 림프계를 통해 간으로 운반된 후 저장되거나 사용된다.

건강한 사람의 경우 섭취된 비타민 A의 약 50% 이상이 저장되며, 이중 90% 이상이 간에 존재한다. 그러므로 간기능의 개인차에 따라 몇 개월간 비타민 A를 섭취하지 않아도 결핍 증상이 잘 나타나지 않는다.

레티놀은 글루쿠론산이나 타우린과 결합하여 담즙으로 제거되며, 대사산물의 70%는 대변을 통해 그리고 나머지 30%는 소변을 통해 배설된다.

비타민 A가 부족하면 스테로이드(steroid) 합성에 필요한 효소가 감소하여, 프로게스테론을 비롯한 성호르몬의 생성을 저하시키므로 생식기능에도 관여한다.

② 비타민 A 결핍증, 과잉증 및 권장 섭취량

결핍증으로 야맹증, 안구건조증, 피부의 건조, 조혈기능의 감퇴, 색소의 침착 등의 증상이 나타난다.

비타민 A 과잉증으로 급성, 만성, 그리고 기형 발생으로 분류된다. 일일 권장량의 100배 정도의 양을 수 일간 섭취하면 급성독성의 증상으로는 오심, 두통, 현기증, 근육무력감, 가려움증 등을 들 수 있으나 섭취를 중지하면 증상이 사라진다. 만성독성 증상으로는 두통, 탈모증, 피부건조 및 가려움증, 골관절 통증이 있다.

또한 임산부의 기형출산, 사산, 학습장애가 대표적인 경우이다. 임신을 자각하지 못하는 임신 초기에 위험 할 수 있다.
비타민 A 성인 남녀 권장 섭취량은 700㎍RE 이다.

③ 비타민 A의 급원식품

비타민 A 함량이 높은 급원식품으로 유제품, 간, 생선기름, 달걀 등이며 카로틴이 많은 식품은 양배추, 시금치, 당근, 토마토, 복숭아, 살구 등이다.

비타민 A와 카로틴은 비교적 열에 강하나 생선류는 햇빛에 노출되면 비타민 A가 파괴된다.

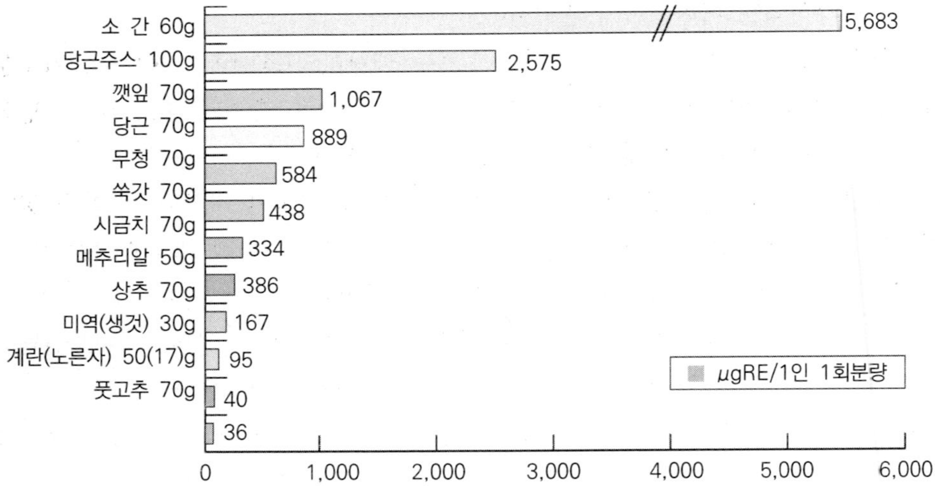

▮ 그림 1-16 ▮ 비타민 A 급원식품과 함량

▮ 그림 1-17 ▮ 비타민 A 급원식품

④ 비타민 A가 피부에 미치는 영향

비타민 A는 피부 상피조직의 점막을 유지하는 역할을 하므로 피부와 모발의 건조를 방지하며 외부로부터 피부의 감염을 예방하여 건강한 피부를 유지하게 한다. 비타민 A의 결핍으로 인한 피부 증상으로는 과다각화증(hyperkeratosis)과 같은 피부 변화가 나타난다. 케라틴은 보통 피부 외피층에서 피부의 수분손실을 억제하는데, 비타민 A의 결핍이 심각해지면 정상적으로 피부 바깥층에 위치하여야 하는 케라틴화 세포가 상피세포로 위치를 바꾸게 된다. 그 결과 모낭이 케라틴으로 막히면 피부가 거칠고 매우 건조하게 된다.

감염에 민감해지거나 호흡기나 다른 기관의 상피세포도 각질화 될 수 있다. 또한 모발이 건조해지고 부스러지며 갈라진다. 비타민 A는 건강한 피부 유지에 중요한 영양소이다.

비타민 A의 성분인 레티놀은 여드름 치료에 사용되며 레티노익산(retinoic-acid)을 성분으로 한 화장품도 제조되고 있다. 또한 레티놀은 성분 함량에 따라 주름 개선에 효과가 있는 것으로 알려져 있다.

"레티놀은 피부세포의 재생을 활성화하고 모공을 깨끗하게 하는데 도움을 주고 피부가 건조하거나 윤기가 사라지는 것을 막아준다"고 피부과 전문의인 해럴드 랜서 박사(미 비벌리힐스)는 말한다.

b. 비타민 D(Calciferol)

비타민 D는 활성이 강한 D_2 와 D_3의 두 종류가 대표적이다. 식물계에 존재하는 비타민 D_2 전구체인 에르고스테롤(ergosterol)은 표고버섯 등에 함유되어 자외선에 건조되는 중에 비타민 D_2로 전환된다.

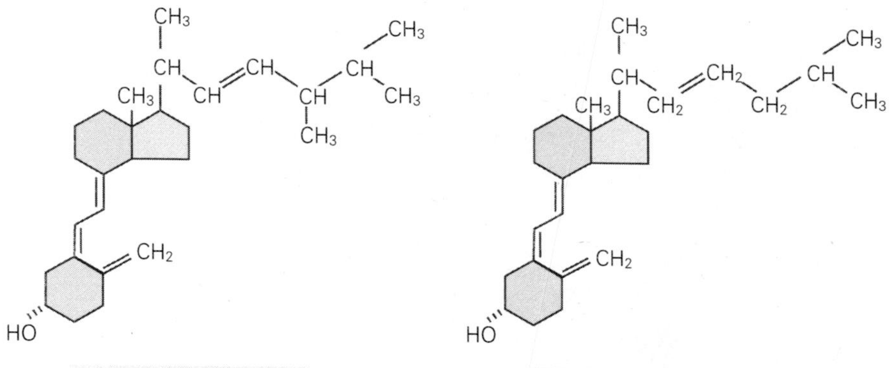

비타민 D_2
Ergocalciferol(D_2)

비타민 D_3
Cholecalciferol(D_3)

▮ 그림 1-18 ▮ 비타민 D 구조식

① 비타민 D의 흡수, 대사 및 기능

음식을 통하여 섭취된 비타민 D는 담즙염의 도움을 받아 소장에서 흡수되어 림프계를 통해 간으로 운반된다. 만성 지방흡수 불량증이 있는 경우에는 비타민

D의 흡수불량으로 결핍증을 나타낼 수 있다. 비타민 D는 식품으로만 섭취하는 것이 아니라 일광 자외선으로도 인체에 필요량을 피부를 통해 합성 할 수 있다. 피부와 머리카락에는 비타민 D_3 전구체인 7-dehydrocholesterol이 존재하여 자외선을 받으면 비타민 D_3로 전환된다.

비타민 D는 주로 지방과 함께 흡수되기도 하지만 자외선에 의해 피부에서 직접 혈액으로 흡수되기도 하며 간, 피부, 뇌, 골격에 저장된다.

비타민 D의 주요 기능은 혈중 칼슘과 인의 수준을 정상 범위로 조절하고 평형을 유지하는 것이다. 소장에서 칼슘과 인의 흡수를 도우고 혈청 칼슘 수준을 세포 활성에 적절한 범위로 조절하며 칼슘이 부족할 때는 뼈에 저장되어 있는 칼슘과 인을 사용하여 한다. 혈중 칼슘과 인의 농도는 신경근육 기능이나 뼈의 무기질화를 적절히 조절하며 정상적인 골격과 치아 형성에 필수적이다.

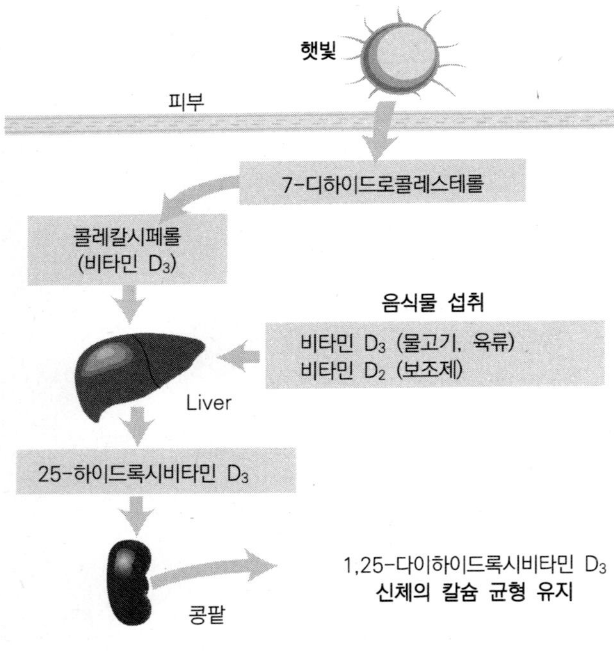

▮ 그림 1-19 ▮ 비타민 D_3 생성 과정

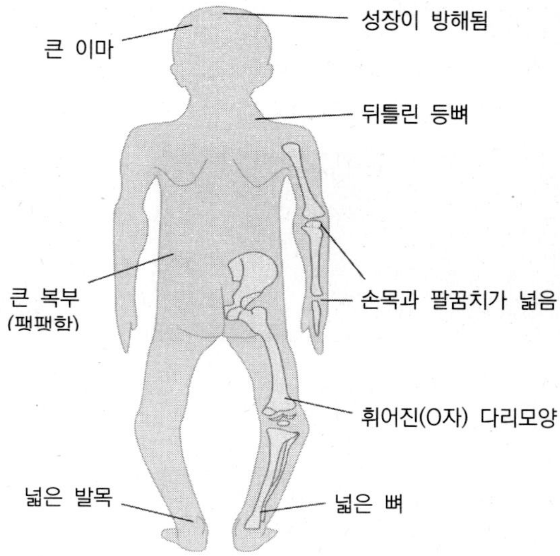

▮ 그림 1-20 ▮ 구루병

② 비타민 D의 결핍증, 과잉증, 섭취 권장량

결핍증으로 혈액의 칼슘과 인의 농도가 낮아져 골격의 석회화가 충분히 이루어지지 않거나 뼈에서 탈 무기질화가 일어나게 된다. 따라서 골격이 약화되어 성장기 어린이의 경우 구루병이 나타난다. 성인은 골연화증(osteomalacia)이 발생하여 엉덩이 뼈, 척추 등이 골절되기 쉽다.

과잉증은 고칼슘혈증으로 혈중 칼슘 농도가 2.75mmol/L(11mg/100mℓ) 이상으로 뼈의 칼슘 용출이 일어나 신세뇨관의 농축기전이 상실을 초래해 다뇨와 다음, 다갈증 및 사구체 여과율이 감소해 칼슘뇨증이 나타난다. 과잉증으로 신체 골격의 석회화, 탈모, 체중감소, 신장결석, 설사, 경련 등을 초래한다.

③ 비타민 D 급원 식품

비타민 D 급원식품으로 등푸른 생선, 동물의 간, 달걀노른자, 표고버섯 등이 있다. 비타민 D는 지용성 비타민이므로 지방이나 기름과 함께 섭취 되어야 체내 흡수율이 높아진다.

비타민 D는 지방에 잘 녹으며 열, 산, 알칼리에 강하나 산화에는 비교적 약하다.

비타민 D의 1일 충분 섭취량은 50세 이하의 성인은 5㎍/일이며, 15세 이하의 어린이와 50세 이상은 10㎍/일이다.

▮ 그림 1-21 ▮ 비타민 D 급원식품

▮ 표 1-12 ▮ 비타민 D 급원식품

식품명	μg/100g	식품명	μg/100g
마가린	30.0	돼지간	2.7
고등어	10.1	소간	2.4
꽁치	6.6	달걀(난황)	1.4
시리얼(콘플레이크)	3.6	우유(강화)	1.0
장어	3.2	치즈	0.3
삼치	2.9		

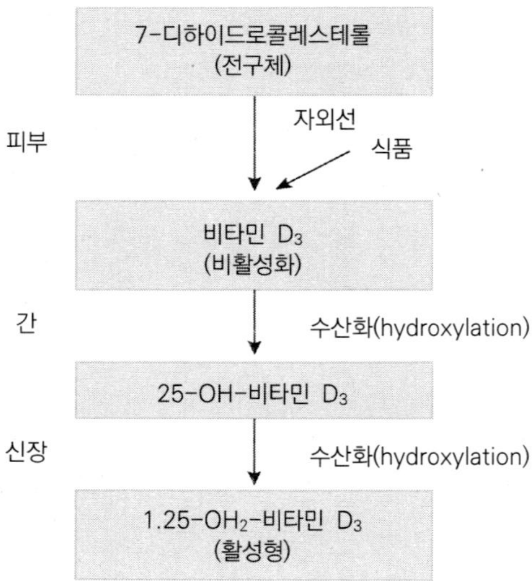

▮ 그림 1-22 ▮ 비타민 D의 합성

c. 비타민 E(Tocopherol)

비타민 E는 토코페롤(tocopherol, TCP)이라는 화학명으로 강력한 환원력을 가지고 있는 화합물의 일종으로 항산화제의 대표적인 비타민이다. 비타민 E의 활성을 가지는 토코페롤을 포함하여 8 종류가 있으며 가장 활성적인 것이 a-토코페롤이다. 비타민 E는 천연 식품내에 존재하는 유지로써 노화현상을 예방하고 피부주름, 기미, 주근깨, 노화피부에서 면역체계를 강화시켜 젊음을 지켜 준다고 알려져 있다.

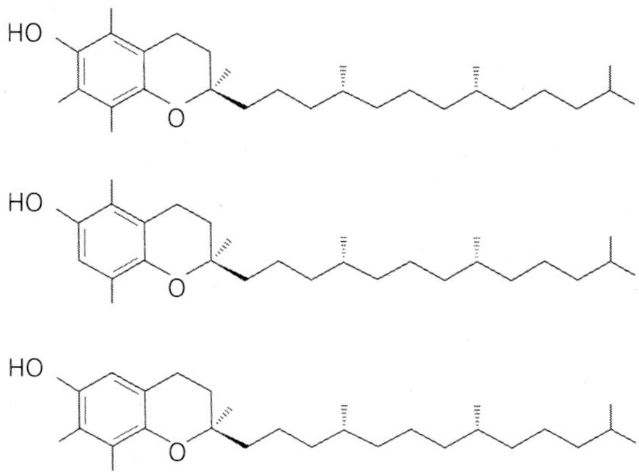

알파 - 토코페롤 구조식

베타 - 토코페롤 구조식

감마 - 토코페롤 구조식

▮ 그림 1-23 ▮ 토코페롤 구조식

① 비타민 E의 흡수, 대사 및 기능

섭취된 비타민 E의 약 30~50%가 흡수되며, 섭취량이 증가 할수록 흡수율은 감소한다. 흡수 시에는 담즙과 췌장액이 필요하므로, 췌장이나 간질환이 있을 경우 비타민 E 흡수가 감소될 수 있다.

소장에서 흡수된 비타민 E는 킬로마이크론(chylomicron)의 형태로 혈액을 통해 간으로 운반된다. 혈액중의 비타민 E 수준은 간에서 혈액으로 분비되는 단계에서 조절된다고 할 수 있다. 간에서 혈액으로 분비된 토코페롤의 약 65%는 LDL, 8%는 VLDL, 24%는 HDL의 형태로 운반된다.

비타민 E의 기능은 심혈관 질환을 예방하는데 관여하여 유해한 LDL 콜레스테롤 수치를 낮추고 유익한 HDL 콜레스테롤 수치를 높이며, 혈관 기능을 보호한다.

항산화작용으로 노화를 방지하며 세포의 호흡작용, 체조직 성분의 합성에 관여하며 헤모글로빈의 색소부분으로 헴(heme)의 합성에 관여하는 효소에 작용한다. 또한 세포막 대사에 작용하여 세포막을 구성하는 불포화지방산의 과산화를 막아준다. 세포막은 세포에서 만들어진 활성산소에 의해 쉽게 산화되는데, 알파-토코페롤은 이러한 산화과정을 중단시키고 세포막을 산화적 손상으로부터 보호할 수 있다.

② 비타민 E의 결핍증, 과잉증 및 섭취권장량

비타민 E의 결핍증 심한 흡수불량의 경우를 제외하고는 비타민 E 결핍증은 잘 나타나지 않는다. 동물의 대표적인 결핍증상은 생식불능, 근육위축(muscular dystrophy), 신경질환, 빈혈, 및 간 괴사 등이다. 비타민 E가 결핍되면 심각한 신경손상 증상이 나타난다.

③ 급원식품

비타민 E의 급원식품으로 곡류의 배아유, 콩, 옥수수, 목화씨, 해바라기씨 등의 식물성기름과 견과류 등이다.

▮ 그림 1-24 ▮ 비타민 E 급원식품

▮ 표 1-13 ▮ 비타민 E 급원식품

식품명	mg/100g	식품명	mg/100g
콩기름	103.0	시리얼(콘플레이크)	8.3
옥수수기름	83.3	건조오징어	4.4
녹차	63.4	김	4.3
미강유	38.8	호두	2.9
아몬드	31.1	해바라기씨	2.2
참기름	29.1	아스파라거스	1.4
아몬드	24.0	아보카도	1.3
땅콩(말린 것)	12.0	바나나	0.5
마요네즈	12.0	쌀	0.4

자료: 식품성분표 2011

④ 비타민 E가 피부에 미치는 영향

비타민 E는 식물성 식품에 광범위하게 분표하며 항산화제로 일명 젊음의 비타민으로 알려져 있다. 건강한 피부를 위해서 비타민 E의 섭취가 중요한데 비타민 E의 복합체의 성분은 세포를 노화 시키는 과산화 지질의 생성을 막는 항산화작용을 한다. 이러한 작용은 노화지연, 피부주름 및 색소침착을 방지하며 기미, 검버섯 생성을 예방하고 피부의 미백 효과를 돕는다.

d. 비타민 K

비타민 K는 혈액응고에 필수적인 비타민으로 항출혈성 비타민(antihek-dcnorrhagic vitamin)으로 불린다. 기름에 용해되는 지용성 비타민의 일종으로 빛, 알칼리에 불안정하고 열에는 안정하다.

① 비타민 K의 흡수, 대사 및 기능

비타민 K는 장내의 박테리아에 의해 인체 내에서 합성되어 체내로 흡수된다. 그러므로 건강한 사람의 경우 일상 식사를 통하여 섭취하는 것과 장내에서 합성된 비타민 K도 인체 내에서 이용하게 된다. 비타민 K는 다른 지용성 비타민과 마찬가지로 흡수는 담즙과 췌장액의 도움을 받아 이루어지고 식이지방에 의하여 촉진된다. 비타민 K의 생리적 기능은 간에서 혈액응고 인자의 프로트롬빈(prothrombin) 형성에 관여하며 간기능 장애의 치료에 효과가 있다.

② 비타민 K의 결핍증, 과잉증 및 섭취 권장량

결핍증은 장내 세균에 의해 합성되므로 부족증은 거의 없다. 드물게 간, 담도 질환 및 장기간의 장질환으로 비타민 흡수 불능에 의하여 생기는데 혈액응고가 지연되고 출혈 현상과 같은 부족증이 나타날 수 있다.

한국인의 비타민 K의 1일 충분섭취량은 성인 남녀 각각 75㎍과 65㎍으로 책정되어있다.

과잉증은 지용성 비타민이지만 배설이 용이하여 독성은 거의 나타나지 않는다. 그러나 비타민 K의 과다 복용은 간, 창자, 담낭 등에 질환을 일으킬 수 있다.

③ 급원식품

비타민 K의 급원식품으로 녹색 채소로 케일, 양배추, 콜리플라워, 브로콜리, 시금치, 상추, 김 등이다. 비타민 K의 성분은 빛, 알칼리에 불안정하고 열에는 안정하다.

▮ 그림 1-25 ▮ 비타민 K 급원식품

▮ 표 1-14 ▮ 비타민 K 식품함량(1인 1회 섭취량기준)

식품명	중량(g)	비타민k(μg)	식품명	중량(g)	비타민k(μg)
순무	70	455	양배추	70	104
시금치	70	186	브로콜리	70	92
렌즈콩	70	156	양상추	70	78
컬리플라워	70	134			

▮ 표 1-15 ▮ 지용성 비타민 정리

비타민종류	화학물질명	생리적기능	결핍증	과잉증	권장량
비타민 A	retinol	시력유지, 각막. 상피세포, 점막, 피부의 정상화, 생식, 감염예방, 어두움 적응, 골격과 치아 성장	피부점막의 각질화, 성장정지, 생식불능, 면역기능 약화, 야맹증, 안구건조증, 실명	골격이상, 피부발진, 두통, 탈모, 안면창백	성인남녀 700RE 임신부 800RE 수유부 1050RE 영소아 350~500RE
비타민 D 비타민 D_2 비타민 D_3	calciferol ergocalciferol cholecalciferol	Ca흡수와 뼈와 치아의 Ca침착, 석회화 촉진, 세포분화 조절, 체내에서 활성형으로 변화하여 작용	소아: 구루병 성인: 골연화증 노인: 골다공증	연조직의 석회화와 결석형성 성장지연, 구토, 설사, 신장손상	성인남녀 5μg 영소아, 임신부, 수유부 10μg
비타민 E	tocopherol tocotrienol	지질의 과산화 방지, 세포막, 생체막의 기능유지	적혈구 용혈, 용혈성 빈혈, 신경기능 저하, 근 무력증	흔하지 않음. 근육허약, 두통, 피로, 오심	성인남녀 10 α-TE
비타민 K_1 비타민 K_2 비타민 K_3	phylloquinone menaquinone menadions	혈액응고 기전에 관여하는 prothrombin 합성, 혈액의 정상적인 응고	출혈(내출혈) 혈액응고시간의 지연	흔하지 않음. 빈혈, 황달	

(2) 수용성 비타민

a. 비타민 B_1(thiamin)

인체의 모든 세포는 에너지를 필요로 하기 때문에 티아민은 신체 모든 기관에 영향을 미칠 수 있다. 비타민 B_1은 조효소 형태인 티아민 피로인산(thiamin pyrophosphate, TPP)으로 존재하며 탄수화물 대사를 비롯한 에너지 대사에 보조 효소로 작용하는 필수 영양소이다. 쌀을 주식으로 하는 지역에서 각기병 발생과 밀접한 관계가 있다. 비타민 B_1은 포도당 대사에 반드시 필요한 영양소이므로 당질의 섭취량이 증가 할수록 필요량이 더 많아진다.

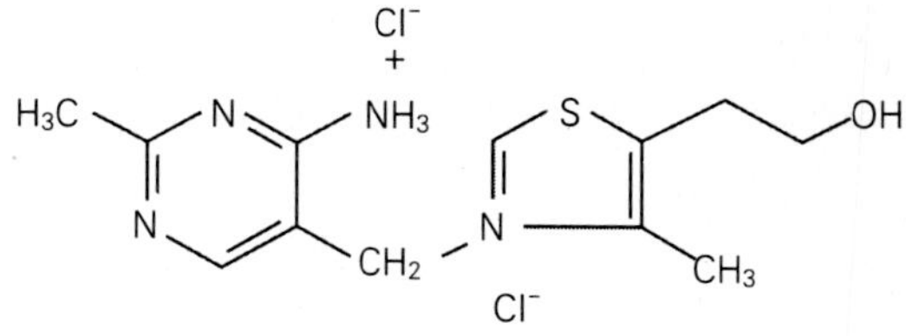

▮ 그림 1-26 ▮ 티아민(Thiamin)

① 비타민 B_1의 흡수, 대사 및 기능

티아민의 화학구조는 탄소에 질소가 함유된 육각형의 환(ring)과 황이 함유된 오각형의 환이 연결되어 있다. 티아민 중앙에 위치한 탄소와 각 고리의 화학적 결합은 열에 장시간 노출될 때 쉽게 파괴되어 티아민의 기능을 잃어버린다.

비타민 B_1은 수송과 확산에 의하여 주로 소장(small intestine)에서 흡수된다. 혈액 내에서 티아민은 형태 그대로 적혈구 세포에서 조효소의 형태로 운반된다.

티아민의 중요한 기능은 당질 대사에 반드시 필요한 영양소이다.

티아민은 잘 저장되지 않으며 과량을 섭취한 경우에는 주로 소변을 통해 즉시 배설된다.

② 비타민의 결핍증, 과잉증 및 섭취 권장량

비타민 B_1이 부족하게 되면 포도당이 완전히 분해되지 못해 피부르산(pyruvic acid)과 젖산(lactic acid)이 축적되어 피로감, 식욕감퇴 무기력증 등이 증상이 나타난다.

결핍증세가 심한 경우 말초신경의 마비, 하지의 부종이 심각해지며 심장의 장애를 동반하는 다발성 신경염을 일으키기도 한다. 이러한 증상을 각기병(beriberi)이라 하며 백미를 주식으로 하는 지역에서 발생한다.

과량 섭취하면 소변을 통해 배설되므로 과잉 섭취로 인한 부작용은 거의 없다. 그러나 영양제나 건강기능식품을 통해 과잉 섭취하면 메스꺼움, 구토, 현기증 등이 나타날 수 있다.

권장량은 1일 성인 남자 1.2㎎, 여자 1.1㎎이다.

③ 비타민 B_1의 급원식품

급원식품은 곡류의 배아, 돼지고기, 김, 통밀, 달걀노른자, 간, 건조효모, 양배추, 당근, 치즈 등이다. 비타민 B_1의 성분은 열과 알칼리 용액에 약하다.

돼지고기와 마늘을 함께 섭취하면 티아민의 흡수율이 높아진다.

▮ 그림 1-27 ▮ 비타민 B_1 급원식품

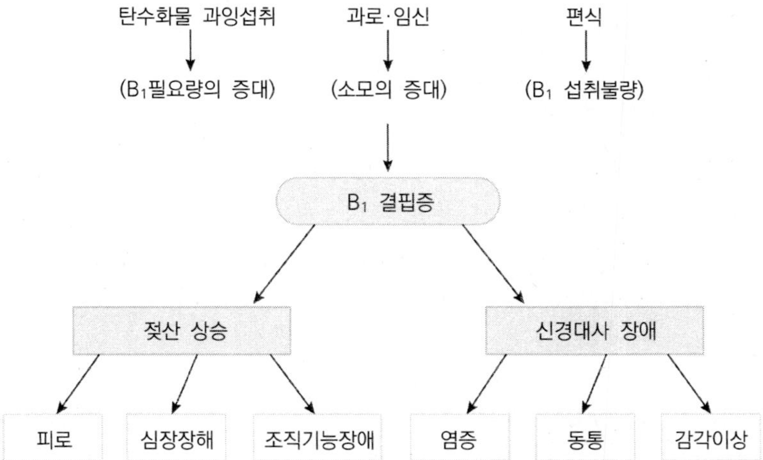

▮ 그림 1-28 ▮ 비타민 B_1 결핍

▮ 표 1-16 ▮ 식품 중의 비타민 B_1 함량

식품명	mg/100g	식품명	mg/100g
해바라기씨	2.10	밤	0.25
김	1.20	깍두기	0.14
돼지고기	0.91	참치	0.13
시리얼(콘플레이크)	0.80	쌀(밥), 백미	0.13
햄	0.57	귤	0.12
잣	0.56	콩나물	0.09
식빵	0.42	쑥	0.09
붉은 팥	0.40	감자	0.08
쌀(밥), 현미	0.34	배추김치	0.06
검정콩	0.32	닭가슴살	0.05
통밀빵	0.26	우유	0.04

자료: 한국인영양섭취기준 2010

④ 비타민 B_1이 피부에 미치는 영향

비타민 B_1은 피부의 지루성, 여드름, 알레르기의 완화에 관여하며 피부 저항력을 강하게 하여 튼살 방지에 도움을 준다. 결핍되면 탄수화물 대사가 잘 이루어지지 않아 피부에 윤기가 없고 피부와 하지에 부종이 나타나며 손발이 저리는 증상이 나타난다. 매끄럽고 건강한 피부를 위해 비타민 B_1의 충분한 섭취가 필요하다.

b. 비타민 B_2(reboflavin)

비타민 B_2는 화학명인 리보플라빈(riboflavin)이라 불리며 성장촉진 인자로 수용액 상태에서 황녹색 형광빛을 나타내므로 황색 비타민이라고도 불린다. 산, 공기, 열에 강하나 알칼리에 약하며 수용액 상태에서는 빛에 의해 쉽게 파괴된다. 비타민 B_2는 생체조직 세포내에서 인산과 결합하여 생체활성을 갖는 조효소로 작용한다.

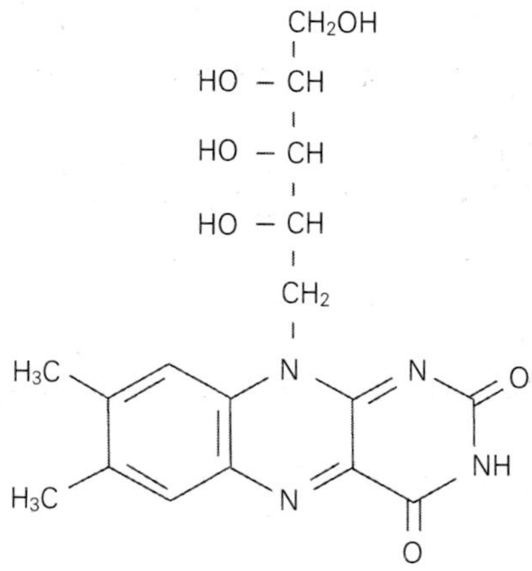

▮ 그림 1-29 ▮ 리보플라빈(riboflavin)

① 비타민 B_2의 흡수, 대사 및 기능

탄수화물, 단백질, 지방의 대사에 관여하는 보조 효소를 형성하여 발육, 성장 촉진, 생식과 유즙 분비에도 관여한다. 또한 탄수화물 대사 시 열량원으로부터 에너지 방출과 APT 생성에 관여한다. 또한 골수에서 적혈구 조성, 글리코겐 합성 등 효소의 기능을 하여 갑상선 호르몬의 기능을 원활하게 한다.

② 비타민 B_2의 결핍증, 과잉증 및 섭취 권장량

결핍증은 신체 조직에 손상을 초래해 피부와 점막의 구각염, 눈의 염증, 설염, 지루성(脂漏性) 피부염, 입술이 갈라지며, 광선에 의한 눈부심이 발생한다. 비타민 B_2 식품계에 널리 분포되어 있지 않으므로 부족하기 쉬운 영양소이다.

과잉증은 소장에서 흡수 능력이 제한되어 있어 과량 섭취했을 경우 대부분 배출되어 과량 섭취로 인한 부작용은 거의 없다.

비타민 B_2의 섭취 권장량은 성인남자가 1.5mg/day이며, 성인여자는 1.2mg/day이다.

③ 비타민 B_2의 급원식품

비타민 B_2는 건조효모, 우유, 치즈, 계란, 육류, 맥아, 시금치 등에 많이 함유되어 있으며, 밀가루, 빵, 비스킷, 우유, 생크림, 강화 쌀, 조제분유 등에 첨가한다. 비타민 B_2의 성분은 빛에 잘 파괴되므로 차단된 밀봉용기에 보관한다.

▮ 표 1-17 ▮ 식품 중의 비타민 B_2 함량

식품명	mg/100g	식품명	mg/100g
장어(칠성장어)	6.00	표고버섯	0.21
소간(삶은 것)	4.10	인스턴트커피	0.20
김	2.95	소고기(등심)	0.19
돼지간(삶은 것)	2.20	닭가슴살	0.14
녹차	1.24	우유	0.14
시리얼(콘플레이크)	1.05	액상 요구르트	0.12
미꾸라지	0.63	콩나물	0.10
고등어(구운 것)	0.50	현미	0.07
양송이버섯	0.48	귤	0.04
시금치	0.34	단감	0.03
느타리버섯	0.32	감자	0.03
치즈(가공치즈)	0.30	바나나	0.03
돼지고기(삼겹살)	0.30	백미	0.02
계란	0.26		

자료: 한국인영양섭취기준 2010

▮ 그림 1-30 ▮ 비타민 B_2 급원식품

④ 비타민 B_2가 피부에 미치는 영향

비타민 B_2는 피부의 신진대사를 촉진하여 세포의 재생을 도와 입술이 트고 마르는 것을 방지하고 촉촉한 윤기를 유지하게 해준다. 일명 미용 비타민으로 피부세포와 모발 성장에 도움을 준다. 비타민 B_2의 섭취가 부족하면 신체 조직에 손상을 초래해 피부와 점막의 손상으로 구각염, 눈의 염증, 설염, 지루성(脂漏性) 피부염, 입술이 갈라진다.

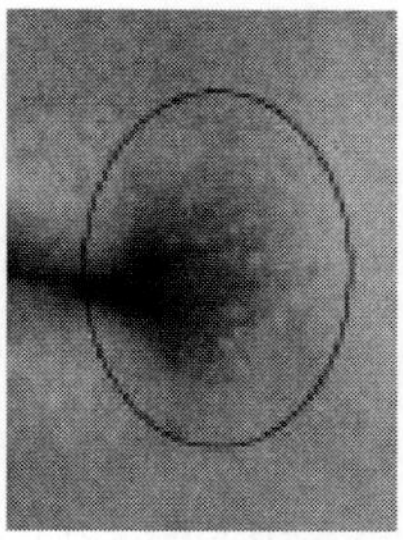

▮ 그림 1-31 ▮ 지루성피부염

c. 비타민 B_6(Pyridoxine)

비타민 B_6의 성상은 수용성으로 생물학적 활성이 매우 큰 형태이다. 비타민 B_6 유리 형태는 산도에 따라서 열에 안정하나 자외선 조사의 의해 파괴되며 쉽게 산화된다. 알칼리에는 약하나 산성용액에서는 안정하다.

비타민 B_6는 수용성 비타민이지만 인체 내 상당량이 저장되어 있다. 체내에는 비타민 과량의 비타민 B_6가 섭취되었을 때 비활성 형태인 피리독신 산(pyridoxic acid)으로 전환되어 소변으로 배설된다.

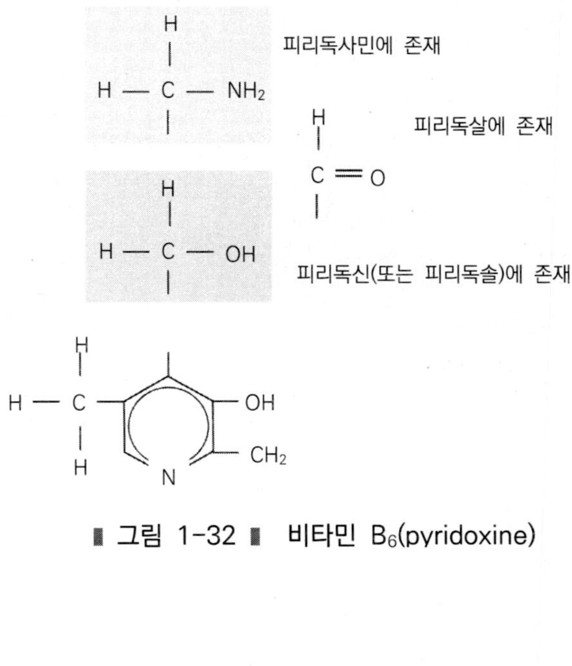

▮ 그림 1-32 ▮ 비타민 B_6(pyridoxine)

① 비타민 B_6의 흡수, 대사 및 기능

비타민 B_6는 생체 내에서 아미노산 대사시 보조 효소로 작용하며 또한 단백질 합성의 조효소 역할을 하고 산화 환원작용에 관련된 효소의 구성 물질이다. 소화기관을 통해 흡수된 피리독신, 피리독살, 피리독사민은 대부분 혈액을 통해 간으로 운반된다. 비타민 B_6는 수용성 비타민이지만 인체 내 상당량이 저장되어 있으며 과량의 비타민 B_6가 섭취하면 비타민 B_6는 비활성 형태인 피리독신 산(pyridoxic acid)으로 전환되어 소변으로 배출된다.

② 비타민 B_6의 결핍증, 과잉증 및 섭취 권장량

비타민 B_6 결핍증은 흔하지 않으며 경련, 부종, 피부질환과 빈혈, 신경성 장애가 나타난다.

식품으로부터 섭취한 비타민 B_6 과잉증은 보고된 바 없으며 대부분 생리전증후군 등 질병 치료 목적으로 약제를 다량 장기간 복용할 때 감각성 신경증이나 피부병변이 발생할 수 있다.

권장 섭취량은 대략 남자 1.5㎎/일, 여자 1.4㎎/일이다.

③ 비타민 B_6의 급원식품

급원식품으로 생선, 돼지고기, 닭고기, 난류, 동물의 내장(간, 콩팥) 등의 현미, 대두, 귀리 등이다. 비타민 B_6의 성분은 열에 안정하나 자외선에 의해 파괴되며 알칼리에는 약하나 신성용액에서는 안정하다.

▮ 그림 1-33 ▮ 비타민 B_6 급원식품

▮ 표 1-18 ▮ 비타민 B_6 급원식품

식품명	mg/100g	식품명	mg/100g
소간	0.94	풋고추	0.27
닭간	0.72	고구마	0.27
현미	0.62	햄	0.26
돼지고기	0.56	땅콩(볶은 것)	0.26
소고기	0.39	당근	0.25
연어	0.34	당근주스	0.22
바나나	0.32	강낭콩	0.19
닭고기	0.30	달걀	0.10
밤	0.29	대합	0.08
감자	0.27	우유	0.04

자료: 식품성분표 2011

④ 비타민 B_6가 피부에 미치는 영향

비타민 B_6는 노화방지, 알레르기 및 아토피예방, 손발 저림 증상 완화, 지루성 피부염 방지에 관여한다. 탈모의 주원인으로 남성호르몬 테스토스테론(testosterone)이 디하이드로테스토스테론(dihydrotestosterone)으로 전환되는 것을 억제하여 남성형 탈모 방지에 관여한다.

d. 니아신(niacin)

니아신은 니코틴산(nicotinic acid)과 니코틴아마이드(nicotinmaide)를 포함하는 명칭으로 사용한다. 다른 수용성 비타민과 달리 식품의 가공과 조리시 열에 매우 안정하여 손실이 거의 없다. 혈액에 들어 있는 니아신의 주요 형태는 니코틴아마이드다. 니아신은 항 펠라그라(anti-pellagra) 인자로 알려져 있다.

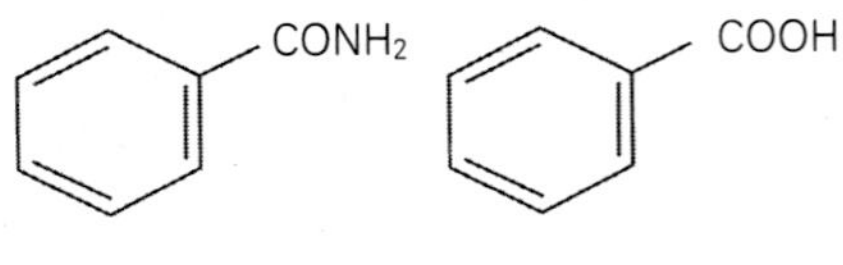

니코틴산아미드 니코틴산

▮ 그림 1-34 ▮ 니아신(niacin)

① 니아신(niacin)의 흡수, 대사 및 기능

니아신은 위와 소장에서 쉽게 흡수되어 체내에서 NAD, NADP라는 조효소로 전환되어 탄수화물 대사, 지방산 대사, 세포호흡, 스테로이드 합성대사 과정에 참여하며 조효소로 산화 환원반응을 원활하게 한다. 또한 니아신은 모든 조직 세포에 에너지를 공급함으로 정젓인 생명 현상을 유지 하는데 중요한 물질이다. 혈중 콜레스테롤치를 떨어뜨리는 역할을 한다고 알려져 있다.

② 니아신의 결핍증, 과잉증 및 섭취 권장량

결핍증으로는 설사와 정신 착란을 동반하는 펠라그라 피부병 질환이 나타나며 펠라그라는 옥수수를 주식으로 하는 풍토병이며 햇빛에 노출되면 화상 입은 것처럼 얼굴, 목, 귀, 손 등의 피부에 흑색 피부염을 일으킨다.

과잉증으로 니아신의 과잉 복용은 부작용이 심한 편으로 모세혈관 확장, 두통, 가려움증, 복통 및 간기능 장애를 초래하여 혈당을 비정상적으로 높인다.

권장량은 성인 남녀 남자 16mgNE/일, 14mgNE/일이다.

③ 니아신의 급원식품

니아신 급원식품으로 효모, 살코기, 생선, 곡물, 콩, 견과류, 간, 통밀 등이다.

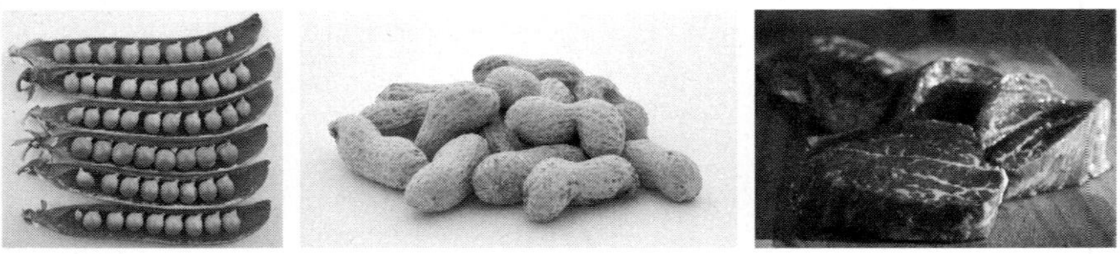

▮ 그림 1-35 ▮ 니아신 급원식품

▮ 표 1-19 ▮ 니아신 급원식품

식품명	mg/100g	식품명	mg/100g
완두콩	45.0	닭간	9.3
커피(커피믹스)	31.0	팽이버섯	5.6
땅콩(말린 것)	21.0	소고기	5.3
시리얼(콘플레이크)	17.6	송이버섯	4.8
멸치	16.7	아몬드	4.6
돼지간	11.8	돼지고기	4.1
닭고기	11.2	햄	4.0
참치	11.2	표고버섯	3.8
소간(삶은 것)	10.7	현미	2.4
고등어(구운 것)	10.0	백미	1.3
삼치(구운 것)	10.1	우유	0.1

자료: 식품성분표 2011

e. 비타민 B_{12}(Cyanocobalamin)

비타민 B_{12}의 구조는 복합하여 중심에 코발트가 들어 있기 때문에 코발아민(cobalamin)이라 불린다. 악성빈혈을 치료하는데 관여하고 세포 분열에 요구되는 영양소로 장내 박테리아에 의해 합성되는 수용성 비타민이다. 비타민 B_{12} 적색의 침상 결정형으로 흡습성이 있고 물과 알코올에 잘 녹으며 열에 안정하나 강산, 강알칼리, 광선에 매우 약하다. 비타민 B_{12} 성분은 일반적인 조리과정에서는 손실이 크지 않다.

① B_{12}의 흡수, 대사 및 기능

식품 중의 비타민 B_{12}는 위로 들어가서 위액의 위산과 펩신의 소화 작용으로 단백질로부터 유리된 후 침샘과 위 점막에서 분비되는 R-단백질(haptocorrin)과 결합하여 소장으로 운반된다.

비타민 B_{12}는 혈액의 생성을 조절하고 조혈작용에 관여하고 정상적인 성장, 신경조직의 유지 및 당질, 단백질, 지방대사에도 관여한다. 특히 위장관 벽, 신경계, 골수 등의 세포에 작용하며 골수 내에서는 비타민 B_{12} 조효소는 DNA의 합성에 관여한다.

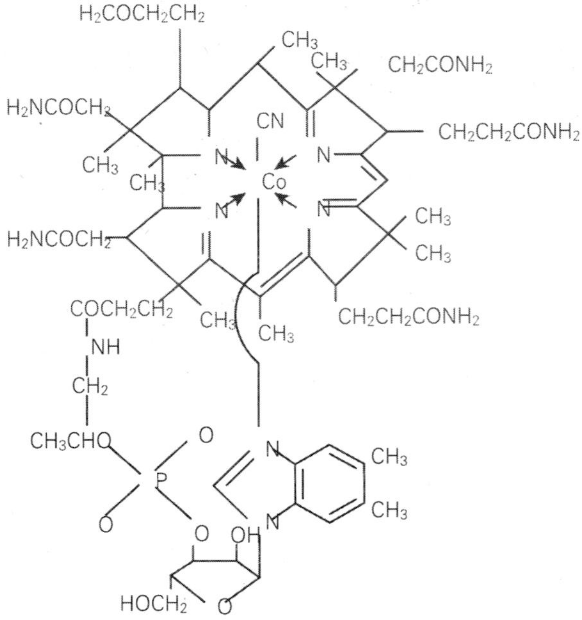

▮ 그림 1-36 ▮ 시아노코발아민

② 비타민 B_{12}의 결핍증, 과잉증 및 섭취 권장량

비타민 B_{12} 결핍시 나타나는 주요 증세는 악성빈혈로 유전과 관계가 높은 내인적 요소의 결여에서 나타나며 거대적아세포 생성으로 인한 빈혈 현상과 신경장애이다.

거대적아구성 빈혈은 골수에서 DNA가 합성되지 않을 때 적혈구가 분열되지 않아 크기가 커져 생성된 적혈구가 헤모글로빈양이 적은 미숙한 거대 세포로 만들어져 빈혈을 일으킨다. 또한 위 절제 수술 등으로 위액분비 기능이 상실 되거나 분비되지 않는 사람 및 비타민 B_{12} 흡수 장애가 있거나 완전한 채식주의자에게서 비타민 B_{12} 결핍증이 쉽게 나타난다. 비타민 B_{12} 결핍성 신경장애는 무감각, 운동장애, 인지능력 장애 등이다.

과잉증은 비교적 안전한 비타민으로 과량 섭취일 경우 체내에서 불필요한 양은 소변으로 배출된다.

비타민 B_{12} 권장섭취량은 성인 남녀 2.4㎍/일이다.

③ 비타민 B_{12}의 급원식품

급원식품은 육류, 간, 생선, 달걀, 우유, 치즈 등으로 동물성 식품에 풍부하며 특히 채식주의자는 비타민 B_{12}가 결핍되기 쉽다.

▮ 그림 1-37 ▮ 비타민 B_{12} 급원식품

▮ 표 1-20 ▮ 비타민 B_{12} 급원식품

식품명	mg/100g	식품명	mg/100g
연어(염장품)	284.0	고등어	10.6
가다랭이	94.4	돼지고기	5.5
소간	52.8	시리얼(콘플레이크)	5.3
멸치	41.3	체다치즈	1.9
돼지간	25.2	소고기	1.4
굴	20.9	달걀	0.9
닭간	19.5	우유	0.3

f. 엽산(folic acid)

녹색 채소에 많이 함유되어 있는 엽산은 식품의 약 90%가 엽산 분자들이 3~11가 부착되어 있어서 이들은 polyglutamate 형태로 존재한다. 엽산은 열에 매우 안정하나 산성용액에서 쉽게 파괴되며 건조 상태에서는 빛에 의해 파괴된다.

① 엽산(folic acid)의 흡수, 대사 및 기능

아미노산과 핵산(nucleic acid)의 합성에 필수적인 영양소이며, 특히 유전자를 만드는 핵산인 DNA 복제에 관여하는 효소의 조효소로 세포 분열과 성장에 중요하다. 또한 골수에서 정상적으로 적혈구를 형성하도록 관여한다.

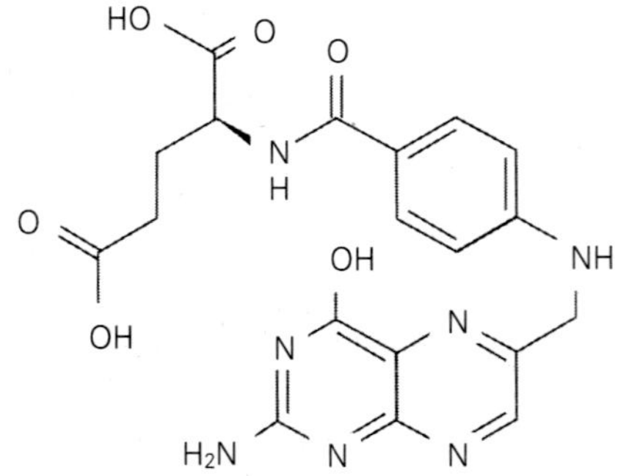

▮ 그림 1-38 ▮ 엽산

체내의 엽사의 총 함량은 대략 5~10mg이며 간에 50%가 저장된다. 장내의 박테리아에 의해 합성되므로 식이로 섭취한 양보다 많을 수도 있다. 대부분의 성인은 소변으로 매일 약 40μg정도 배출한다.

엽산 결핍은 일반적으로 흔하지 않으나 특별한 경우 빈혈을 초래하고 혈구에 거대적아구성 이상이 생기며, 태아의 조산, 사산, 저체중아 출산, 신경관결함 기형아 출산 등 임신 결과에 나쁜 영향을 미친다.

② 엽산의 결핍증, 과잉증 및 섭취 권장량

엽산과 비타민 B_{12}의 결핍은 세포의 분화 및 세포 분열에 손상을 가져와 거대적아구성 빈혈(megaloblastic anemia)을 일으킨다. 거대적아구성 빈혈은 적혈구가 분열할 수 없어서 크고 미성숙한 상태로 남게 되어 발생한다. 또한 유아기, 성장기, 임신기, 수유기에 그 필요량이 매우 증가하여 이 시기에 엽산이 부족하기 쉽다.

엽산의 과잉 섭취는 비타민 B_{12}의 결핍 상태를 가리는 부작용이 발생하여 신경 손상, 소화기관의 불쾌감, 불면증, 신장손상 등이 나타난다.
권장량은 성인 남녀 하루에 약 0.4mg 이다.

③ 엽산의 급원식품

엽산의 급원식품은 푸른색 채소, 간, 오렌지주스, 곡류제품, 두유, 새우, 효모, 달걀 등이다.

▮ 그림 1-39 ▮ 엽산 급원식품

▮ 표 1-21 ▮ 엽산 급원식품

엽산이 풍부한 식품	함량	양호한 식품	함량	적은 식품	함량
소간	290	빵	39	감자	10
브로콜리	130	쌀	29	사과	6
시금치	140	계란	25	우유	5
땅콩	110	바나나	22	소고기·돼지고기(살)	〈15
양배추	90				

*위의 식품은 조리 전 상태임

g. 판토테인산(pantothenic acid)

판토테인산은 체내에서 보조 효소인 코엔자임 A(coenzyme A)를 형성하여 탄수화물, 지질, 단백질로 부터 에너지를 방출하는 과정에 작용하여 TCA-cycle 초기단계에 관여한다. 또한 피부염을 방지하고 성장을 촉진하는데 관여한다.

판토텐산은 식품에 널리 분포되어 있으므로 일반적으로 결핍증은 잘 나타나지 않는다. 드물게 영양 불량 상태에서 나타나며 식욕부진, 소화불량, 우울증, 대사이상, 말초신경염, 불면증 등 증세가 다양하다.

일반적으로 다량의 펜토텐산의 섭취로 인한 과잉증 알려져 있지 않다. 판토텐산은 안전한 비타민으로 과잉 섭취로 인해 체내에서 불필요하게 된 판토텐산은 체외로 배설된다.

급원식품으로 간, 효모, 난황, 육류 및 과일, 채소 등 동.식물 조직에 널리 분포되어 있다.

펜토텐산 권장량은 성인 1일 5㎎이다.

h. 비타민 C(ascorbic acid)

아스코르빈산은 단당류의 구조와 유사한 6개의 탄소로 이루어진 간단한 화합물로서 수용성이다. 식물과 대부분의 동물은 체내에서 비타민 C를 합성할 수 있지만, 인간 및 영장류 외 몇몇 종의 조류와 어류는 합성할 수 없으므로 외부의 식품 형태로 섭취해야 한다.

비타민C는 필수 영양소로 인체내에서 합성 되지 않아 반드시 식품으로 섭취해야 되는 영양소이다.

① 비타민 C(ascorbic acid)의 흡수, 대사 및 기능

비타민 C는 소장 상부의 점막에서 흡수되어 문맥을 통해 간에 저장 되었다가 신체의 각 조직으로 운반된다. 비타민 C를 과잉 섭취했을 때 흡수되지 않은 비타민 C는 소장내에 남아있게 되며 삼투 효과로 인해서 혈액으로부터 수분을 끌어안아 설사를 일으킨다. 체내 조직과 혈청의 비타민 C는 체내에서 항상 평형을 유지하고 있으며 비타민 C 함량이 과잉되면 여분의 비타민 C는 소변으로 배출된다.

비타민 C의 대표적인 생리적 기능은 단백질 콜라겐 합성에서의 역할이다. 비타민 C는 세포들과 조직들을 서로 결합시켜 주는 결체조직의 주요 성분인 콜라겐 형성에 필요하다. 비타민 C는 신체의 결합조직 주요 성분인 콜라겐(collagen) 합성에 관여하여 교원질의 생성과 모세혈관벽을 튼튼히 하고 치아 및 잇몸, 연골, 뼈, 등의 발육과 유지에 중요한 역할을 한다.

또한 신경전달 물질인 노에피네프린(norepinephrine)을 합성하는데 비타민 C가 요구되며 부신에서도 노에피네프린과 에피네프린의 합성에 비타민 C가 관여한다. 사람이 강한 스트레스에 노출되면 부신에서 호르몬과 함께 비타민 C를 혈액에서 방출한다. 스트레스는 비타민C 필요량을 증가 시킨다고 알려져 있다. 비타민C는 세포의 산화(酸化)를 방지하는 항산화작용을 하여 암과 각종 만성 질환을 예방하고 노화를 억제한다고 알려져 있다.

② 비타민 C의 결핍증, 과잉증 및 섭취 권장량

비타민 C의 결핍증으로 괴혈병, 잇몸출혈, 모세혈관 파괴로 인한 미세한 출혈, 상처치료 지연, 부종 등이 나타난다.

과잉증으로 건강한 사람은 독성 증세가 없으나 과량으로 정기적인 섭취 할 경우 위염, 설사, 신장결석, 통풍 등을 유발할 수 있다.

섭취권장량은 우리나라에서 성인 남녀 70mg/1일이다.

③ 비타민 C의 급원식품

급원식품으로 채소와 과일류에 풍부하며 시금치, 브로콜리, 토마토, 감자, 딸기, 키위, 오렌지 등이다. 비타민 C는 가열, 철, 구리, 산소에 불안정하다.

▮ 그림 1-40 ▮ 비타민 C 급원식품

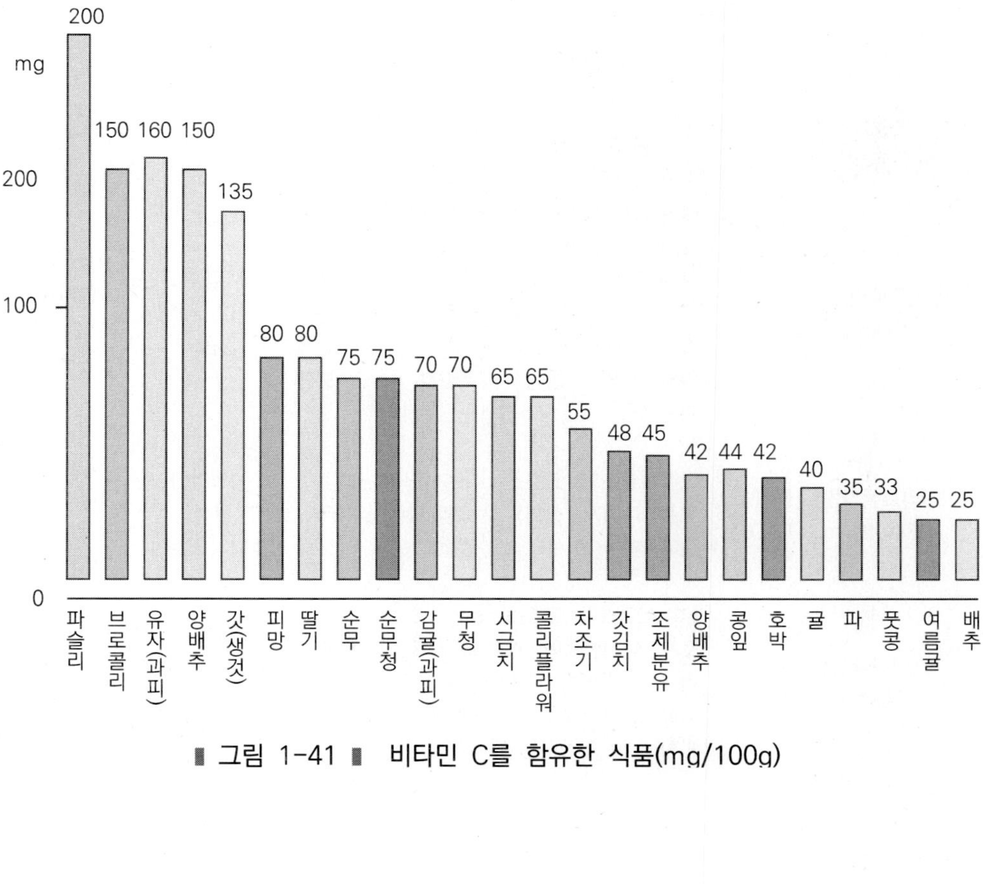

▮ 그림 1-41 ▮ 비타민 C를 함유한 식품(mg/100g)

④ 비타민 C(ascorbic acid)가 피부에 미치는 영향

비타민 C는 항산화물질로써 피부가 자외선을 받아 생성하는 활성산소를 제거하며, 자외선 차단제의 효과를 상승시켜 피부 손상을 최소화시키는 것으로도 알려졌다. 비타민 C는 피부조직의 단백질인 콜라겐(collagen) 합성에 관여하는 중요한 영양소이다. 또한 비타민 C는 모세혈관벽을 튼튼히 하여 피부의 대사를 원활히 하며 상처회복을 빠르게 한다. 비타민 C는 세포의 산화(酸化)를 방지하는 항산화 작용으로 암과 각종 만성 질환을 예방하고 피부노화를 억제 한다고 알려져 있다. 특히 비타민 C는 자외선으로 인한 티로시나즈(tyrosinase) 효소의 활성을 저해하여 피부의 멜라닌 색소 형성을 억제하는데 관여 하므로 기미, 주근깨 등의 색소 침착을 방지한다.

비타민 C는 미백효과와 교원질의 생성을 도와 피부가 맑고 탄력성을 높여 주며 스트레스를 억제하여 피부 트러블을 최소화 할 수 있다. 충분한 비타긴 C의 섭취는 피로회복과 건강한 피부를 유지하는데 도움이 된다.

▮ 표 1-22 ▮ 수용성 비타민 정리

비타민 종류	조효소	생리적기능	결핍증	과잉증	
티아민 Thiamin	TPP	탈카르복실효소의 조효소 : 해당과정, TCA 회로에 참여 캐롤전이효소의 조효소 : HMPS에 참여 말초신경의 정상적 기능유지	식욕부진, 피로, 우울, 허약증 습성각기: 사지부종 심장비대 호흡곤란 건성각기: 다리의 무감각, 쇠약, 보행곤란	식품섭취로는 독성이 나타나지 않음	(0.5mg/1000kcal) 성인남자 1.3mg 여자 1.0mg
리보플라빈 Riboflavin	FMN FAD	탈수소효소의 조효소로서 에너지 산화과정에 참여	구순구각염, 설염, 구내염, 지루성피부염, 빈혈	과잉섭취에 의한 독성이 나타나지 않음	(0.6mg/1000kcal) 성인남자 1.5mg 여자 1.2mg
니이아신 Niacin	NAD NADP	탈수소효소의 조효소로서 대사반응에 참여 : 해당과정, TCA 회로, 전자전달계, 지방합성 및 분해과정	펠라그라의 4D증세 : 피부염, 설사, 치매, 사망	혈관확장, 피부발진, 간손상, 소화기관 장애, 당뇨병	(6.6NE/1000kcal) 성인남자 17mg 여자 13mg

비타민 종류	조효소	생리적기능	결핍증	과잉증	
판도텐산 Fantothen icacid	Coenzyme A ACP	모든 에너지 대사과정에 참여, 지방합성, 지방분해	피로, 두통, 수면장애, 메스꺼움, 손에 통증, 복부통증	독성이 거의 없음. 10g 설사부종	일일 적정 섭취량 5~10mg
비오틴 Biotin	비오틴	CO_2를 운반하는 카르복실화 효소의 조효소 역할 : 포도당 합성, 지방합성	피부염, 설염, 탈모, 메스꺼움, 빈혈, 우울증	독성없음	일일 적정 섭취량 30~100μg
비타민 B_6	PLP	단백질 대사에 관여 헤모글로빈 합성, 신경전달물질 생성	복합적 증세 : 두통, 빈혈, 피부염, 메스꺼움, 설염, 성장부진, 신경장애	과잉증상은 흔하지 않음. 신경관 퇴화, 피부손상, 보행곤란, 수족마비 증세	성인남자 1.4mg 여자 1.4mg
엽산염 Folate	THFA	새로운 세포성장을 위한 DNA와 RNA 합성, 아미노산 합성, 콜린 합성	거대적 아구성 빈혈 : 혀와 입의 염증, 설사, 성장부진, 우울증, 신경기능 장애	권장량의 100배 : 악성빈혈 증세를 가림, 신장비대 및 손상	성인남녀 250μg
비타민 B_{12}	메틸코발라민 아데노실코발아민	메틸코발라민 : 메틸기 운반, 엽산대사, 신경기능의 정상화 아데노실코발아민 : 수소운반체	악성빈혈, 거대적 아구성빈혈, 허약증, 설염, 체중손실, 소화불량, 사지통증과 마비, 치매	독성없음	성인남녀 2μg
비타민 C	아스코르빈산	콜라겐 합성, 카르니틴 합성, 신경전달 물질 합성, 항산화 역할	괴혈병 : 상처회복 지연, 피하출혈, 잇몸출혈, 빈혈, 면역기능 감소	1~2g : 위염, 설사, 복통, 수산염으로 인한 신장결석	성인남녀 70μg

5. 무기질(Mineral)

무기질은 단일 원소로 존재하며 유기물질을 만드는 탄소(C), 수소(H), 산소(O), 질소(N)를 제외한 나머지 원소를 무기질, 또는 미네랄이라고 한다.

무기질은 신체 내에서 미량으로 존재하지만 몸의 구성 물질로 쓰이거나 생리작용을 조절하는 생명유지에 중요한 영양소이다.

무기질은 에너지를 낼 수 없으며 비타민과는 달리 무기물로서 탄소를 함유하지 않는다.

체내에서 합성되지 않기 때문에 반드시 음식물을 통해 섭취해야 하며 열이나 기타 식품 취급과정에서 파괴되지 않는다.

유기물질은 신체의 96%를 차지하는데 비해 무기질은 체중의 약 4%를 차지하며 칼슘, 인, 마그네슘, 칼륨, 나트륨, 염소 그리고 미량 원소로서 철, 구리, 황, 요오드, 망간, 코발트, 아연 등이다.

1) 무기질의 분류

인체를 구성하는 무기질은 체내의 분포량이나 하루에 필요한 양을 기준으로 분류하며 1일 필요량이 100mg 이상이면 다량무기질로 분류하고 1일 필요량이 100mg 미만이면 미량무기질로 분류한다.

* **다량무기질**: 체내 분포량이 체중의 0.05% 이상 되거나 하루 필요량이 100mg 이상인 무기질 칼슘(Ca), 인(P), 마그네슘(Mg), 염소(Cl), 나트륨(Na), 칼륨(K) 및 황(S) 등이다.
* **미량무기질**: 체내 분포량이 체중의 0.05% 미만이거나 하루 필요량이 100mg 미만인 무기질 철(Fe), 아연(Zn), 구리(Cu), 요오드(I), 불소(F), 셀레늄(Se), 망간(Mn), 크롬 및 코발트 등 이다

2) 무기질의 기능

무기질은 체내에서 각기 다른 생리적 작용을 하지만 대체로 구성소와 조절소로서 역할을 한다. 다량무기질인 칼슘(Ca), 마그네슘(Mg), 인(P)은 뼈와 치아의

구성성분으로 작용하고, 나트륨(Na), 칼륨(K)은 체액의 산·알칼리(pH) 및 삼투압의 균형조절을 한다.

마그네슘(Mg), 칼슘(Ca), 나트륨(Na), 칼륨(K)은 근육의 수축 및 신경자극 조절, 효소 반응의 활성화에 관여하며 다량무기질인 인(P), 마그네슘(Mg)과 미량무기질인 요오드(I), 망간(Mn), 크롬(Cr)은 대사의 촉매작용을 하며 미량무기질인 철(Fe), 구리(Cu)는 혈액생성에 관여한다.

3) 다량무기질

(1) 칼슘(Calcium, Ca)

① 체내분포 및 흡수

인체에서 가장 풍부한 무기질로 성인 체중의 약 1.5~2% 차지하며 체내에 존재하는 칼슘의 약 99%는 골격과 치아를 구성하고 약 1%는 혈액 및 체액에 존재하여 세포의 생명기능에 관여한다.

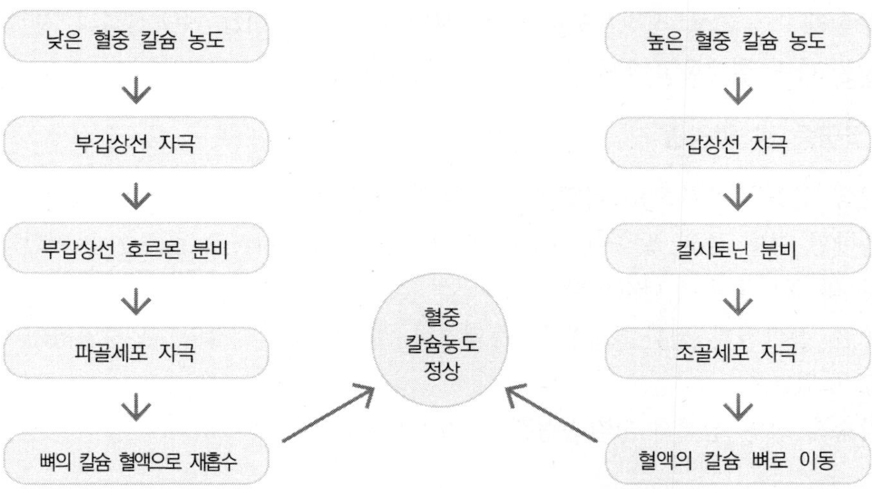

▮ 그림 1-42 ▮ 혈중 칼슘의 항상성 유지

체내 흡수는 칼슘의 소화 흡수율이 비교적 낮아서 보통 섭취된 칼슘의 10~30%가 장을 통하여 흡수되며 여러 요인에 의해 영향을 받는다. 칼슘의 흡수를 증가시키는 요인으로는 신체의 필요량, 소화기관의 높은 산도 및 비타민 D, 유당, 비타민 C 등이 흡수증가 요인으로 작용하며 식품 섭취의 칼슘과 인의 비율이 성인은 1:1~2, 성장기 아동이나 임신 수유기에는 1.5:1 일 때 흡수율이 증가한다.

칼슘의 흡수를 감소시키는 요인은 수산염(oxalates) 함유식품인 시금치, 무청, 근대 등 녹색채소와 피틴산염(phytates) 함유식품으로 곡류, 밀기울, 콩류, 식이섬유, 지방, 음주와 흡연 등이 칼슘의 흡수를 감소시킨다.

② 칼슘의 기능

인체 내에서 칼슘의 기능으로 골격과 치아조직의 형성을 하는 중요한 기능을 하며 골격이 형성되기 위해서는 칼슘을 함유하고 있는 연골에 축적되어야 한다. 연골은 주로 콜라겐과 점성다당류로 만들어져 있다. 골격은 인체 내 칼슘의 저장소이다. 또한 칼슘은 근육의 수축과 이완에 관여 하는데 근육의 수축과 이완에 관여하는 단백질로 액틴(acion)과 미오신(myosin)이 있는데 근육이 수축할 때에는 액토미오신(actomyosin)을 형성하게 되며 이 과정에서 칼슘이 필요하게 된다.

칼슘의 기능으로 신경세포와 근육 사이에 충동을 전달하는 신경의 자극전달 기능을 하며 혈액응고 작용도 한다.

③ 결핍증 및 과잉증

칼슘 섭취 부족증으로 성인형 골연화증, 성장기의 구루병, 상피소체 호르몬이 부족하면 혈액 중의 칼슘이 감소해 테타니증(tetany)이라고 불리는 특이한 경련증상 및 골다공증이 나타난다.

또한 순환기계 질환, 고혈압, 동맥경화, 고지혈증, 대장암, 유방암과의 관련 보고가 있다.

칼슘의 과잉 섭취시 고칼슘혈증, 신장결석이 나타날 수 있다.

④ 급원식품 및 권장섭취량

칼슘 급원식품으로 우유 및 유제품, 시금치, 무청, 해조류, 뼈째먹는 생선, 두부, 참깨, 미역 등이다.

권장섭취량은 남자 권장섭취량: 800mg/일, 여자 권장섭취량: 750mg/일이다.

▮ 그림 1-43 ▮ 칼슘 급원식품

▮ 표 1-23 ▮ 칼슘의 급원식품 (1인1회분량)

식품명	중량(g)	칼슘함량(mg)	식품명	중량(g)	칼슘함량(mg)	식품명	중량(g)	칼슘함량(mg)
우유	200	210	뱅어포	15	211	초콜릿	40	80
아이스크림	100	95	미꾸라지	50	368	시금치	70	30.1
건멸치	15	194	두부	80	101	무청	70	174
양미리	15	218	보리	90	33	백미	90	13

(2) 인(Phosphorus, P)

① 분포 및 흡수

인은 신체내의 모든 조직에 분포하는 무기질로 성인 체중의 0.8-1.1%를 차지하며 이중 85%는 칼슘과 결합하여 골격과 치아를 형성하는데 관여하며 14%는 조직에, 약 1%는 세포구성에 분포한다.

인의 체내 흡수는 알칼리성이 약한 소장의 상부에서 흡수되며 흡수율은 70% 정도이며 비타민 D는 인의 흡수를 돕는다. 섭취량이 적거나 요구량이 많아지는 성장기, 임신기, 수유기 때는 흡수율이 증가하며 칼슘과 인의 함량이 비슷하면 흡수가 잘 된다.

② 기능

인의 체내 기능 칼슘과 함께 뼈의 석회화에 필수적이며 칼슘과 다른 많은 기능을 가지고 있다.

골격의 석회화와 치아 구성, 비타민의 조효소생산, 세포의 재생산과 단백질 합성의 DNA와 RNA 구성요소, 인지질의 형태로 지단백(lipoprotein) 성분, 에너지 대사반응에 관여, 혈액과 세포의 산과 염기 평형조절 완충제 기능 등이다.

③ 결핍증 및 과잉증

일반적인 식품에 인이 널리 분포되어 섭취 부족증 잘 나타나지 않으며 드물게 칼슘과 인 섭취 불균형으로 인한 식욕상실, 골질량 감소, 감염, 근육약화, 뼈의 통증 등의 결핍증이 나타난다.

과잉증 : 고인산혈증(골다공증유발) 및 칼슘 흡수장애가 나타난다.

④ 급원식품 및 권장섭취량

인(P)의 급원식품으로 육류, 생선, 가금류, 우유 및 유제품, 곡류, 가공식품 등이며 동물성 식품에 인이 많이 들어있다.

성인 남녀 권장섭취량 : 700 mg/일이다.

(3) 나트륨(Sodium, Na)

① 체내 분포 및 흡수

나트륨은 소금 또는 식탁염인 염화나트륨(NaCl)의 구성성분이다.

나트륨은 세포외액에 가장 많이 존재하는 대표적인 양이온으로 체중의 0.15%를 차지하며 그 중 50%는 세포외액에, 40%는 골격에 나머지 10%는 세포내액에 분포되어 있다.

나트륨 흡수는 대부분 소장벽의 확산에 의해 흡수되고 소변으로 거의 배출되며 소량은 땀을 통하여 배출된다.

② 기능

나트륨의 체내 기능으로 세포외액의 삼투압 유지, 산과 알칼리의 평형유지, 근육이나 신경의 자극 반응 및 포도당이나 아미노산의 세포막을 통한 흡수에 필수적 기능을 한다.

③ 결핍증 및 과잉증

나트륨(Na) 결핍증은 거의 나타나지 않으며 일시적인 결핍증세로 혈액량 감소, 혈압이 낮아짐 등의 증세가 나타나며 과잉증은 쉽게 많이 나타난다. 나트륨을 과잉섭취 하게 되면 고혈압, 부종을 유발, 위암, 골다공증, 급만성 울혈성 심부전 등이 나타난다.

④ 급원식품 및 권장섭취량

나트륨 급원식품으로 자연식품을 통한 나트륨의 섭취는 10% 정도이고 약 15%는 조리과정에서 첨가되며, 나머지 75%는 식품의 가공공정 중에 첨가된다.

유제품, 조개류, 육류계란, 햄, 간장, 된장, 김치, 염장제품, 화학조미료, 등이다.

나트륨 권장섭취량은 성인 남녀 충분섭취량: 1.5g/일 (식염3.9g)

▮ 표 1-24 ▮ 나트륨의 급원식품(1인1회분량)

식품명	중량 (g)	나트륨 함량 (mg)	식품명	중량 (g)	나트륨 함량 (mg)	식품명	중량 (g)	나트륨 함량 (mg)
라면	120	1,206	생굴	80	278	돼지고기	60	26
식빵	100	267	멸치	15	130	배추김치	40	458
자반 고등어	50	1,045	달걀	50	63	깍두기	40	238
햄	60	395	쇠고기	60	32	우유	200	210

※ 1g의 소금에는 0.4g의 나트륨이 들어있다.

▮ 표 1-25 ▮ 음식 중 나트륨 함량 (주요 외식메뉴 1인분량 기준)

구분	2,000mg 이상	1,000~2,000mg	1,000mg 미만
메뉴	짬뽕, 우동, 열무냉면, 쇠고기 육개장, 알탕, 물냉면, 동태찌개, 자장면, 해물칼국수, 된장찌개, 김치찌개	전복죽, 게살죽, 깨죽, 카레라이스, 볶음밥, 비빔밥 등	회덮밥, 꼬리곰탕, 곰탕, 만두, 일부 김밥, 튀김, 반찬류 1접시

참고상식

나트륨 섭취를 줄이는 방법

식품을 구입할 때 영양표시를 살펴보고 저염식 제품을 선택하고 신선한 생채소와 생과일을 구입한다.

또한 통조림 보다는 냉동제품 선택하고 식초, 발사믹 소스, 요거트 소스 등 함량이 적은 양념류를 사용하여 저염식을 한다. 그리고 생선, 육류, 김을 구울 때 소금을 뿌리지 않고 구우며 해조류는 미지근한 물에서 소금기를 충분히 빼서 조리한다. 식사하기 직전에 간을 하여 짠맛을 예민하게 느끼도록 하며 음식을 싱겁게 먹기 위하여 식사시 소금 넣지 않기, 국이나 찌개는 건더기 위주로 먹기, 패스트푸드와 가공식품, 염장식품의 섭취 줄이기, 외식시 싱겁게 조리해 달라고 주문하기 등 양념 및 소스는 따로 주문하여 적게 넣어 먹기를 실천한다.

(4) 칼륨(Potassium, K)

① 체내 분포 및 흡수

칼륨은 체내 분포량의 95%가 세포내액에 존재하며 칼륨(K)은 나트륨(Na)과 같이 체액의 주요 전해질이다. 섭취한 칼륨은 90%이상 소장 내에서 흡수되며 주로 소변을 토하여 배설된다. 체내 함유량은 나트륨의 2배 이상이고 이며 나트륨과 함께 균형을 이루어 정상혈압을 유지하고, 몸속 노폐물 처리와 에너지 대사 및 뇌기능 활성화에 도움을 주는 기능을 가지고 있다.

② 기능

칼륨의 기능으로 체액의 삼투압과 수분 평형을 조절하며 산, 염기 균형에 관여하며 당질대사와 단백질 합성에 관여하며 세포외액 중의 칼륨은 소량으로 분포하나 신경, 근육의 흥분과 자극 및 근육의 수축과 이완작용에도 관여한다.

③ 결핍증 및 과잉증

칼륨의 결핍증은 흔하지 않으며 드물게 초저열량 식사나 격렬한 운동 시 구토, 무기력, 근육의 위축, 정신혼란 등이 나타나며 극도의 저칼륨혈증이 생기면 불규칙한 심장박동, 심장마비로 사망할 수도 있다.

과잉증은 고칼륨혈증으로 안면, 혀, 수족 끝의 마비, 근육약화, 불규칙한 심장 수축으로 인한 심장 마비 등이 나타날 수 있다.

④ 급원식품 및 권장섭취량

거의 모든 식품에 들어 있으며 특히 우유, 콩, 육류, 토마토 주스, 오렌지 주스 등에도 칼륨이 많이 들어 있다. 칼륨은 모든 동식물성 식품에 널리 분포, 두류, 곡류, 오렌지, 바나나, 고구마, 감자, 엽채류, 우유 등 채소류나 과일류에 다량 함유 되어있다.

권장섭취량은 대략 성인 남녀 1.3~3.5g/일이다.

▮ 그림 1-44 ▮ 칼륨 급원식품

(5) 마그네슘(Magnesium, Mg)

① 체내 분포 및 흡수

마그네슘은 성인의 체내 체중의 0.05%의 약 20~35g 함유하고 있으며, 그 중 60~70%가 칼슘, 인과 결합하여 골격을 구성을 구성하고 있으며 나머지는 주로 근육과 간, 세포간액에 존재한다.

마그네슘의 흡수는 소장에서 일어나며 흡수율은 대략 45% 정도이다.

② 기능

마그네슘은 골격과 치아의 구성에 필수적이며 탄수화물 지질, 단백질, 및 핵산대사 효소의 보조인자와 활성제로 작용한다. 또한 ATP의 안정 유지 및 에너지 대사에 관여하며 신경자극의 전달, 근육 긴장의 이완에 관여한다.

③ 결핍증 및 과잉증

일반적인 식품 섭취로는 결핍증이 잘 나타나지 않으며 드물게 혈중 마그네슘이 감소되면 신경자극 전달과 근육의 수축·이완에 이상이 와서 근육과 신경이 떨리게 되는 마그네슘 테타니 증상을 나타낸다.

과잉증은 드물지만 신장에 이상이 있을 경우 호흡이 느려지고 혼수, 환각, 구토, 식욕부진 등이 올 수 있다.

④ 급원식품 및 권장섭취량

자연계에 널리 분포되어 있으며 견과류, 두류 및 잡곡류, 살코기, 생선 및 녹색채소에 많이 들어 있다.

권장섭취량은 성인남자 340mg/1일, 성인여자 280mg/1일이다.

▮ 그림 1-45 ▮ 마그네슘 급원식품

4) 미량 무기질

(1) 철(Iron, Fe)

① 체내 분포 및 흡수

철(Fe)의 체내 함량은 성인 기준으로 약 3.5g 정도이다. 체내 철의 70~80%는 기능적으로 헤모글로빈 형태로 혈액과, 미오글로빈 형태로 근육, 그리고 세포 속과 효소에 분포한다. 나머지는 간, 비장, 골수 등에 저장된다. 식품내에서 철은 헴철(heme iron)과 비헴철(non-heme iron)의 형태로 들어있다.

헴철은 주로 동물성 식품에 육류, 생선, 가금류 등에 들어있으며 비헴철은 주로 식물성 식품에 곡류, 채소 등에 들어 있으며 일부 동물성 식품에도 헴철과 함께 들어있다.

철의 흡수를 촉진 시키는 요인으로 비타민 C, 유기산, 니아신, 판토텐산 등이며 흡수 저해 요인으로 곡류에 많이 들어있는 피틴산, 탄닌산, 수산, 폴리페놀, 다른 무기질의 과다 섭취, 위산분비 감소 등이다.

② 기능

철의 체내 생리적 기능으로 헤모글로빈과 미오글로빈의 구성분자로 산소를 운반하는데 관여하며 효소의 구성분자로 포함되어 전자전달과 에너지 대사에 관여하고 항산화제 기능, DNA 합성, 호흡의 촉매 작용에 관여한다.

③ 결핍증 및 과잉증

Fe의 결핍증으로 철결핍성 빈혈로 피로, 두통, 무기력, 창백한 피부, 집중력 저하, 손톱의 함몰, 설사 등이 나타난다.

과잉증으로 간의 손상, 심부전, 태아의 급성 철중독으로 사망할 수도 있다.

④ 급원식품 및 권장섭취량

Fe의 급원식품으로 육류, 어류, 가금류, 동물의 내장, 어패류, 난황, 견과류 등이다.

권장섭취량은 성인남자 10mg/일, 성인여자 14mg/일 남녀 상한 섭취량 45mg/일이다.

▮ 그림 1-46 ▮ 철 급원식품

▮ 표 1-26 ▮ 철의 급원식품(1인1회분량)

식품명	중량 (g)	철 함량 (mg)	식품명	중량 (g)	철 함량 (mg)	식품명	중량 (g)	철 함량 (mg)
쇠고기 (등심)	60	1.4	대두	20	1.3	돼지고기	60	0.4
쇠간	60	4.1	멸치	15	2.4	닭고기	60	0.7
굴	80	4.1	두부	80	1.2	시금치	70	1.8
모시조개	80	3.6	달걀	50	1.0	우유	200	0.2

(2) 아연(Zinc, Zn)

① Zn의 체내 분포 및 흡수

Zn은 성인 체내에 대략 2~3g 정도 함유도어 있으며 주로 간, 신장, 췌장, 뇌, 골격, 안구, 피부, 손톱 및 남성의 정자 등 신체의 모든 조직에 분포한다.

철 흡수와 마찬가지로 신체의 아연 요구량, 식사의 무기질 조성 등에 영향을 받는다. 아연은 철이나 구리와 경쟁적으로 흡수 되므로 이들의 섭취량이 많아지면 아연 흡수가 저해된다.

② 기능

Zn의 체내기능으로 100여 종류의 효소계의 구성성분으로 DNA와 RNA 합성에 관여하며 세포막 구조 안정, 면역기능 및 인슐린(insulin) 합성에 필요한 요소이다.

③ 결핍증 및 과잉증

Zn의 결핍증으로 성장부진, 성기능 부전, 면역기능의 손상, 피부염, 설사, 폐렴 등의 감염성 질환 증가, 상처치유지연, 탈모증 등이다.

과잉증으로 철이나 구리의 흡수를 저해하고 오심과 구토, 설사, 경련, 면역기능 감소를 초래한다.

④ 급원식품 및 권장섭취량

Zn의 급원식품으로 쇠고기, 조개류, 견과류, 콩류, 해산물 등 단백질이 풍부한 식품에 많이 들어있다.

권장섭취량은 성인남자 10mg/일, 성인여자 8mg/일, 남녀 상한 섭취량 : 35mg/일이다.

▮ 그림 1-47 ▮ 아연 급원식품

(3) 구리(Copper, Cu)

① 체내 분포 및 흡수

구리(Cu)는 성인 체내에서 약 80mg 정도 함유되어 있으며 특히 뇌, 간장, 신장 및 모발 등의 조직에 농축되어 있다.

구리는 주로 소장에서 흡수되나 위에서도 소량 흡수된다.

대부분의 구리는 재흡수 되며 재흡수 되지 않고 담즙을 통한 구리의 배설은 흡수율의 조절과 함께 구리의 항상성에 관여한다.

② 기능

Cu의 체내 기능은 효소의 구성성분으로 콜라겐과 엘라스틴 합성과 심혈관계 기능유지 및 면역기능에 관여한다.

또한 티로신(tyrosin)이 산화되어 멜라닌 색소를 형성하는데 관여하는 티로시나제(tyrosinase) 효소작용을 촉매하기도 한다. 또한 철 흡수 및 운반을 돕는 작용 및 항산화기능에 관여한다.

③ 결핍증 및 과잉증

Cu의 결핍증은 흔하지 않으나 소적혈구성 빈혈, 백혈구 감소증, 성장부진 등이 나타나며 과잉증은 매우 드물며 급성 과잉증으로 복부통증, 경련, 오심, 설사 및 구토 등의 위장관 증세가 나타나며 만성적인 구리 과다 섭취는 간 손상을 초래한다.

④ 급원식품 및 권장섭취량

Cu의 급원식품으로 간, 조개류, 견과류, 계란, 콩류, 아보카도, 송이버섯 등이다.
권장섭취량은 성인 남녀 대략 800㎍/일이다.

▮ 그림 1-48 ▮ 구리 급원식품

(4) 요오드(Iodine, I)

① 체내 분포 및 흡수

요오드(I)는 갑상선 호르몬의 티록신(tyroxine)의 구성원소로 체내 함량의 약 50~60% 정도가 갑상선에 들어 있다. 식품으로 섭취된 요오드는 음이온(iodide, I-)으로 환원된 후 대부분 위와 소장 상부에서 흡수되어 갑상선으로 이동한다. 갑상선 호르몬은 열량대사에 관여하는 주요한 호르몬으로 조직활동과 신진대사율을 통제하고 신체와 정신발달에 중요하다.

혈액의 갑상선 호르몬 농도가 감소하면 갑상선 자극호르몬(thyrotropin, TSH)이 상승하며 반대로 그 농도가 증가하면 TSH가 감소함으로써 갑상선 기능을 조절한다.

요오드는 1일 약 5~20㎍ 정도가 대변을 통해 주로 분비되며 과량의 요오드를 섭취하면 대부분 소변으로 배설된다.

② 기능

요오드의 체내 기능으로 갑상선 호르몬의 필수 구성성분으로 체내의 대사과정을 촉진시키고 모든 세포에서의 에너지 생산, 열 생산, 체온조절, 신경과 근육조직, 순환기관, 그리고 영양소의 대사기능을 원활히 조절한다. 또한 어린이 신체의 성장과 두뇌발달에도 관여한다.

③ 결핍증 및 과잉증

요오드의 결핍증으로 갑상선종, 갑상선 기능저하증 유발, 어린이 크레틴증(cretinism), 얼굴과 손의 부종, 거친 피부 증상이 나타난다.

요오드의 과잉증으로 갑상선기능 항진증이 나타나며 안구돌출성 갑상선종, 신경과민, 허약, 심계항진, 바제도병(Basedow's goiter) 등이 나타난다.

④ 급원식품 및 권장섭취량

요오드의 급원식품으로 미역, 다시마, 김 등 해조류와 해산물에 함유되어 있다. 권장섭취량은 성인남녀 약 150㎍~200㎍/일이다.

▮ 그림 1-49 ▮ 요오드 급원식품

(5) 셀레늄(Selenium, Se)

① 체내 분포 및 흡수

셀레늄은 주로 간, 심장, 신장, 비장에 분포하는 미량 영양소로 흡수가 잘되며 섭취되는 셀레노메티오닌의 흡수율은 약 90% 이상이며 메티오닌이 흡수되는 경로와 같은 경로로 흡수된다.

체내 셀레늄의 항상성은 흡수를 조절하는 기전이 없기 때문에 배설을 조절함으로써 항상성을 유지한다.

② 기능

셀레늄의 체내 기능으로 항산화기능, 항암효과, 정자활동량증가, 피부노화방지 등이다.

③ 결핍증 및 과잉증

Se의 결핍증으로는 섭취 식품이 재배된 토양에 따라 Se의 함유량이 다르다. 결핍되면 근육통, 심근증, 갑상선종 등이 나타나며 풍토병인 케샨병(Keshan disease)증이 있다.

④ 급원식품 및 권장섭취량

마늘, 양배추, 견과류, 우유, 브로콜리, 동물 간 및 육류, 해산물, 곡류 등이 있다.

권장섭취량은 성인남녀 55~200㎍/일, 남녀 상한 섭취량 400㎍/일 이다.

▮ 그림 1-50 ▮ 셀레늄 급원식품

▮ 표 1-27 ▮ 무기질 정리

성분	기능	결핍증	권장량	급원식품
칼슘 (Ca)	뼈, 치아 구성 혈액응고, 혈압조절 근육 수축, 이완 신경자극 전달 불면증 완화	골다공증, 골연화증 불면증 테타니(tetany)	남자 750mg 여자 700mg	우유, 유제품, 채소, 난황, 브로콜리, 두부 견과류, 멸치

성분	기능	결핍증	권장량	급원식품
인(P)	뼈, 치아 강화 연조직 구성, 관절염 완화, 성장촉진 지방대사 촉진	구루병 치조농루 뼈의 약화	700mg	우유, 유제품, 난황, 곡물류, 육류, 어류
나트륨(Na)	신경과 근육의 정상적생리를 보조	탄수화물 소화불량, 근육경련, 신경통	1.5g	소금, 젓갈류 간장, 된장
칼륨(K)	세포외액의 주요 이온, 신경자극 전달 혈압 저하, 항알르레기, 체내 노폐물 배출	심장 부정맥 부종, 저혈당증	3.5g	감귤류, 감자, 시금치, 바나나, 토마토, 브로콜리, 쇠고기
마그네슘(Mg)	뼈 구성, 효소기능 DNA, RNA 합성 심혈관계 기능 강화 우울증 치료보조제	심장기능 장애, 신경계 이상, 근육 약화 테타니(tetany)	남자 340mg 여자 280mg	다시마, 견과류, 참깨, 콩, 새우, 시금치, 초콜렛
망간(Mn)	뼈 형성 발육촉진 신경기능 정상유지	특별한 이상 없음	남자 4.0mg 여자 3.5mg	곡물, 귀리, 견과류, 쌀, 채소,
철(Fe)	헤모글로빈 생성 면역기능 증가 빈혈 예방	빈혈, 두통, 호흡곤란, 수족냉증, 피로	남자 10mg 여자 14mg	간, 새우, 감, 당밀, 난황, 육류, 시금치
아연(Zn)	DNA와 단백질 대사 면역기능, 정자 생산 촉진 어린이 성장촉진	피부발진, 탈모 미각 감퇴, 동맥경화, 전립선 비대, 성기능 부전, 면역기능 손상	남자 10mg 여자 8mg	굴, 조개, 해산물, 참깨, 호박씨, 코코아, 맥주효모
구리(Cu)	단백질 대사 효소기능 헤모글로빈 합성 에너지 생성 증가	백혈구 감소, 빈혈 성장지연, 근무력증	800mg	굴, 소간, 참깨, 견과류, 조개, 코코아
셀레늄(Se)	항산화제, 과산화 지방제거, 조직의 탄력 유지	근육약화, 심장병 스테미너 저하	55μg	육류, 생선, 양파, 토마토, 계란

성분	기능	결핍증	권장량	급원식품
코발트 (Co)	비타민 B_{12}의 구성성분 조혈작용	악성빈혈	정해진 것 없음	동물의 간, 생선, 우유
요오드 (I)	갑상선 호르몬의 구성 과잉지방 연소 촉진	갑상선 기능저하 크레틴병	150μg	다시마, 해조류, 양파, 채소, 어패류, 간유
불소(F)	충치예방	충치 증가		불소첨가 음료 해조류, 차
크롬(Cr)	혈당 조절	식후 고혈당		난황, 효모 돼지고기, 잡곡
염소(Cl)	세포외액의 주요 이온	유아경련		소금, 채소류

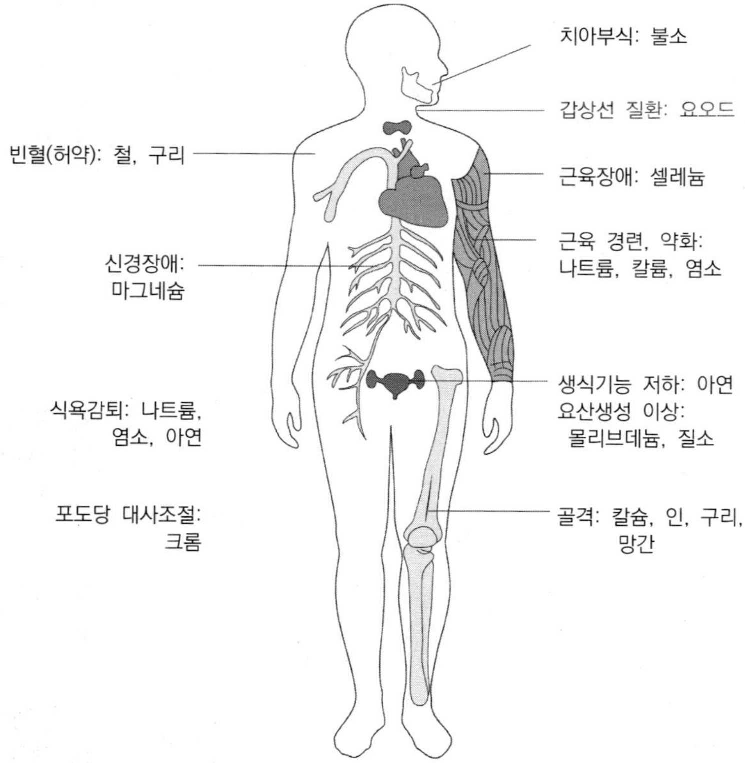

▮ 그림 1-51 ▮ 각종 무기질 결핍증

6. 산성 식품과 알칼리 식품

산성식품과 알칼리식품 구분은 음식의 맛으로 구분하는 것이 아니라 일정한 기준 온도에서 식품을 태우고 남은 재의 무기물 성분용액을 만들어 pH를 측정하여 산성식품 혹은 염기성식품이라고 구분하고 있다.

사람들이 섭취하는 식품에는 여러 가지 무기질이 함유되어 있어서 체내에 흡수되면 산성과 알칼리성으로 구분된다. 식품을 태운 후 생긴 무기물 중에 Na, K, Ca, Mg, Fe, Mn, Cu 등과 같은 양이온의 원소를 많이 가진 식품을 알칼리성 식품이라 하며 미역, 시금치, 우유, 대두, 채소, 과일, 해초, 감자, 고구마 등이다. 또한 식품을 태운 후 생긴 무기물 중에 Cl, P, S, I 등과 같은 음이온의 원소를 많이 가진 식품을 산성 식품이라 하며 육류, 어류, 계란, 굴, 곡류, 버터, 치즈 등이 해당된다.

사람의 혈액, 림프액, 조직액의 체액은 신체의 기능을 원활하게 하기 위하여 혈액의 완충작용과 폐, 신장의 작용으로 항상 pH 7.4 정도 중성에 가까운 약알칼리의 항상성을 유지하고 있다. 알칼리성 식품, 산성 식품의 섭취 여하에 따라 즉각 체액이 알칼리나 산성이 되는 것은 아니나 산성식품 중심의 식사는 영양 불균형을 초래해 질병에 걸리기 쉬우므로 알칼리성 식품 섭취와 균형을 이루어야 한다.

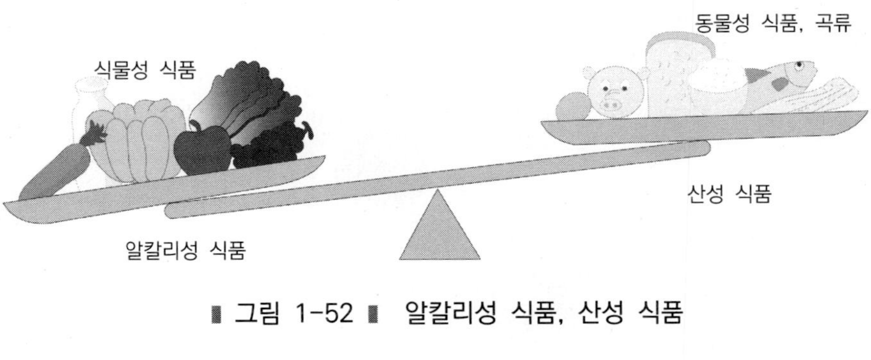

▮ 그림 1-52 ▮ 알칼리성 식품, 산성 식품

▮ 표 1-28 ▮ 여러 식품의 산도, 알칼리도

산성 식품		알칼리성 식품	
식품명	산도	식품명	산도
육류	10~20	미역	15.6
어류	10~20	시금치	12.0
달걀	10~20	무	10.0
굴	10	당근	10.0
곡류	5~10	고구마	7.0
버터	4	과실류	4~5
땅콩	3	캐비지	5.0
완두	3	콩	2.2
치즈	1	우유	0.3
파	1	호박	1.0

7. 물

지구의 표면이 약 70%가 물이 듯이 인체의 성분 약 65~70%가 물로 이루어졌다. 체내의 수분은 모든 조직의 기본 성분이며 체조직 구성성분 중 양적, 질적으로 중요한 성분으로써 인체의 2/3 정도를 차지한다. 사람이 마시는 물은 신체내에 흡수되어 혈액, 뇌, 체액, 및 신체조직이 약 70%를 차지한다. 체지방 함량이 많을 경우 약 40~50% 정도의 수분만 체내에 함유한다.

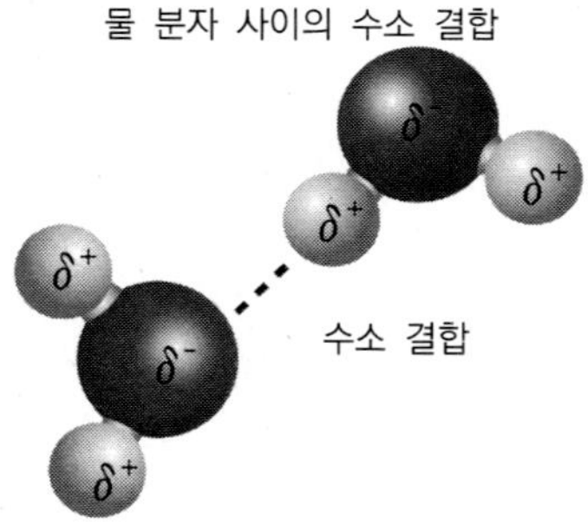

▮ 그림 1-53 ▮ 물 분자 수소결합의 3D 모델

체내 수분의 20% 정도가 상실되면 생명이 위험해 진다. 체내 수분은 섭취와 배설의 균형을 통해 거의 일정량이 유지되며, 체내에서 생리현상으로 배출된 수분량은 반드시 물로 섭취해야 한다. 성인의 경우 1일 수분섭취량은 900~1,500ml이며 이것은 5~8컵 양의 물이다.

1) 체내에서 수분의 기능

① 수분은 체조직의 구성성분으로 각 조직을 이루는 세포를 만들고 미세구조를 형성 하여 대사작용을 원활히 한다. 수분 함량은 지방조직의 약 20%, 골격조직의 약 25%, 근육조직의 약 70% 정도 함유되어 있다.

② 수분은 영양소와 노폐물의 운반 기능을 한다. 수분은 혈액과 림프액과 같은 체액의 중요한 구성 물질로 이들 체액을 통해 공급된 여러 가지 영양소는 각 세포 및 조직에 운반된다. 또한 신진대사 과정에서 생성된 노폐물인 탄산가스, 암모니아, 요소, 요산 및 전해질 등을 운반하여 폐, 피부, 신장을 통해 체외로 배출한다.

③ 영양소의 용매 및 윤활제(Lubricant) 신체보호 기능으로 수분은 여러 물질을 용해하는 능력을 지니고 있어 체내 각 조직에 영양소를 용해시키고 있다. 또한 수분은 윤활제 역할로써 타액은 음식을 혼합하여 식도를 잘 통과하게 하고 내장기관을 외부의 충격으로부터 보호하며 안구운동을 용이하게 하고 관절에는 관절활액이 있어 뼈의 마찰을 방지한다.

④ 가수분해 기능(Hydrolysis)으로 음식의 소화를 도우며 건강한 성인은 매일 타액, 위액, 담즙, 체액, 장액이 분비되며 체내에서 매일 분비되는 많은 양의 소화액은 식품의 효소에 의해 가수분해 되도록 돕는데 수분이 관여한다. 체내의 화학반응도 물의 성질 안에서 이루어진다.

⑤ 수분은 산·염기 평형상태의 전해질 균형(Electrolyte balance) 유지에 관여하며 수분과 전해질을 적당량 섭취하여 체액의 pH와 삼투압을 유지 하여야 한다. 따라서 건강한 사람은 섭취량과 배설량은 과부족이 없이 균형을 이루므로 체액의 부피 및 성분에 변화없이 항상성을 유지한다.

⑥ 수분은 건강한 인체 온도 36.5C°의 항상성을 유지하기 위해 체온조절에 관여한다. 수분은 체내에서 발생한 열을 혈액의 흐름에 의해 몸 밖으로 운반한다. 또한 땀을 흘림으로써 수분의 기화열을 이용하여 체온을 발산하기 때문에 대사로 이루어진 열의 발산이 효율적으로 이루어져 몸의 효소 작용에 가장 적당한 36.5C°를 유지한다.

2) 수분의 균형 및 필요량

체내의 수분은 세포내액(ICF; Intracellular fuid)과 세포외액(ECF; extracellular fuid)으로 분류하는데, 세포내액의 양이 많아 전체 체수분의 약 45%를 차지한다. 세포외액은 약 20% 정도로 그 중 혈액은 체중의 5%, 세포간액, 림프액, 골수액 및 각종 분비액이 약 15%를 차지한다. 세포내액과 세포외액은 세포막을 통해 서로 교류하고 있다. 체내에 물이 공급되지 않을 때, 수분을 다량으로 상실하게 되면 우선 세포외액이 줄어서 세포외액의 삼투압이 높아지므로 세포내액의 수분이 세포외액으로 유출되어 결국은 세포내액의 감소에 의해 심한 갈증을 일으켜 탈수증이 나타난다.

우리의 인체는 일정양의 수분을 항상 보유해야 하기 때문에 수분의 섭취량과 배설량이 균형을 이루어야 한다.

수분 섭취량은 대략 1일 2~3ℓ의 수분을 섭취 하는데 음료로서 섭취한 양은 평균 1~1.5ℓ, 음식에 함유된 수분의 섭취양은 0.5ℓ, 식품 성분의 산화과정 중 체내에서 생성되는 수분량은 300~500mℓ로 모두 합하면 1일 2~3ℓ가 된다. 배설량으로 폐에서의 수분손실이 400~500mℓ, 피부에서의 손실이 400~500mℓ, 대변으로 80~100mℓ, 소변으로 1~1.8ℓ배설하여 총 2~3ℓ가 배설되므로 대체로 수분의 섭취와 배설은 균형을 이룬다. 순전히 물의 섭취량은 성인의 경우 대략 1~1.5ℓ이며 이것은 5~ 8컵의 물의 양이다.

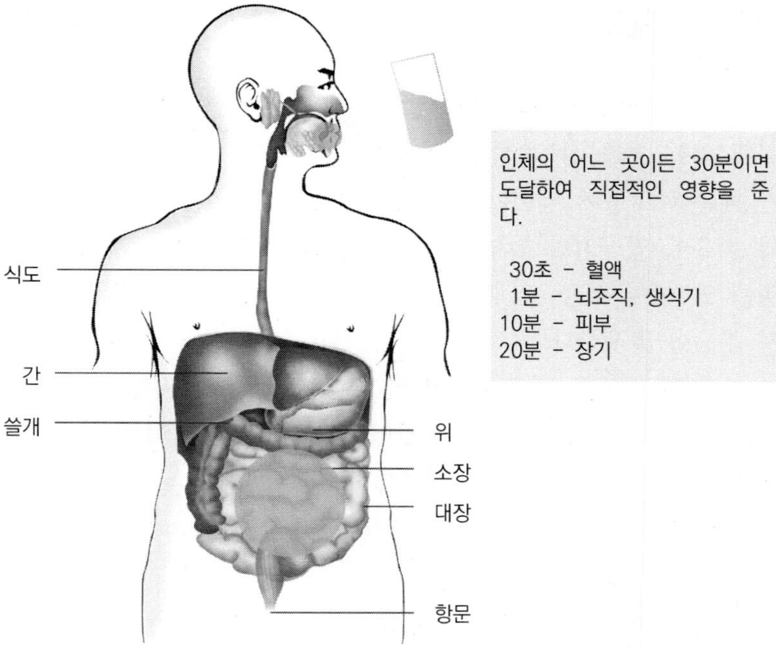

▮ 그림 1-54 ▮ 물의 섭취 및 흡수

3) 수분의 대사이상과 질병

수분의 대사에 의하여 체액의 삼투압은 유지되며, 내부환경을 항상적으로 유지하는 작용이 있다. 수분의 조절은 세포 외액의 삼투압에 의한 물의 양과 Na+의 양과의 상대적 관계에 의하여 결정되나, 신장에 의한 물의 배설량에 의해 영향을 받는다. 신장의 수분 대사는 뇌하수체후엽 호르몬(ADH), 부신피질호르몬(알도스테론), 신장 혈류량의 변화에 의하여 영향을 받는다.

수분대사에 이상이 생기면 조직간액에 수분이 저류되어 부종(edema) 증상이 나타나는데 부종은 조직의 세포 사이, 특히 피하에 수분이 상당히 축적된 상태를 말하며 모세혈관 내의 혈장과 바깥쪽에 있는 조직액과의 사이에서는 바깥쪽으로 향하는 모세혈관내압과 안쪽으로 향하는 혈장교질 삼투압이 정상 상태에서는 균형을 이루고 있지만, 어떤 원인으로 모세혈관이 혈장교질 삼투압을 초과하면 수분이 바깥쪽으로 누출되어 부종이 된다. 따라서, 단백질 결핍증이나 신장질환 등에 의한 혈장단백질 농도의 저하나 심부전에 의한 모세혈관압의 상승은 부종의 원인이 된다.

① 단백질 결핍에 의한 부종은 영양실조 등으로 혈장 단백질이 저하되고 단백질에 의한 교질 삼투압이 저하되어 혈관내의 수분이 조직간액으로 누출되기 때문에 부종이 일어난다. 같은 단백질 농도일지라도 알부민과 글로불린의 비율이 달라지면 삼투압도 차이가 난다. 알부민과 글로불린의 정상 비율은 2:1이며 염증, 간경변, 네프로시스 등의 경우 글로불린 비율이 높아져 부종이 발생한다.

② Na의 의한 부종은 나트륨 평형이 정상적으로 유지되지 못하여 세포외액에 Na이 과잉으로 저류되면 삼투압이 높아져 신체 여러 곳이 동시에 부종이 발생한다. 체액은 삼투압의 항상성 유지를 위하여 뇌하수체 후엽에서 항이뇨호르몬을 분비하여 조직간액의 수분배설을 감소시켜 수분이 정체되어 부종이 발생된다. 대개 심부전증이나 간경변증, 폐성심, 영양결핍, 갑상선기능 저하증이나 신증후군과 같은 질병의 증상으로 나타난다.

③ 탈수증은 수분을 상실한 순수분 탈수증과 소금을 잃은 염류 탈수증이 있다. 순수분 탈수증으로 어떠한 이유로 장시간 수분을 섭취 못했을 경우와 당뇨병이나 요붕증으로 다량의 수분을 소변으로 배설한 경우 나타난다. 세포외액에 Na과 Cl의 농도가 높아져 세포내액의 수분이 감소되어 심한 갈증이 일어나며 수분을 섭취하면 회복된다. 염류탈수증은 체내에 수분은 정상적이라도 염류가 부족하여 나타나는 탈수증으로 Na의 결핍에 의해 나타난다. 대표적으로 땀을 많이 흘린 후 수분만 다량 섭취하면 염류결핍증이 일어나 세포외액의 삼투압이 낮아져 신장에서 수분을 배설하려 삼투압을 높이려 한다. 결과적으로 염류 탈수증인 권태, 무력감, 혼미, 근력의 저하가 일어난다. 많은 땀을 흘리는 경우 수분과 함께 저농도의 식염을 섭취해야 한다.

일반적인 수분부족 증상으로 피곤함, 어지러움, 불면증, 우울감, 집중력저하 등이 나타난다.

4) 수분이 피부에 미치는 영향

인체는 매일 일정량의 물을 섭취해 주어야 생리현상이 원활해져 생명을 유지할 수 있다. 인체의 약 70%가 물의 성분이며 피부도 70%의 수분성분으로 이루어져 있다.

필요한 수분량을 제대로 공급해주지 못하면 몸에서 물의 비율이 지속적으로 줄어들게 되어 노화가 촉진되며 피부에는 주름, 피부의 처짐, 색소침착 등이 나타난다.

피부에 수분이 부족한 피부(Dehydrated skin)는 외인성과 내인성으로 분류하며 외인성으로는 피부 각질층의 수분 보유력이 10%이하가 되면 수분부족 피부가 되고 일광, 실내.외 온도, 습도, 격렬한 운동, 잘못된 피부관리, 수분섭취 부족 등이며 원인이 될 수 있으며 이러한 환경적인 요인들을 바꿀 수 있다면 어느 정도 외인성 수분부족 교정이 가능하다 .

내인성 수분부족 피부는 체내 피부자체의 수화기능에 문제가 되어 생기는 피부유형이다. 피부의 수화기능이 원활하지 못하면 진피의 콜라겐 섬유조직 생성에 이상이 생기거나 기존의 콜라겐 섬유조직이 손상된다. 콜라겐 단백질은 피부 주위의 수분을 빨아들여 피부가 수분을 보유하게 해주는 수화기능을 하고 있다.

수화기능이 저하되는 것은 생리적인 노화현상으로 볼 수 있으나 젊은층에게도 수화기능의 저하를 초래해 노화피부와 같은 수분부족 피부가 될 수 있다. 그 원인으로 과도한 자외선, 활성산소, 지나친 다이어트, 영양결핍 등이 오래 지속되면 수분부족 피부 증상이 나타난다. 이러한 증상들은 물을 마시는 것이 확실히 도움이 되는 것은 확실 하지만 모든 상태를 개선 하기는 어렵다. 또한 수분이 피부에 미치는 영향에는 땀샘이 관여한다.

피부에는 한선(땀샘, sweat gland)에 의해 성인의 경우 1일 약 700~ 900cc 정도의 땀이 느끼지 못하는 불감증발 수분이 분비된다. 땀의 수분성분과 피지의 성분이 피부표면의 천연유화제에 의한 피지막을 형성하여 피부를 부드럽게 하며 땀의 수분성분과 피지에 의해 산성을 띠면서 외부의 세균에 대한 피부 및 인체 보호작용을 한다. 또한 땀의 수분성분에는 유로카닉산(Urocanic acid)이라는 성분이 자외선 흡수작용을 하여 피부를 자외선으로부터 어느 정도 보호해 주는 역할을 한다.

땀에는 수분을 보유해주는 천연보습인자(Natural Moisturizing Factor : MNF)가 함유되어 있어 피부의 보습력을 좋게 한다. 충분한 물 섭취와 신선한 과일, 채소 등 균형잡힌 식단은 아름답고 건강한 피부 유지에 도움이 된다.

PART II

스트레스와 미용

제1장
스트레스에 반응하는 몸(호르몬)

모든 동물이 생존하는 동안은 아마도 스트레스를 느끼고 살아가는 일생이 될 것이다. 외부의 자극(stress)을 받은 후 유발되는 정신 심리적 또는 육체적 반응은 이러한 스트레스를 효과적으로 이겨내기 위해 우리 몸의 여러 부분에서 적응기전을 발휘하게 된다. 우리 몸은 신경계, 면역계, 내분비계 등의 조절계를 기능하게 하며 스트레스로 인해 몸의 항상성(homeostasis)을 망가뜨리지 않도록 기능하고 있다.

우리주변에서 일어나는 변화(정신적, 환경적, 심리적, 물리적 등)로 인하여 대뇌는 그 자극을 전달하기 위해서 신호를 보내는데 자율신경계를 통하여 췌장, 부신 그리고 동시에 대뇌의 한부분인 시상하부를 자극하게 된다.

자극된 자율 신경은 노르에피네프린(노르아드레날린)을 분비하여 위기상황에서 벗어나기 위한 반응, 즉 혈압상승. 발한. 혈관 수축. 근육수축 등을 신체가 보이도록 자극한다. 한편 자극된 부신은 에피네프린(아드레날린)을 분비하여 심장 박동을 증가시키며 간에 작용하여 포도당을 혈액 속으로 방출하여 혈당을 올리며 췌장 또한 글루카곤을 분비시켜서 간에서 포도당의 합성을 증가시켜 혈당을 올리게 한다. 이는 아주 빠르게 몸속에서 일어나는 스트레스에 대응하기 위한 반응으로서 이겨내기 위한 준비태세를 갖추는 것으로 이해할 수 있다.

여러 가지 스트레스에 의한 반응 중 대뇌의 한부분인 시상하부로 전달된 자극은 그곳의 신경세포들을 자극하여 여러 호르몬을 분비하여 뇌하수체를 자극하거나 억제시키게 한다. 뇌하수체에서는 중요한 호르몬들이 분비 되는데 성장호르몬, 부신피질자극 호르몬, 갑상선 자극호르몬, 항 이뇨호르몬 들의 분비가 증가하고 반대로 성선자극 호르몬의 분비는 억제시킨다.

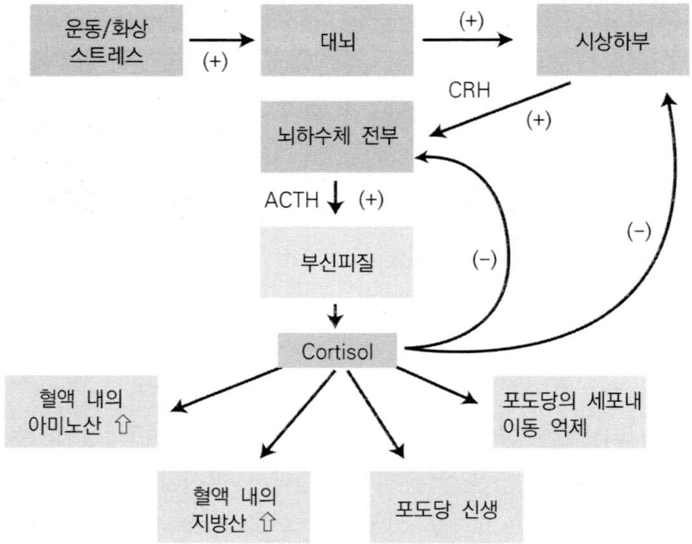

▮ 그림 2-1 ▮ 스트레스 반응 체계

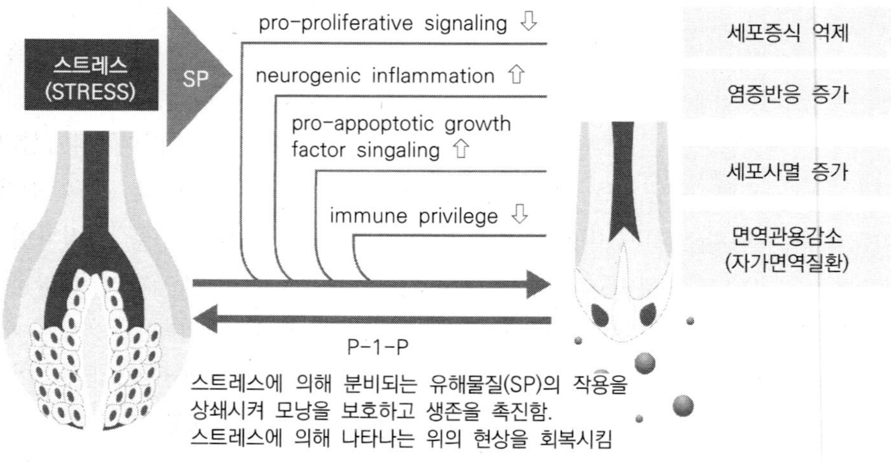

▮ 그림 2-2 ▮ 스트레스와 호르몬

성장호르몬은 성장기에 있는 청소년에게는 성장을 촉진하며, 성장이 멈춘 성인에서는 지방조직으로부터 지방을 분해시켜서 간으로 이동시킨 후 그것으로 포도당을 합성하여 혈당을 올리며 성장호르몬은 정신 활동과 면역계의 기능도 또한 증가시켜 준다. 이러한 이유로 성장기에는 적절한 운동을 함으로써 대뇌에는 일종의 적절한 유익한 스트레스로 작용하게 되어 분비된 성장호르몬은 성장을 촉진하게 만들며 성인에서도 성장은 더 이상 이루어지지 않지만 성장호르몬의 분비를 촉진하여 스트레스를 이겨낼 수 있도록 해 주고 면역기능도 향상시킬 수 있다.

부신피질자극호르몬은 다시 부신에서 코르티솔이란 호르몬을 증가시키고 이 호르몬은 혈당과 혈압을 올리며, 면역기능을 강화시키는 등 중요한 역할을 한다.

스트레스를 받을 때 코르티솔의 분비는 평상시 보다 수 십 배에서 백배 정도가 증가되는데, 이 호르몬의 증가 정도가 클수록 스트레스를 잘 이겨낼 수 있다고 한다.

대사 호르몬인 갑상선자극 호르몬은 증가되면 우리 몸의 신진대사가 왕성해져서 체온이 증가되는데 이것도 스트레스를 이겨내기 위한 준비이다. 추운날씨에는 갑상선자극 호르몬이 증가되어 체온을 올림으로써 겨울을 이겨낼 수 있게 해주는 것 또한 외부의 물리적 스트레스를 이겨내는 과정이다.

항이뇨호르몬의 분비가 증가되면 소변의 배설을 억제하고 물을 재흡수하여 신체에 수분을 끌어들이는 역할을 하여 혈압을 높이는데 이것도 또한 스트레스를 이겨낼 수 있는 준비과정이다.

성선자극 호르몬의 분비가 감소되면 난소나 고환의 기능이 저하되어 배란이 되지 않아 무월경이 되고 성욕이 감퇴되고 임신이 일어나지 않게 된다. 여성들에서는 스트레스의 객관적인 경중을 따지지 않고 본인이 겪는 스트레스의 주관적인 양에 의해서 임신이 이루어지지 않을 수 있다.

이와 같이 스트레스에 대한 내분비계의 반응이 지속적으로 증가되고 유지 된다면 당뇨병, 고혈압, 면역기능 저하, 성기능 저하 등을 일으키며 기존의 질병들도 악화시키는 현상을 나타낸다. 예를 들어 기존의 뇌하수체의 기능이 저하되어 있는 사람이 스트레스를 받는 경우에는 성장호르몬과 부신피질 자극호르몬이 충분히 분비되지 않아서 코르티솔이 상대적으로 상당히 부족하게 되므로 심한 피로감, 허약감, 저혈압, 저혈당 등이 발생하게 되어 일상생활에 곤란을 겪을 수 있다.

특히 오랫동안 관절염을 앓아온 환자들에게 사용되어온 코르티솔 성분의 약제의 오랜 투약으로 부신에서는 외부에서 장기간 주어지는 코르티솔을 인지하고 스스로 코르티솔을 정상 수치보다 적게 분비하는 위험도 초래할 수 있다. 이런 상황에서 또한 스트레스가 가해지면 상대적으로 코르티솔의 부족현상이 크게 나타나서 더욱 증상을 악화시킬 수 가 있다. 그러므로 호르몬 치료는 그 위험성을 고려할 때 적절하게 의사의 처방에 따라 철저히 관리되어야한다.

제2장
스트레스와 미용과의 관계

1. 피부

스트레스에 가장 많이 지속적으로 민감하게 노출되고 예민하게 반응하게 되는 피부는 이로 인하여 많은 피부질환이 유도되거나 악화 될 수 있다.

피부의 모낭은 스트레스를 받으면 신경성장인자(NGF: Nerve Growth Factor)를 포함한 여러 중성구(Neutrophil)들이 작용하여 모낭의 손상과 세포사멸, 염증을 유발하고 또한 모발성장을 억제한다.

위의 내용처럼 스트레스를 받으면 내분비계의 이상으로 인하여 호르몬의 변화와 불균형을 야기하므로 피부의 상태에 영향을 미친다. 여드름 등의 피부트러블을 보이며 기미와 잡티, 피부색의 변화를 보인다.

스트레스를 받는 경우 염증반응의 증가 및 재생능력의 감소로 인하여 피부트러블이 생겨나는 것은 당연한 일일 것이다.

성호르몬이 활발한 시기인 사춘기에 나타나는 여드름 이외에도 30~40대 성인의 경우 스트레스를 받는 경우에 얼굴에 여드름이 생길 수 있다. 여드름은 폐쇄면포와 개방면포의 시기를 지나서 농포를 나타내는 심한 경우까지 아주 다양하다. 스트레스와 수면부족 등이 안드로겐 호르몬 분비를 촉진시켜 피지선을 자극하여 피지분비를 증가시키기 때문이다. 여성의 경우엔 생리주기와도 관련이 있다. 화장품 사용을 잘못하거나 호르몬제와 같은 약물에 의해서도 발생할 수 있다.

위에서 언급한 여드름 이외에도 피부는 급성 또는 만성의 정신적인 스트레스에 대해 매우 민감하며 다양한 피부질환들, 즉 원형탈모, 휴지기 탈모증, 소양증, 결절성 양진, 아토피피부염, 건선, 두드러기, 여드름, 편평태선 등을 유발한다.

기미는 다양한 원인에 의해서 유발이 되는데 자외선의 과다노출, 유분기가 많은 화장품과 향수 사용, 임신으로 인한 호르몬의 이상, 피임약의 복용, 정신적 스트레스 누적 등으로 유발될 수 있다. 특히 정신적 스트레스의 누적으로 인한 피부의 변화는 적당한 스트레스는 몸을 위험에서 보호하고 면역을 강화시키지만 지나치게 스트레스를 받으면 체내의 신진대사를 촉진해 멜라닌 색소 형성 기능이 활발해져 얼굴색이 검어진다.

한방에서 보는 뺨과 눈 주위의 기미는 스트레스로 인해서 생기는 스트레스형으로 볼 수 있으며 스트레스나 과도한 고민은 간의 기운을 막히게 해, 간에서 열이 발생하고 열이 얼굴로 올라와 안면의 혈액순환에 장애가 생기게 된다.

이에 대하여 권장하는 식품으로는

• 콩제품을 많이 먹자

기미에는 여러 가지 원인 중 일시적인 화장품의 자극이나 임신 등 호르몬 변화로 생기는 기미에는 콩 제품과 콩으로 만든 음식이 효과가 있다.

콩에 함유 된 비타민 E가 호르몬 분비의 균형을 맞춰줌으로써 기미 발생을 예방하고 피부재생을 촉진해 기미를 없애주기 때문이다.

• 자극적인 야채를 피하자

야채 중에는 파슬리, 셀러리, 인공 감미료나 방부제, 강한 향료 등이 첨가된 식품 등은 빛에 민감하게 반응하는 광독성이 있어 이런 야채를 먹으면 자외선에 약한 체질로 변해서 화장품의 조그만 자극에도 색소세포가 반응을 일으켜 기미를 유발할 수 있다.

2. 스트레스와 아토피

아토피(atopy)를 악화시키는 중요한 원인은 스트레스이다. 아토피 아이들을 보면 성격이 예민한 경우가 많으며 또한 불편한 여러 아토피의 증상들이 스트레스의 원인이 되기도 한다.

성인에게서도 스트레스로 인하여 아토피 증상들이 악화되는 경우가 많으며 특히 수험생과 밤을 새우는 직업군(설계사, 컴퓨터 프로그래머, 웹디자이너, 간호사 등)에서 스트레스가 중요한 악화 요인이 된다.

3. 스트레스와 모발변화

1) 흰머리

(1) 흰머리 정의

멜라닌(Melanin)이란 말은 검다는 뜻의 희랍어 멜라스(Melas)에서 온 말이며 머리카락의 검은 색은 모근에 있는 색소세포인 멜라닌세포가 모발에 색소를 공급해서 나타나는 것으로 흰머리는 모낭의 멜라닌의 공급이 없어져서 흰머리가 된다.

젊은 사람의 검은머리 사이사이에 난 흰머리는 새치라고 부르며 노년기의 흰머리와는 근본적인 차이는 없다. 일반적으로 10대 후반 20대 청년기부터 나타나는 조기새치는 남성에게서 많이 나타나지만 나이가 들면서 30세를 전후로 새치가 나기 시작하는 것은 여성 쪽이 많은 수를 보인다.

보통 흰머리가 처음 발생하는 시기는 남자의 경우 30~34세, 여자는 35~39세경이다. 평균적으로 이 시기부터 노화가 조금씩 진행되어 흰머리가 늘게 된다. 나이가 들면 노화의 신호로서 모낭에 존재하는 멜라닌 색소 생산량이 줄어들기 때문에 흰머리가 생기는 것은 정상이다.

(2) 흰머리가 나는 순서

일반적으로 흰머리는 옆머리, 앞머리, 뒷머리 순으로 나타난다. 특히 귀밑 부분이나 귀 옆머리에 제일 많은데 그 이유는 피부가 얇아 혈관의 분포가 다른 부위에 비해 적기 때문이다.

(3) 흰머리의 원인

a. 스트레스

젊은 사람들에게 늘어나고 있는 반백현상은 스트레스로 인한 경우가 많으며 머리의 일부분에서 집중적으로 흰머리가 보일 때는 몸에 병이 생겼다는 이상 신호일 가능성이 높으니 검사를 해보아야 한다. 머리를 많이 쓰는 직업일수록 흰머리가 생긴다는 속설이 있듯이 과도한 스트레스를 지속적으로 받으면 혈액순환이 잘 되지 않아서 모근에 영양공급이 차단되어 흰머리가 생길 수 있다.

b. 신장 기능의 저하

한방의학에서는 일반적으로 신장의 기능이 나빠지거나 혈액이 부족하면 머리가 하얗게 변색되고 윤기가 없어지며 머리카락이 빠지는 양도 늘어난다고 본다. 또한 흰머리와 함께 이명현상이나 목이 뻣뻣하고 구취가 심해지는 증상이 있는 경우 신장 기능에 이상에 대해 체크해 보도록 권유하고 있다.

c. 유전적인 요인

일반적으로 20대 흰머리 90%가 유전원인으로 발생하며 지나친 흡연이나 스트레스는 두피의 모세혈관을 위축시켜 색소세포를 죽이기 때문에 새치를 유발할 수 있고 나머지 10%정도는 질환에 의해 생긴다.

대체적으로 나이보다 흰머리가 빨리 나거나 많은 경우 유전인 경우가 많다.

d. 갑상선, 당뇨, 빈혈 등 내분비호르몬 계통의 이상

대사를 담당하는 갑상선 질환은 일반적으로 멜라닌을 생성하는 세포의 기능을 떨어뜨리며 호르몬을 분비하는 뇌하수체 이상인 경우에도 호르몬 생성에 불균형이 생겨 흰머리가 생길 수 있다.

이 밖에 당뇨병, 영양실조, 비타민의 결핍 등도 멜라닌 세포기능에 영향을 준다.

악성빈혈에 걸리면 비타민 B_{12}가 결핍되는 상태로서 그 결과 멜라닌 세포의 기능이 떨어져 흰머리가 생긴다.

e. 영양실조 및 영양 불균형

영양 결핍이 극도로 심한경우 머리카락을 이루는 주요 성분인 단백질이 부족해서 흰머리가 될 수 있다. 또한 염분이나 동물성 지방의 과잉섭취는 흰머리나 새치를 촉진시키므로 알칼리성 위주의 식품을 먹어 신체의 균형을 잡아주는 것이 좋다.

매운 음식은 또한 흰머리를 많이 나게 한다는 속설도 있다.

f. 백반증, 골다공증 등

머리 일부분에 흰머리가 집중적으로 날 때는 특정 질병과 관련이 있을 가능성이 높다. 관련질환, 가족력, 유전상황을 체크 후 검사를 받아 보아야 한다.

(4) 흰머리 예방법

현재로서는 뚜렷한 치료법이 없는 상태이며 질병으로 인한 새치나 흰머리는 그 원인을 찾아내어 치료해 준다면 회복할 가능성이 있다.

a. 혈액순환을 좋게 해준다

두피 마사지를 주 1회 이상 해주고 틈틈이 두피의 혈액순환을 돕기 위해 수시로 귀 옆의 관자놀이를 지긋이 30초간 눌러준다.

b. 음식을 조절한다

모발은 음식과 밀접한 관계가 있기 때문에 식사를 규칙적으로 하고 편식하지 않도록 한다. 또한 음식에 구리, 철분 등이 결핍돼도 흰머리가 빨리 생길 수 있다. 구리 및 철분은 동물의 간과 감자, 토마토, 목이버섯, 검은깨, 호두, 오디, 검은콩 등에 많다. 비타민 B의 함유량이 많은 식품을 먹어도 모발이 빨리 희어지는 증상을 예방한다. 보리, 콩, 현미와 같은 잡곡류와 두부, 녹색채소, 과일 등도 추천식품이다.

c. 스트레스를 바로 풀자

평소 적절히 스트레스를 관리하는 요령이 필요하다. 기분 나쁜 일이 생기면 심호흡을 하거나 본인 좋아하는 방법으로 기분전환을 하여 스트레스가 누적되는 일이 적도록 한다.

d. 제품사용

미녹시딜 성분의 약 또는 일광차단제 성분이 들어간 흰머리 예방 크림을 바르면 흰머리가 급속도로 늘어나는 사람들에게 어느 정도 예방 효과가 있다. 탈모 및 흰머리와 관련하여 의사의 처방을 받도록 한다.

e. 한방요법

기타 한방의학에서 권유하는 한약으로서 백복령, 하수오, 숙지황, 건지황, 석창포, 황정, 구기자, 침요법 등이 있다.

2) 지루성 두피

두피의 지루성 피부염은 주요 원인이 다양하지만 스트레스로 인하여 염증반응이 일어나며 이로 인해 탈모까지 야기할 수 있다. 대부분의 질환처럼 면역계질환도 스트레스에 민감한 영향을 받는다. 스트레스를 받으면 자율신경의 교감신경항진이 이루어지면서 심박동이 빨라지고 심폐항진, 간과 췌장의 활성화로 대사 활성화작용이 일어난다. 피부에서도 과잉대사가 일어나며 피지분비의 과분비가 이루어지면서 염증반응을 일으켜 지루성피부염을 야기할 수 있다.

두피의 지루성 피부염이 진행시에는 머리카락까지 가늘어지고 모근의 약화를 가져와 탈모도 발생할 수 있다.

피를 맑게 하고 소화를 돕는 한약처방(황금, 황련, 향부자, 창출 등)을 사용하여 증상을 완화시킬 수 있다.

치료와 함께 올바른 식습관, 스트레스관리, 숙면과 운동을 하여 전반적인 신체의 균형을 바로잡는 것이 중요하다.

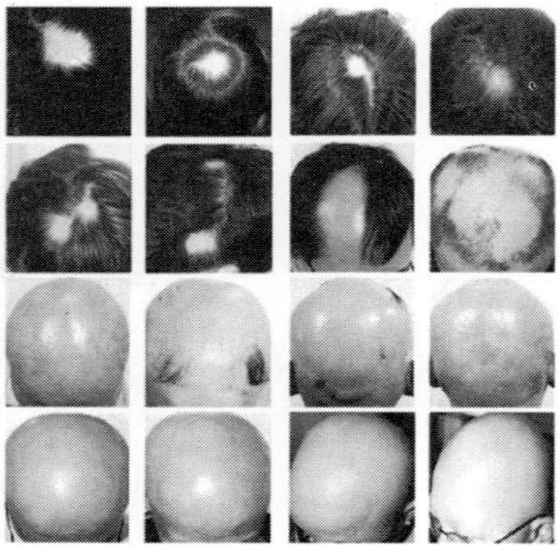

▮ 그림 2-3 ▮ 원형탈모증

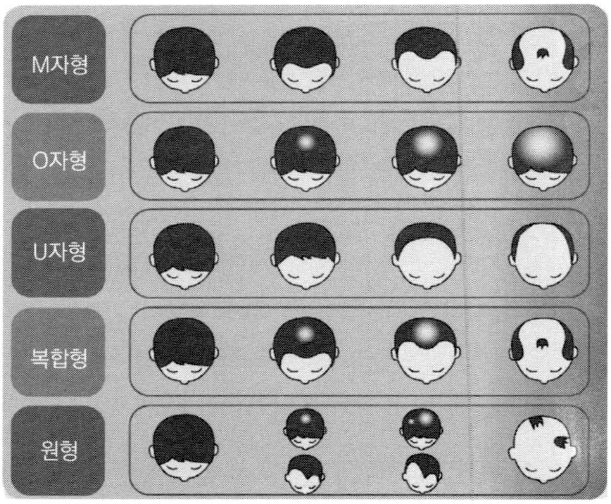

▮ 그림 2-4 ▮ 남성형 탈모증의 유형

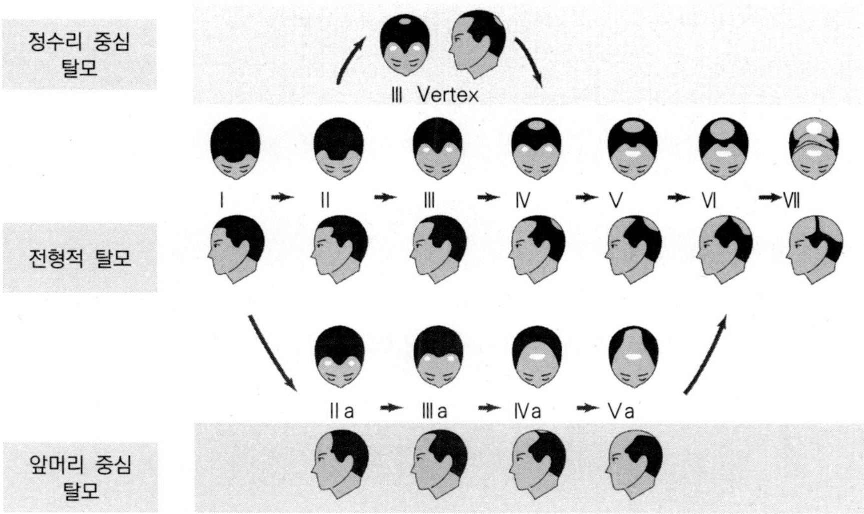

▮ 그림 2-5 ▮ 남성형 탈모증의 분류

3) 스트레스와 탈모

불균형한 식생활, 환경공해, 스트레스로 인한 탈모현상이 어린나이의 학생들에게서도 많이 발생하고 있다. 여러 원인들이 있는데 지나친 다이어트, 두발 염색, 청소년 흡연도 중요 원인이 되고 있다. 머리털이 가늘어지면서 탈색이 되고 머리숱이 적어지며 듬성듬성 빠지거나 원형탈모 현상이 나타나게 된다.

그러나 모근과 모구가 살아 있어 원인만 제거되면 다시 머리카락이 자라나게 된다.

종류로는 남성 호르몬 작용에 의한 남성 탈모증, 혈액순환장애로 인한 노인성 탈모증 등이 흔하게 나타나며 여성형 탈모증, 산후 휴지기 탈모증도 주변에서 쉽게 볼 수 있다.

(1) 탈모예방법

- 규칙적으로 두피 마사지를 해준다.
- 좋은 식습관과 균형 있는 음식 섭취로 필요한 영양분을 공급한다.

- 모자 등 공기순환과 혈액순환을 방해하는 것은 피한다.
- 물을 많이 마신다.
- 충분한 수면(하루에 7~8시간)을 취한다.
- 자기만의 스트레스 해소방법을 가진다.
- 지나친 커피를 피하고 녹차를 많이 마신다.
- 머리에 청결을 유지한다.
- 올바른 세발법(샴푸선택)이 중요하다.
- 규칙적인 운동을 하는 것이다.
- 담배를 끊거나 줄인다.
- 절주를 한다.

PART Ⅲ

비만과 식이

제1장 에너지 대사

대사(metabolism)란 생체 에너지의 변화, 혹은 생체의 화학적 변화를 의미하며 사람이 생명유지, 신체활동, 성장, 발육을 하기 위해서는 끊임없이 외부에서 공급되는 에너지를 필요로 한다. 외부에서 공급되는 에너지는 화학에너지, 전기 에너지로 변하기 위해서 체내에서 일련의 화학반응을 하는데 이러한 과정을 대사라고 한다.

신체의 모든 기관, 조직, 세포들은 대사과정에 관여하며 호르몬의 신호에 의한 화학반응의 조절과정을 겪게 된다. 호르몬은 에너지 대사를 조절하는 중요 물질로서 효소를 억제하거나 활성화하여 이화작용과 동화작용을 일으킨다. 대표적인 호르몬으로서 인슐린, 글루카곤, 코티졸, 에피네프린 등이다.

동화작용은 작은 화합물이 더 복잡한 구조형태가 되는 것으로 ATP에 의해 제공된 에너지를 필요로 한다. 세포가 에너지를 더 이상 필요로 하지 않을 때 잉여 영양소는 체내화합물을 합성하는데 글리세롤과 지방산은 중성지방으로, 포도당은 글리코겐, 아미노산은 단백질을 합성한다.

이와 반대로 이화작용은 에너지를 발생하는 것으로서 글리코겐은 포도당으로, 중성지방은 지방산과 글리세롤, 단백질은 아미노산으로 최종 분해되어 생명활동을 한다.

이화작용과 동화작용은 연속선상에서 신체내의 항상성을 유지하기 위해 조절을 하면서 대사가 지속된다.

---

* **동화작용** : 작은 분자 및 구조물이 모여서 큰 형태를 형성하는 과정
(에너지를 축적하는 과정)

* **이화작용** : 복잡한 구조물이 단순한 구조물로 분해되는 과정
(에너지를 발생하는 과정)

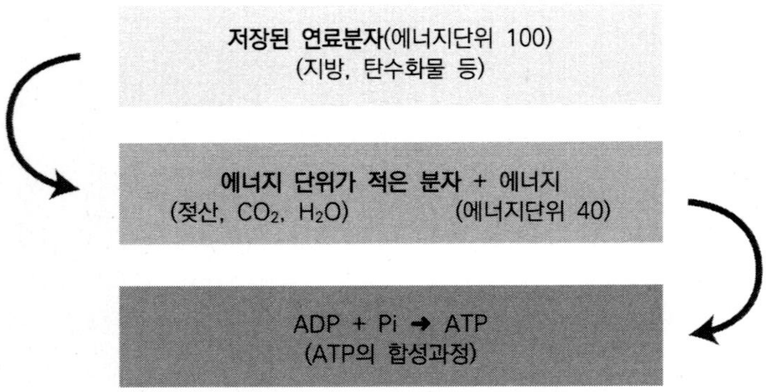

▮ 그림 3-1 ▮ ATP(아데노신삼인산): 에너지의 현금

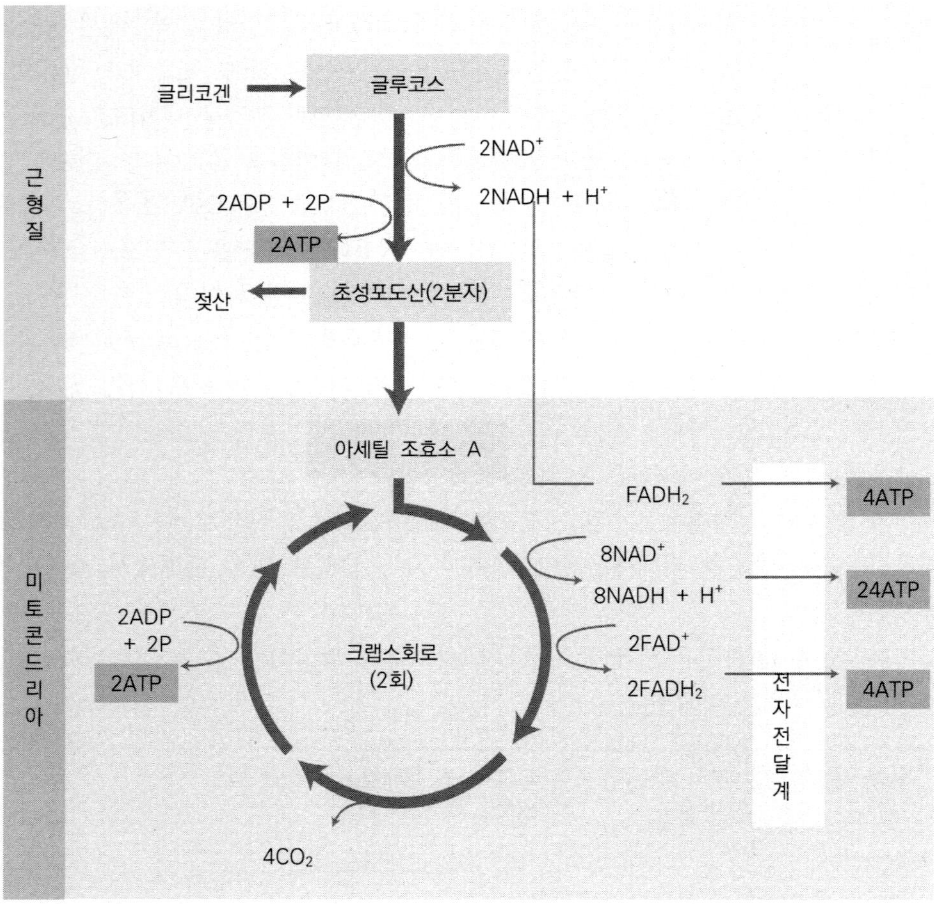

▮ 그림 3-2 ▮ 유산소성 탄수화물 분해를 통한 총 ATP 생성량

1. 에너지의 균형

외부로부터의 에너지의 섭취량과 소비량이 조화를 이루는 상태를 말한다. 즉 섭취된 에너지가 전부 소비가 되면 체중의 변화는 없으며 소비가 전부 되지 않으며 우리 몸은 만약을 대비하여 지방의 형태로 몸속에 저장을 한다. 중성지방의 형태로 지방조직 안에 저장이 되며 체중 증가시에는 거의 지방세포의 수와 크기가 함께 증가하는 혼합형의 양상을 나타낸다.

1) 에너지의 섭취부족

생명현상을 유지하기 위해서 몸속의 모든 세포들이 계속 일을 하며 에너지를 소비하고 있다. 에너지의 섭취량이 소모량을 충족시키지 못할 때에 체내에 저장해 놓은 에너지를 사용하게 되는데 흔한 경우가 의지를 갖고 시행하는 단식과 외부의 상황에 따라 주어진 기아상태의 경우이다. 신체는 저장된 탄수화물과 지방을 사용하며 이 두 가지 영양소가 모두 소비되면 단백질을 분해하여 사용하게 된다.

음식으로 섭취된 단백질은 아미노산으로 소화, 분해된 후 세포, 특히 간세포로 유입되어 단백질 합성 및 에너지원으로 사용된다. 그러나 지속되는 영양부족상태에서는 신체의 모든 조직에서 영양분이 빠져나와서 건강상태를 악화시키기도 한다.

2) 에너지 과잉섭취

에너지의 섭취량이 소비량보다 많은 경우이며 남은 열량은 대부분 체내에 지방의 형태로 축적된다. 탄수화물의 과잉섭취의 경우에는 글리코젠의 형태로 근육과 간에 저장되지만 이 저장량도 한계가 있으므로(근육 250g, 간 100g) 그 이외의 열량은 체지방으로 축적되어 비만의 원인(체중증가)이 된다.

또한 에너지로 소비하고 남은 지방도 역시 체내 중성지방의 형태로 저장되는데 단백질의 과잉 섭취 또한 체지방을 늘리는 원인이 되며 여러 반응을 거쳐 중성지방으로 전환되어 비만이 된다. 에너지 과잉으로 야기되는 건강상의 문제는 생활습관병(고혈압, 당뇨, 심장질환, 암 등)을 유발하는 주원인으로 알려져 있다.

참고상식

단식의 위험성

외부에서 영양공급이 안되는 경우에 신체는 변화에 적응하기 위해서 기초대사율을 줄이는 반응을 한다. 건강을 위협할 정도의 단식은 제지방 조직을 소모시키며 면역저하, 체온저하, 체액과 전해질의 불균형, 산독증 등을 야기한다.

체중감량을 위한 바람직한 식이조절은 저열량식이를 통하여 체지방을 줄이고 제지방 조직은 유지시키는 것이 바람직하다.

---

3) 식욕의 기전

우리 몸에서 음식의 섭취와 체중조절에 관여하는 기전에 영향을 주는 것은 아래의 총 4가지 인자로 나눌 수 있다

(1) 구심성 신호(afferent signal)

음식물의 섭취나 지방 조직의 양에 대한 정보를 중추신경계로 보내는 역할을 한다.

(2) 시상하부(hypothalamus)

시상하부는 식이를 조절하는 중요한 부분이며 지방조직이나 체내의 소화기관 등 여러 부분에서의 신호를 받아들여 어떤 음식을 얼마만큼 섭취할 것인가를 결정하고 자율신경계를 통하여 이를 전달한다.

(3) 원심성 신호(efferent signal)

뇌의 신호에 따라 섭식 행위와 에너지 소비를 실행하게 한다.

(4) 지방 조직(fat tissue)

지방조직에서 렙틴 등 호르몬을 통해 축적된 지방의 양에 대한 정보를 내보낸다.

위의 네 가지 신호 및 부위는 서로 연결되어 에너지 섭취와 소비를 조절하여 체중을 유지한다.

4) 신경내분비적 조절기전(식욕 및 음식섭취에 관여)

(1) 장기적(tonic signal)인 에너지 균형의 조절

인슐린(insulin)과 렙틴(leptin)은 체내에너지 비축에 대한 신호를 관장하고 체내지방량에 비례하여 각각 췌장과 지방조직에서 혈액 내로 분비되며 음식섭취를 억제하는 작용을 나타낸다.

(2) 단기적(episodic signal)인 식욕조절

소화관 호르몬에 의한 음식섭취 조절기전이다.

① 식욕 유발성 호르몬 (orexigenic hormone)

공복(fasting)시 그렐린(ghrelin)에 의한 배고픔의 신호(hunger signal)는 음식섭취를 촉진한다.

② 포만성 호르몬 (satiety hormones)

섭식(feeding)에 의해 분비된 CCK(cholecystokinin), GLP-1(glucagons like peptide-1), PYY(peptide YY) 등의 호르몬은 포만감의 신호(satiety signal)로 작용하여 식욕을 억제한다. 이러한 시스템들이 함께 음식섭취 및 식사의 양을 조절하고 총 에너지 섭취량을 조절하게 된다.

섭식행동에 관여하는 호르몬은 직 간접적으로 작용이 일어나는데, 음식물 섭취나 공복감은 직접적으로 소화관 호르몬 분비를 유발하여 구심성 신호가 뇌에 전달되게 되며, 시상하부(hypothalamus), 특히 제3뇌실 바닥의 궁상핵(ARC, arcuate, 깔대기핵 infundibular nucleus) 및 뇌간(brain stem)의 dorsal vagal complex(DVC)에서는 간접적으로 식욕 유발성 또는 식욕 억제성 신경펩타이드의 조율에 의해 호르몬의 작용이 일어난다.

식욕과 포만중추의 핵심역할을 하는 시상하부는 불완전한 혈액-뇌 장벽(blood-brain barrier, BBB)으로 혈액 내를 순환하는 여러 인자와의 접촉이 비교적 자유로운 부위이며, 뇌의 다른 부위로부터의 신호 또한 받고 있다. 시상하부는 말초 신호 및 중추 신호를 통합하여 음식 섭취 육체적 활동 기본적인 에너지 소비 등에 관한 항상성을 조절하는 역할을 담당한다.

제2장 비만과 영양

세계보건기구(WHO)는 1996년 5월 16일 '비만은 분명히 치료해야 하는 질병'으로 선언하였으며 세계의 비만인구가 5년마다 2배씩 증가한다고 경고하였다. 이제 비만은 현상이 아닌 질병으로 분류되었으며 그 유병률이 전세계적으로 점차로 증가하는 점에서 그 관리의 중요성이 대두되고 있다.

한국에서도 비만유병률(20세 이상)이 1998년 26.3%, 2001년 30.6%였으나 2005년 국민건강 영양조사결과에 따르면 전체 31.8%, 남자 35.2%, 여자 28.3%로 증가하였다. 2010년까지 한국인의 체중변화분석결과로 전체 비만율은 30~31% 수준이며 고도비만은 1998년 2.4%였으나 2010년 4.2%로 약 2배 증가하였다. 비만율이 증가하면서 또한 20대 젊은 여성의 저체중은 1998년 12.4%에서 2010년 17.8%로 증가되는 양극화 현상이 일어났다.

매년 10월 11일은 보건복지부와 대한비만학회가 정한 "비만예방의 날"로서 '초고도비만', '저소득층 청소년 비만' 등을 주제로 매년 비만예방의 중요성을 알리는 행사를 주관하고 있다.

아래의 그림은 보건복지부에서 개발한 디자인 QR코드이다. 자신의 건강을 위해 비만상태를 체크하는 것을 권장한다.

(URL : www.fathealthcheck.com/fathealthcheck)

1. 비만(Obesity)

1) 비만의 정의

비만이란 단어의 어원은 Ob(over)와 edere(to eat)이다. 비만이란 단순하게 체중이 증가하는 것이 아니라 비정상적인 체지방의 과잉축적으로 정의된다. 예전에 비해 풍요롭고 다양한 식생활 환경을 접하게 되면서 신체활동의 부족, 과음, 불규칙한 식사 패턴 등 다양한 요인들이 복합적으로 작용하여 나타난다. 일반적으로 섭취한 열량보다 소비하는 열량이 적은 경우에 나타난다.

섭취열량 〉 소비되는 에너지
* 남자: 체지방량이 체중의 25%이상(14-17)
* 여자: 체지방량이 체중의 30%이상(19-22)

2) 비만의 분류

(1) 비만의 발생원인

비만의 원인은 유전적인 요소, 내분비적 요소, 사회·환경적 요소, 경제적 요소 등 다양한 요소가 복합적으로 작용하여 나타나는 것으로 보고 되어있다. 그러나 대부분이 특별한 병적인 원인 없이 유발되는 단순비만이며 내분비 질환, 유전적 질환 등의 2차적 요인에 의해 유발된 비만은 전체 비만 중에서 5% 미만이다.

단순비만의 여러 원인 중 가장 주요한 원인으로 생활습관, 즉 에너지 섭취와 소비의 불균형이 가장 큰 영향요인으로 생각된다.

a. 유전적 요인

유전적인 요인도 비만을 발생시키는 원인으로서 작용한다. 체내의 열량소 대사에 있어서 지방을 사용하는 효율이 낮으며 갈색지방조직에서 열을 발생하는 능력이 저하되어 음식으로 섭취한 에너지가 체지방으로 전환되는 비율이 정상인보다 비교적 높다.

- 부모양쪽이 비만인 경우에 자녀가 비만일 확률이 80%이며 부모 한쪽만 비만인 경우는 자녀가 비만일 확률이 40%, 정상체중의 부모의 자녀가 비만일 확률은 17%이다.
- 일란성 쌍생아의 경우 다른 환경에서 성장하였어도 비만의 형태가 비슷하다.
- 특정가족이나 인종에서 비만율이 높게 나타난다.

b. 환경적 요인(사회문화 경제적 요인)

섭취열량과 소비되는 에너지사이의 불균형이 지속되는 경우 단순비만이 나타난다. 과잉섭취 또는 에너지 소비의 저하에 의해 체지방으로 축적되어 비만이 발생된다.

식습관을 공유하는 가족구성원에서도 비슷한 비만이 나타나며 후진국이나 노동량이 많은 사회, 직업군의 비만율은 적고 활동량이 적은 사회나 직업군에서의 비만율이 증가하고 있다.

c. 내분비계의 이상(질환)

같은 양의 음식을 섭취하는 경우라도 개개인의 기초 대사량에 따라 지방의 축적이 달라질 수 있다.

기초대사량이 감소하는 질환 중에 대표적인 질환으로는 갑상선 기능저하증을 들 수 있는데 대사 호르몬인 갑상선호르몬 분비의 감소로 인해 기초대사량이 저하되어 소비에너지의 효율성이 낮아져서 비만을 야기한다. 또한 여성의 경우 갱년기에 폐경이 되면 에스트로겐의 분비가 감소되어 피하지방의 합성이 증가되고 또한 비만을 초래한다.

섭식중추와 포만중추가 있는 대뇌의 시상하부에 종양이 생기는 경우에도 비만이 발생하며 부신피질의 기능 장애를 증상으로 하는 쿠싱증후군의 경우에도 비만이 발생하기도 한다. 이는 특정 질병의 증상으로서 나타나는 비만으로 전체 비만율에서 아주 작은 부분을 차지하며 질병의 완화와 함께 비만도 개선될 수 있다.

d. 식습관

한꺼번에 많이 먹는 식습관(과식)과 식사 동안에 에너지 대사가 촉진되며 체온이 상승하는 식이 유발성 체열발생(DIT:Diet-Induced Thermogenesis)의 체질적 차이, 불규칙한 식사패턴, 주로 늦은 시간의 저녁식사의 타이밍, 빠른 식사속도, 탄수화물 위주의 간식 선호유무, 폭식, 야식 등의 식습관에 의해서 비만이 발생한다.

e. 운동부족

운동의 부족은 아무리 섭취열량이 적어도 상대적으로 더 신체의 움직임이 적은 경우는 여분의 에너지가 생겨서 체지방으로 축적될 수 있다.

f. 인슐린의 과잉분비

인슐린의 저항성이 높아지면 인체내에서 인슐린을 과잉으로 분비하게 되며 인슐린의 과잉분비상태는 지방을 체내에 축적하기 쉬운 대사상태를 만든다.

g. 기초대사량의 감소

기초대사량에 영향을 미치는 근육량의 감소로 인하여 소비에너지의 전체 양에도 영향을 미쳐 지방이 축적될 수 있다. 기초대사량을 높이기 위해 근육량을 늘려야 하며 이를 위해서는 운동을 하도록 권유한다.

h. 정서적인 요인

스트레스 상황에서의 해결방안으로 먹는 것을 선택하는 사람들은 비만해지기가 쉽다. 채워지지 않는 욕구 불만의 상황에서 자제력을 상실하는 경우 먹는 것으로 해소하는 경우에 비만이 발생한다.

(2) 비만의 유형

a. 지방세포수와 크기에 따른 유형

① 지방세포 증식형 비만: 지방세포수가 증가되는 형태이며 주고 소아기에 나타나며 지방세포의 수가 정상보다 증가한 상태이므로 치료가 더욱 어려우며 성장과 함께 지방세포의 수가 같이 증가하여 성인비만이 될 확률이 정상아동보다 75~80% 이상 증가한다.

② 지방세포 비대형 비만: 지방세포의 크기가 증가하는 형태로서 성인기에 나타난다. 성인형 비만이라고도 하며 식이조절이나 운동을 통해 체중 감소의 효과가 비교적 좋게 나타나는 경우이다. 체중감소 이후에 관리가 되지 않으면 세포의 크기가 다시 커질 수 있으므로 요요현상이 일어나지 않도록

주의해야 한다.

③ 혼합형 비만: 지방세포 수의 증가와 크기의 증가가 동시에 일어나는 형태이며 성장이 폭발적인 사춘기에 나타나거나 소아기의 비만이 성인기에도 계속되는 경우에 나타나는 비만의 형태이다.

b. 지방분포 부위에 따른 분류

지방의 체내분포 양상과 대사성 질환과의 연관성이 보고되어 비만상담 시 체크해야 할 주요사항이다.

① 상반신 비만(상체형-복부비만(abdominal obesity)), 사과모양

남성에게 흔한 비만의 형태이며 허리의 피하지방량이 엉덩이 보다 많으면 복부지방으로 본다. 배를 중심으로 커지면서 상대적으로 팔 다리가 작게 보이는 특징이 있다.

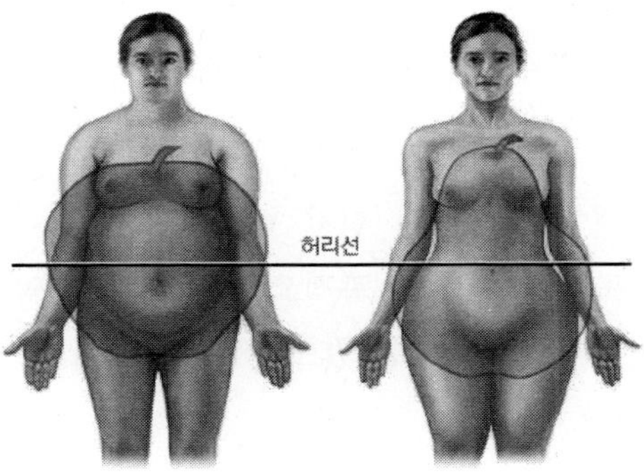

▮ 그림 3-3 ▮ 지방분포도

▮ 표 3-1 ▮ 허리와 엉덩이 둘레의 비율을 이용한 비만의 분류

비만의 진단	허리와 엉덩이의 둘레 비율(WHR)
상체형 비만	남성: 0.95 이상인 경우 여성: 0.85 이상인 경우
하체형 비만	여성: 0.85이하인 경우

한국인 허리둘레 기준으로 남자 90cm(35.4인치), 여자 85cm(33.5인치) 이상인 경우에 복부 비만에 해당된다. 체내 분포에 따라 피하지방과 내장지방으로 나눌 수 있는데, 특히 내장지방(체내 장기를 둘러싸고 있는 체강 내에 축적되는 지방)의 축적이 심할 경우 건강 위험률이 높아져 내장비만을 복부비만과 같은 용어로 사용하기도 한다.

내장지방량(Visceral fat)과 피하지방량(subcutaneous fat)의 비율이 0.4 이상이면 내장지방형 비만이며 그 미만이면 피하지방형 비만이라고 할 수 있다. 피하지방형은 주로 폐경 전 여성에서 나타난다. 내장지방형 복부비만은 비만의 동반질환인 고혈압, 당뇨병, 이상지혈증 등을 일으키는 주요 요인이다.

내장지방과 피하지방형 비만

- 내장지방축적의 원인

나이의 증가, 성별(남자가 많다), 과식, 운동부족, 흡연, 유전적 영향 등이 복합적으로 작용하는 것으로 알려져 있다. 개인별로 차이는 있으나 남자의 경우 군 제대 이후, 여자는 폐경기이후에 많이 발생한다.

- 내장지방축적의 증상

뚜렷한 증상은 없으며 체중증가와 함께 허리둘레가 늘어나서 알게 되지만 간혹 정상체중의 경우에도 내장지방의 축적으로 인해 횡격막이 과다 신장되어 호흡 시 폐의 움직임이 방해를 받을 수 있으며 이로 인해 수면 코골이, 수면 무호흡증이 나타날 수도 있다.

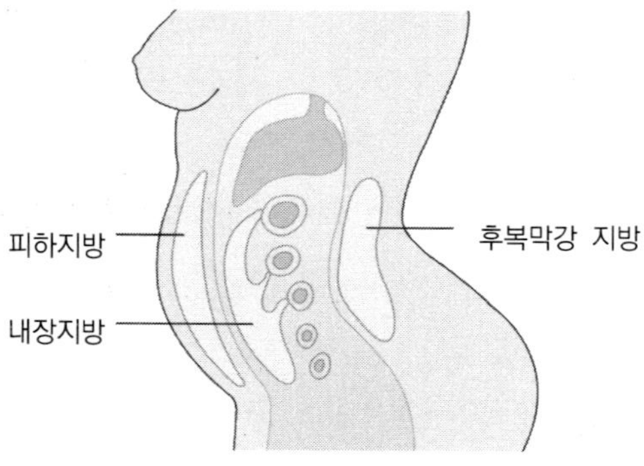

▮ 그림 3-4 ▮ 내장지방과 피하지방

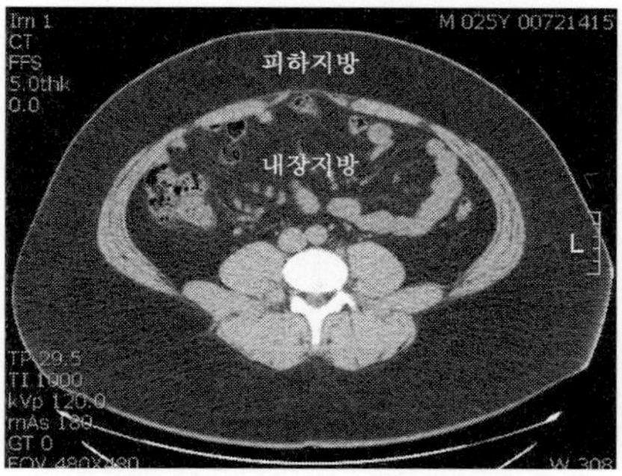

내장지방형 비만

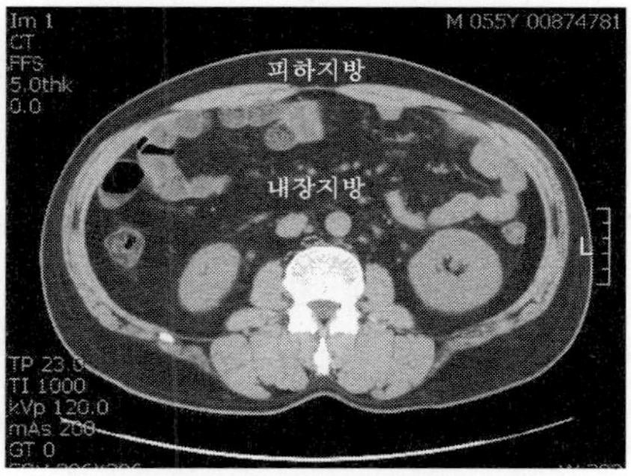

피하지방형 비만

▮ 그림 3-5 ▮ 비만형

• 진단과 검사

허리둘레의 측정을 통하여 진단에 쓰이며 보통 늑골(갈비뼈) 하단부(가장 아래 부분)와 장골능(골반뼈의 엉덩이 위쪽 끝) 상부의 중간점에서 대부분 배꼽을 지나는 측정하는 방법이 많이 사용된다. 심혈관 질환을 예측하는 측면으로 많이 이용된다.

컴퓨터 단층촬영(CT)을 이용하여 복부의 총 지방과 내장지방을 정확하게 측정 할 수 있다. 이외에 자기공명영상(MRI)이나 초음파 검사 등이 있다.

② 하반신 비만

복부 비만의 반대의 형태로 엉덩이나 허벅지에 피하지방이 축적되어 나타나며 여성들이 살 찔 때 주로 나타는 타입으로 여성형 비만이라고도 하며 배(Pear)모양을 나타낸다.

3) 비만의 판정과 평가

비만은 체지방이 과잉으로 축적된 상태로서 정확한 판정을 위해서는 체지방량을 측정하는 것이 정확하나 아직 정확한 방법은 개발되어지지 않고 있다. 보편화된 측정법으로서 비만 여부는 다음과 같은 기준으로 결정한다.

(1) 표준체중 계산법(Modified Broca's method)

a. 표준체중 산출법

* **브로카 법**: 자기의 신장을 이용하는 브로카 공식은 초등학교 입학한 나이 이후의 연령에 적용될 수 있다.
  키150cm이하: (키-100)×0.9
  키150cm이상: (키-100)

* **변형된 브로카법**(표준체중계산)
  신장 160cm이상: (키-100)×0.9
  신장 150-160cm: (키-150)/2+50
  신장 150cm이하: 키-100

b. 비만도: 현재체중/표준체중×100

분류	90%이하	91-109	110-119	120-139	140%이상
판정	저체중	정상	과체중	비만	고도비만

성인의 비만도(%): (실제체중(kg) - 표준체중(kg) / 표준체중(kg) × 100)

± 10%	정상체중
± 10~19	체중초과 또는 약간 수척
± 20% 이상	비만 또는 수척

(2) 체격지수에 의한 방법

$$\text{BMI} = \frac{\text{체중(kg)}}{\text{신장(m)} \times \text{신장(m)}}$$

a. 체질량 지수(BMI: Body Mass Index) : BMI=체중(kg) / 신장(m)^2

• BMI 측정(영양상태 평가)

연령 성별과 관계없이 일정하게 적용되는 비만의 지료로서 체질량지수라고 하는데 가장 많이 이용되는 비만 지표이며. 체질량지수는 체중을 신장의 제곱으로 나누어 계산된 값에 따라 저체중, 정상, 과체중, 비만을 판단한다.

비만은 고혈압이나 고지혈증과 같은 심혈관계 질환, 제2형 당뇨병, 암 등의 만성질병, 뇌졸중, 수면무호흡증 등을 발생시키는 위험이 있으므로 각종 성인병 등의 질환에 걸릴 확률도 높아진다. 즉 BMI 지수와 질환에 걸릴 확률은 높은 상관관계를 갖는다고 볼 수 있다.

운동선수나 보디빌딩을 하는 사람은 상대적으로 많은 근육량을 가지고 있어 지방보다 근육의 무게가 더 나가기 때문에 지방이 많지 않아도 체질량지수는 과체중의 범위에 있을 수 있다. 또한 임산부나 수유중인 여성에서도 체질량지수를 사용하기 어렵다. 허약하고 좌식 생활을 하는 노인에서도 체질량지수를 사용하기가 어려운데 실제로 체질량지수가 낮은 경우(18.5~24.9kg/m^2)에서는 체지방량을 충분히 반영하지 못하는 제한점이 있다. 또한 성장기 어린이에서는 연령에 따른 기준을 적용하여야 한다.

• BMI 범위

<table>
<tr><th>분류</th><th>한국성인의 BMI(kg/m²) 기준</th><th>허리둘레 (cm)</th><th>서양의 BMI기준</th><th>비만동반질환의 위험도</th></tr>
<tr><td>저체중</td><td>18.5 이하</td><td rowspan="6">남성〉 90
여성〉 85
일 때
복부비만</td><td>18.5 이하</td><td>낮다</td></tr>
<tr><td>정상범위</td><td>18.5~ 22.9</td><td>18.5~24.9</td><td>보통</td></tr>
<tr><td>과체중</td><td>23 이상</td><td>25 이상</td><td></td></tr>
<tr><td>1. 위험체중</td><td>23~24.9</td><td>25~29.9</td><td>증가</td></tr>
<tr><td>2. 1단계 비만</td><td>25~29.9</td><td>30.0~34.9</td><td>중증도</td></tr>
<tr><td>3. 2단계비만</td><td>30 이상</td><td>35 이상
40 이상일 때 고도비만</td><td>고도</td></tr>
</table>

대한비만학회(2009)

• 건강한 BMI를 유지하는 방법

올바른 식습관과 신체활동으로도 충분히 건강한 신체상태를 유지할 수 있다.

① **올바른 식습관 갖기**

- 규칙적인 식사, 다양한 식품 섭취, 제때 식사하기, 올바른 간식

② **신체활동 늘리기**

- 평소 신체활동 늘리기
- 운동은 매일매일 꾸준하게

③ **건강한 생활습관 갖기**

- 충분한 수면, 금연, 절주, 영양가 있는 식단

b. 카우프지수(Kaup)계산법

학령기 이전의 어린이, 특히 2세 이하의 유아에 가장 많이 사용된다. 18.5 이상이면 비만으로 판정한다.

체중(g)/신장(cm)^2 × 10

	연령	
	1세 이하	1~2세
정상	15~18	14~17
비만 경향	18~20	17~18.5
비만	20 이상	18.5 이상

c. 뢸러 지수

체중(kg)/ 신장(cm)^{3}× 107(학동기 아동의 영양판별)

	비만
키 110~129cm	180 이상
키 130~149cm	170 이상
키 150cm 이상	160 이상

(3) 피하지방 두께 측정법

피하지방의 두께를 캘리퍼(Caliper)로 측정하여 Nagamine 식으로 체밀도를 구하고 Brozek 식으로 체지방률을 추정하는 방법이다. 소아대상으로 지방조직을 측정하는 가장 간편하고 정확한 방법이다.

상완과 복부 등 손으로 쉽게 집어올릴 수 있는 부위를 선택하여 캘리퍼를 사용하여 측정한다. 측정이 간단하여 단시간 동안 여러 명을 측정할 수 있으나 측정자가 숙련되어야 하며 비교적 저렴하여 체지방의 간이 측정법으로 이용되었다.

팔의 이두박근, 삼두박근과 어깨의 하부 및 허리의 피부주름 두께를 측정하여 비만도를 측정한다.

피하지방을 간접적으로 측정하여 체지방과의 상관관계를 알 수 있다.

남성의 경우 그 두께가 30-36m, 여성은 46~59m를 약간 비만, 남성 37-42m, 여성 60-73m를 중등 비만, 남성 43m이상, 여성 74m이상을 심한 비만으로 측정하게 된다.

- **측정부위**

남자: 가슴, 복부,대퇴전면

여자: 상완 삼두근, 상장골, 대퇴전면

체지방률(%)= 457÷ 신체밀도-414=(Brozek 추정식)

(4) 허리둘레 대 엉덩이 둘레비율 측정법

- **허리둘레**

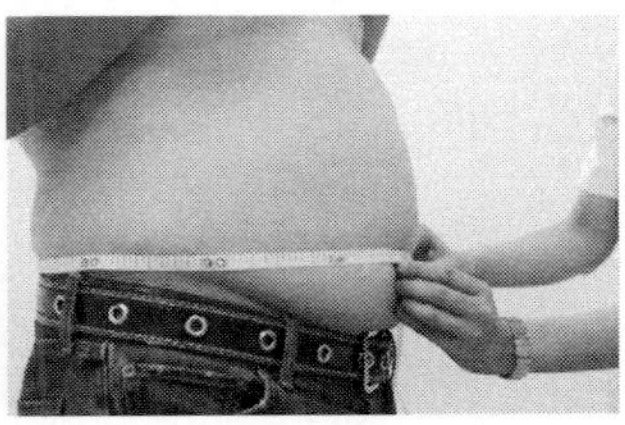

복부비만의 중요 지표인 허리둘레가 중요하다고 강조되고 있다.

복부 비만은 최근 들어 고혈압 당뇨병 지방간 협심증 등 각종 대사성 질환의 발병 위험을 일으키는 주요원인이기 때문이다. 체질량지수(BMI)는 지방보다 근육이 많은 운동선수도 BMI가 높게 나올 수 있기 때문에 체지방을 파악하는 데 오차가 생길 수 있다. 반면에 BMI는 정상이어도 복부 비만일 수 있으므로 정기적으로 허리둘레를 측정해 본인의 복부 비만 상태를 파악하는 것이 중요하다.

성인을 기준으로 허리둘레가 남성 90cm, 여성 85cm 이상이면 비만으로 볼 수 있으며 허리둘레가 이 기준치 이상이라면 고혈압과 당뇨병 위험이 약 5배 이상 증가하고 복부비만이 있는 국내성인의 대사증후군의 질병 유병률이 정상인보다 6-10배 높은 것으로 보고되었다.

허리둘레는 배꼽 바로 윗부분 배의 둘레(최하위 늑골 하부와 골반의 장골능과의 중간부위)를 측정한다.

• **허리둘레 측정법**

- 양발을 25~30cm 벌리고 숨을 편안하게 내쉰다.
- 갈비뼈의 가장아래와 골반뼈의 가장 높은 곳의 중간부위를 정한다.
- 줄자가 피부를 누르지 않도록 하고 0.1cm 단위까지 측정한다.

• **엉덩이 둘레**

엉덩이의 최대 돌출 부위를 측정한다.

• **허리둘레 대 엉덩이 둘레비율 측정: WHR: Waist-Hip Ratio**

WHR = 허리둘레(Waist) / 엉덩이 둘레(Hip)

지수가 클수록 남성에게서 많이 나타나는 상체형 비만이며 반대로 지수가 작을 경우는 여성에게서 많은 하체형 비만이다.

• **정상범위**

남성의 경우: 0.8-1.0

여성의 경우: 0.7-0.85

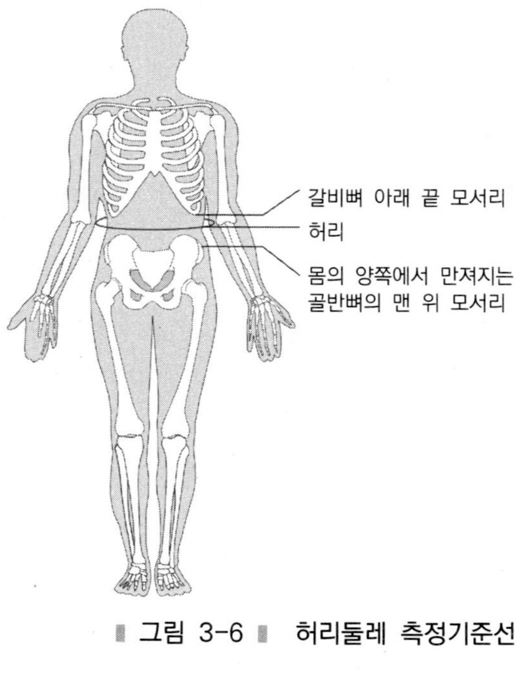

▮ 그림 3-6 ▮ 허리둘레 측정기준선

(5) 기타

a. 컴퓨터 단층 촬영(CT)
b. 생체전기 저항 분석법(BIA)
c. 이중에너지 방사선 흡수 계측기(DEXA)
d. 수중밀도측정법(Hydrodensity)
e. 신체수분특정(Isotope diliution)

(6) 비만과 함께 측정해야하는 검사항목

a. 비만환자의 가족력, 과거력: 가족질병, 식습관, 운동행태
b. 체중, 신장
c. 소변검사: 신기능 검사
d. 혈액검사: 고지혈증, 빈혈, 당뇨, 지방간
e. 체성분검사: 근육, 지방, 수분 및 골다공증, 영양결핍, 부종 등을 체크한다.

4) 비만과 관련 있는 질병

(1) 순환기계: 고혈압, 고지혈증, 뇌혈관질환, 동맥경화, 심장질환(허혈성),
(2) 소화기계: 췌장염, 지방간, 담낭 질환(담석증)
(3) 호흡기계: 수면장애(불면증, 수면 무호흡, 코골이), 폐기능장애
(4) 내분비계: 인슐린종, 갑상선 기능저하증, 쿠싱증후군, 당뇨병
(5) 정형외과계: 퇴행성 관절염, 요통, 골절, 추간판 탈출증
(6) 산부인과계: 불임증, 난소기능이상, 생리이상, 자궁내막염, 임신중독증
(7) 외과계: 정맥류, 수술시 회복력 저하, 장기탈출증
(8) 정신과계: 심리적 불안, 거식증, 폭식증, 대인기피증
(9) 기타: 악성종양, 사고사

5) 체중관리(운동요법/행동수정/약물요법/수술요법)

	식사요법	운동요법	행동수정	약물요법	수술요법
장점	감량효과가 빠름	근육량 증가 우울증 및 스트레스감소 요요현상 우려없음	심리적인 접근 재발의 가능성이 낮음 자기통제기전사용	감량효과가 빠름	감량효과가 빠름(고도비만)
단점	운동과 병행해야 효과가 지속됨 저열량식의 부작용 가능함	운동만으로는 효과가 느리게 나타남	감량효과가 느릴 수 있음	약물의 부작용 가능	회복기간이 필요

(1) 운동요법

규칙적인 운동을 통한 근육량의 증가로 기초대사량을 증가시키고 식사요법을 함께하면 상승효과가 있다.

• 지침

- 규칙적으로 운동
- 운동능력 파악과 실시여부 결정을 위한 사전 건강검진
- 운동처방: 운동형태, 시간, 빈도, 강도, 기간을 고려해서 구성
- 운동유형: 유산소운동, 근력운동, 유연성 운동 등을 복합적으로 실시
- 운동강도: 중강도, 30분 이상 지속, 주당 3~5 회 반복
  힘든 경우에는 짧은 시간을 여러 차례 나누어서 반복
- TV시청과 컴퓨터 작업 시 중간휴식을 갖도록 권장하며 장시간 하지 않도록 한다.

예) 서울특별시와 보건소에서 주최하는 건강시민을 위한 프로젝트가 있다.
  '건강체중 3.3.3 프로젝트' :3개월 동안, 3kg 감량, 3개월 유지
  서울 시민 4명 중 1명이 비만

▮ 그림 3-7 ▮ 서울시 건강시민 3.3.3 프로젝트 홈페이지

- **건강증진을 위한 목표심박수 계산법**

목표맥박수 = (최대맥박수 - 안정시 맥박수) × 운동강도 + 안정시 맥박수

최대맥박수 = 220 - 나이

안정 시 맥박수 = 기상 후 상체만 일으킨 상태의 맥박수

적합한 운동강도 = 최대운동능력의 60~80%

예) 안정 시 맥박수가 80/분당 인 50세 남성의 목표맥박수?

170 - 50 × 0.6 + 80 = 134

170 - 50 × 0.8 + 80 = 152

134-152회 / 분당 = 22-25 / 10초

(2) 행동수정(생활습관 수정)

행동치료를 포함함 식사조절과 운동요법을 병행해야 하는 병합치료이다.

- 1단계: 자기감시: 식사일기 쓰기

· 2단계: 외부자극 조절: 식품구매 - 식사 및 활동계획 - 식사조절을 위한 계획 - 모임이나 명절시 행동지침- 먹는 방법
· 3단계: 보상
이와 같은 3단계를 통하여 행동수정에 임한다.
- 자극 조절기법
- 식사행동조절
- 보상방법(양성강화물 사용)
- 자기관찰 - 영양교육 - 신체활동조절 - 대체행동기법 - 인지적 재구조화기법
- 사회적 지지의 이용 등

(3) 식사요법

대한비만학회의 비만 치료지침(2009)에서 제시한 식사치료 지침은 다음과 같다.

비만의 식사요법은 비만합병증의 위험을 감소시키고 건강을 증진시키기 위해 체지방을 감소시키는 것을 목표로 한다. 식품의 선택, 식사행동, 신체 활동 정도와 관련된 생활습관을 변화시켜 체중감소가 장기간 유지하도록 하는 것 또한 중요하다.

• **지침**
 · 지나친 열량섭취를 제한
 · 지방은 총열량의 25%이내, 포화지방은 총열량의 6%이내, 트랜스 지방섭취는 최소화
 · 당질섭취는 총열량의 50~60%
 · 단백질섭취는 체중 1kg당 1.0~1.5g
 · 비타민과 무기질 보충제 섭취권장량(1일 1200kcal 이하로 열량제한시)
 · 음주량은 1회에 1~2잔
 · 지속적인 영양교육 및 점검시행

• **체중조절을 위한 올바른 식습관**
 · 하루 세끼 규칙적인 식사를 한다.
 · 식사는 천천히 한다.
 · 기름이 적은 음식을 짜지 않게 섭취한다.

- 인스턴트 음식, 패스트푸드 보다는 자연식품을 조리해서 먹는다.
- 음식은 골고루 섭취하되, 후식, 음료 등의 단 음식을 주의한다.
- 간식은 가능한 섭취하지 않고 야식은 금한다.
- 섬유소는 충분히 섭취한다.
- 장기간 식사조절을 유지하기 위해 음식의 양이나, 음식 종류를 지나치게 제한하지 않도록 한다.

• 저열량 식사를 위한 조리포인트

- 가급적 기름기 적은 부위의 육류를 선택하고 지방은 제거하고 조리한다.
- 기름이 많이 들어가는 조리방법은 피하고 굽거나 찌는 방법을 선택한다.
- 튀김대신 프라이팬에 적당량의 기름을 두르고 굽는다는 느낌으로 튀긴다.
- 볶음을 할 때에는 팬을 뜨겁게 달군 후 물을 약간 넣고 볶으면 기름사용량을 줄일 수 있다.
- 코팅팬이나 그릴, 오븐을 이용하면 기름사용량을 줄일 수 있다.
- 튀김옷은 최대한 얇게 하고, 재료의 수분을 닦아내고 밀가루를 입힌다.
- 인스턴트 식품은 가급적 사용하지 않는다.
- 칼로리가 낮은 양념과 향신료를 사용(기름이나 설탕 대신, 고춧가루, 식초, 카레, 후추, 겨자 등) 하고 드레싱은 직접 만들어 기름량을 조절한다.
- 유지통조림을 이용할 경우에는 기름을 완전히 제거한 후 사용한다.

(4) 기타

약물요법 & 수술요법 : 의사의 검진과 처방에 의해 실시 후 추후 관리

a. 약물요법

식이요법이나 운동요법으로 체중관리가 어렵거나, 비만의 합병증이 나타난 환자들을 대상으로 주로 시행한다. 최근 국제적으로 널리 사용되고 있는 약물은 다음과 같다.

분류	종류	기전	부작용
중추성 식욕억제제	리덕틸	식욕억제 및 열량소모증가	기분변화, 우울, 두통, 변비, 불면, 발한, 인두염등
	세로토닌계 약물 (플루옥세틴)	세로토닌방출 촉진 및 재흡수 억제	피로 변비, 시력저하, 기침, 조증등
	암페타민	각성효과, 열량소모증가	환각작용, 중독, 우울증: 사용불허
	마진돌	각성효과, 열량소모증가	오심 구토, 변비, 수면장애등
	부프로피온(항우울제와 금연 보조제)	도파민의 재흡수억제	약물감수성인 경우는 경련유발 등
소화흡수 억제제	*지방흡수 억제제 올리스타트(제니칼)	리파제의 억제(지방흡수억제, 대변으로 배설시킴)	변실금, 전신피로, 약물 과민반응 등
	*당질흡수 억제제	당의 분해억제, 고혈당억제	경한 위장증세 간기능장애 등
에너지 대사 촉진제	갑상샘호르몬 에페드린 엘카르니틴	열량 소모증가	위장장애 등
기타 약품	이뇨제	수분배설	수분부족, 단독 비만효과는 보고되지 않음
	설사제	대변 배설,	수분부족야기
기타 식품	마황	에페드린 성분함유	불안, 두통, 불면증 등
	녹차	카테킨 성분의 효과	탄닌의 위자극, 이뇨작용 등
	예르바 마테	열발생효과. 식욕억제	이뇨작용 등
	복합리놀렌산	CLA의 근육유지 및 지방연소	체중감량효과 미지수

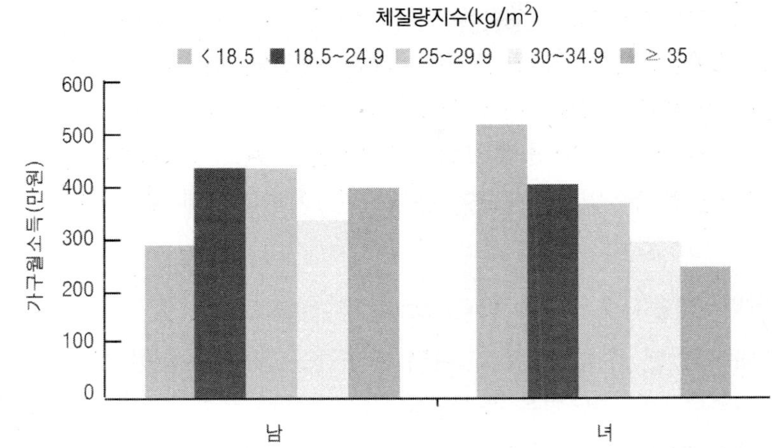

▮ 그림 3-8 ▮ 비만도에 따른 가구 월소득 분포(2010년 국민건강영양조사 자료 분석)

b. 수술요법

서구의 경우와 유사한 방향으로 우리나라의 비만도별 가구 월소득 비교 결과에서는 남성보다 여성에서 비만도가 높을수록 가구소득이 낮은 것으로 나타났다. 고도비만이 특히 저소득층에서 문제가 될 수 있다는 결과가 보고되었다.

생활습관 교정과 약물요법으로 한계가 있는 심한 고도비만인 경우 어느 정도 효과를 확실하게 볼 수 있는 것이 비만수술이다. 비만교정을 위한 수술은 미국에서는 고도비만환자를 대상으로 널리 시행되고 있으며(2008년 22만명), 우리나라에서도 점차 그 수가 증가하고 있다.

① 지방 흡입술: 특정부위의 피하지방을 제거한다.

② 위수술: 위성형술, 위우회술(고도 비만시)

일반적인 수술 후 합병증이 야기될 수 있으며 회복기간이 다소 오래 걸린다.

비만치료 수술법은 제한수술(restrictive procedure): 음식물의 섭취량을 조절, 흡수장애수술(malabsorptive procedure): 소화흡수 과정의 일부를 우회하거나 순서를 바꾸는 수술로 구분할 수 있다.

국내에서 많이 사용하고 있는 수술법은 복강경 조절형 위밴드술, 루앵와이 연결술(Roux-en Y anastomosis), 위소매절제술 등 세 가지가 있다.

• **복강경조절형 위밴드수술**(Laparoscpic Adjustable Gastric Banding)

위-식도 경계부위에서 약 1~2cm 아래를 풍선형 밴드로 묶은 다음 밴드와 튜브를 통해 연결된 포트를 복부피하에 삽입한다. 수술 4~6주 후부터 포트를 통해 생리 식염수를 주입하면 튜브를 통해 연결된 밴드내 풍선이 부풀어 음식물의 섭취량을 줄일 수 있다. 시술이 용이하며, 체중감소에 효과적이지만 밴드관련 합병증이 발생할 수 있다.

• **루앵와이위우회술**(Roux-en Y Gastric Bypass)

1970년대 개발된 수술법으로서 여러 합병증을 개선하여 현재의 루앵와이 위우회술이 되었다. 이 수술법은 음식물의 흡수제한과 흡수장애의 두 가지 방법의 중간형태 수술법으로 위 위쪽에 20~30cc 정도로 위장을 절제하여 소장 아래쪽에 직접 연결하며, 이렇게 연결된 소장에 췌장액과 담즙 등의 소화액이 흘러가는 길을 다시 연결하는 시술법이다. 체중감량효과가 뛰어나지만 대사성 합병증 발생 위험이 있다.

• **위소매절제술**(Sleeve Gastrectomy)

위의 일부분을 절제해 위의 크기를 줄이는 위소매절제술은 위의 소만부, 분문, 유문을 그대로 보존하면서 대만부 만을 절제하여 위의 크기를 줄이는 방법으로 소화과정의 변화는 없다.

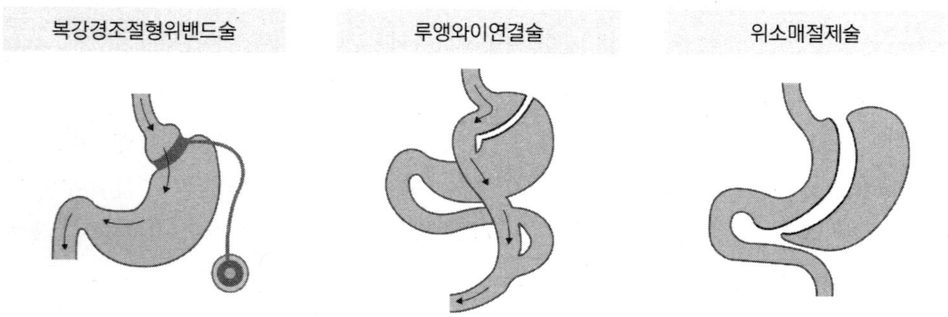

▮ 그림 3-9 ▮ 비만치료를 위한 수술법

2. 연령별 체위 기준치[한국인 영양섭취기준 설정을 위한 체위기준]

체위기준은 영아, 유아, 아동 및 청소년의 경우 2007년 질병관리본부가 제시한 소아 청소년 성장발육 표준치를 사용함으로써 일부 연령의 체위기준치가 달라졌다. 반면에 성인 및 노인은 산업자원부 기술 표준원 자료에 근거한 2005년 제정 시 체위기준치를 그대로 유지하였다.

분류	연령	신장(cm)	체중(kg)
영아(개월)	0-5	60.3	6.2
	6-11	72.2	8.9
유아(세)	1-2	86.1	12.2
	3-5	107.0	17.2
남자(세)	6-8	122.2	25.0
	9-11	139.6	35.7
	12-14	158.8	50.5
	15-18	171.4	62.1
	19-29	173	65.8
	30-49	170	63.6
	50-64	166	60.6
	65-74	164	59.2
	75이상	164	59.2
여자(세)	6-8	121.0	24.6
	9-11	140.0	34.8
	12-14	155.9	47.5
	15-18	160.0	53.4
	19-29	160	56.3
	30-49	157	54.2
	50-64	154	52.2
	65-74	151	50.2
	75이상	151	50.2

출처: 사) 한국영양학회, 한국인 영양섭취기준 개정판, 2010

3. 식단표 작성의 기본원리

대한영양사협회, 한국영양학회, 대한지역사회 영양학회, 한국식품영양과학회, 한국임상영양학회 등은 10월 14일을 영양의 날로 정하고 국민의 영양, 식생활 관리를 위한 캠페인을 벌이고 있다.

1) 영양섭취기준과 식사구성안

(1) 영양섭취기준(Dietary Reference Intakes for Korean)

건강한 사람이 건강을 유지하고 생활하기에 적절한 영양소의 양을 정한 기준, 즉 영양섭취기준이란 건강을 최적상태로 유지할 수 있는 영양소 섭취기준(만성질환이나 영양소 과다섭취 예방까지 고려)

a. 평균필요량(Estimated Average Requirement; EAR)

대상집단을 구성하는 건강한 사람들의 절반에 해당하는 사람들의 일일 필요량을 충족시키는 값

- 과도한 영양으로 인한 비만예방을 위한 기준값
- 평소섭취량이 평균필요량 미만인 사람의 비율을 최소화하는 목적으로 함

b. 권장섭취량(Recommended Nutrient Intake; RNI)

평균필요량에 표준편차의 2배 추가한 값. 대다수의 사람의 필요 영양섭취량.

- 평소섭취량이 평균섭취량 이하인 경우에는 권장섭취량을 개인의 목표로 함

c. 충분섭취량(Adequate Intake; AI)

영양소 필요량에 대한 정확한 자료가 부족한 경우 건강한 사람들에게서 부족할 확률이 낮은 영양소 섭취량

나트륨과 염소 등을 포함

- 평소섭취량을 충분섭취량에 가깝게 하는 것을 목표로 함

d. 상한섭취량(Tolerable Upper Intake Level; UL)

인체건강에 유해영향이 나타나지 않는 최대 영양소 섭취수준을 말하며. 기준

이상으로 섭취하는 것을 방지하기 위한 기준값, 기초 영양소, 건강보조식품, 영양보조제등 모든 영양소에 기준값을 제시한다.

- 평소섭취량을 상한섭취량 미만으로 하는 것을 목표로 한다.

권장섭취량이나 충분섭취량은 개인의 음식섭취 수준이 충분한지를 평가할 때 주로 사용되며 이러한 기준은 개인차를 충분히 늘려놓은 것이므로 실제로 섭취한 양이 적다고 해서 반드시 영양이 부족하다는 의미는 아니다. 다만 평균필요량 이하로 섭취하거나 권장섭취량의 75% 만큼도 못 먹고 있을 때는 결핍가능성이 있으므로 식생활의 변화가 요구된다.

상한섭취량의 적용은 특정영양소 과잉의 경우 독성을 주의하라는 기준이므로 과잉섭취하지 않도록 주의해야한다.

개인 또는 집단의 영양평가에 적합한 기준이며 정책수립, 교육자료 작성 등의 기초자료로서 사용된다.

▮ 표 3-2 ▮ 한국인 영양섭취기준(KDRIs) - 에너지적정비율

영양소		1~2세	3~18세	19세 이상	비고
탄수화물		55~70%	55~70%	55~70%	
단백질		7~20%	7~20%	7~20%	
지질	총지방	20~35%	15~30%	15~25%	
	n-6계 지방산	4~8%	4~8%	4~8%	
	n-3계 지방산	1% 내외	1% 내외	1% 내외	
	포화지방산[1)]	-	-	4.5~7%	
	트랜스지방산[1)]	-	-	1% 미만	
	콜레스테롤[1)]	-	-	300mg/일 미만	목표섭취량

*위의 식품은 조리 전 상태임

출처: 한국영양학회, 한국인영양섭취기준위원회, 2010

▮ 표 3-3 ▮ 한국인의 영양섭취기준

연 령	탄수화물 (g)		지방 (g)		단백질 (g)		식이섬유 (g)		비타민A (μg RE)		비타민D (μg)	
	권장 섭취량	충분 섭취량	권장 섭취량	충분 섭취량	권장 섭취량	충분 섭취량	권장 섭취량	충분 섭취량	권장 섭취량	충분 섭취량	권장 섭취량	충분 섭취량
영아 0~5(개월)		55		25		9.5				300		5
6~11		90		25	13.5					400		5
유아 1~2(세)					15			10	300			5
3~5					20			15	300			5
남자 6~8(세)					25			20	400			5
9~11					35			20	550			5
12~14					50			25	700			5
15~18					55			25	850			5
19~29					55			25	750			5
30~49					55			25	750			5
50~64					50			25	700			10
65~74					50			25	700			10
75 이상					50			25	700			10
여자 6~8(세)					25			15	400			5
9~11					35			15	500			5
12~14					45			20	650			5
15~18					45			20	600			5
19~29					50			20	650			5
30~49					45			20	650			5
50~64					45			20	600			10
65~74					45			20	600			10
75이상					45			20	600			10
임신부					+0/+15/+30			+5	+70			+5
수유부					+25			+5	+490			+5

연　　령	비타민E (mg α-TE)		비타민K (μg)		비타민C (mg)		티아민 (mg)		리보플라민 (mg)		니아신 (mg NE)		비타민B_6 (mg)		엽산 (μg DFE)	
	권장 섭취량	충분 섭취량	권장 섭취량	충분 섭취량	권장 섭취량	충분 섭취량	권장 섭취량	충분 섭취량	권장 섭취량	충분 섭취량	권장 섭취량	충분 섭취량	권장 섭취량	충분 섭취량	권장 섭취량	충분 섭취량
영아 0~5(개월)		3		4		35		0.2		0.3		2		0.1		65
6~11		4		7		45		0.3		0.4		3		0.3		80
유아 1~2(세)		5		25	40		0.5		0.6		6		0.6		150	
3~5		6		30	40		0.5		0.7		7		0.7		180	
남자 6~8(세)		8		45	60		0.7		0.9		9		0.9		220	
9~11		9		55	70		0.9		1.1		11		1.1		300	
12~14		10		70	100		1.1		1.5		15		1.5		400	
15~18		12		80	110		1.3		1.7		17		1.5		400	
19~29		12		75	100		1.2		1.5		16		1.5		400	
30~49		12		75	100		1.2		1.5		16		1.5		400	
50~64		12		75	100		1.2		1.5		16		1.5		400	
65~74		12		75	100		1.2		1.5		16		1.5		400	
75 이상		12		75	100		1.2		1.5		16		1.5		400	
여자 6~8(세)		7		45	60		0.7		0.7		9		0.9		220	
9~11		8		55	80		0.9		0.9		11		1.1		300	
12~14		9		65	100		1.1		1.2		14		1.4		400	
15~18		10		65	100		1.0		1.2		14		1.4		400	
19~29		10		65	100		1.1		1.2		14		1.4		400	
30~49		10		65	100		1.1		1.2		14		1.4		400	
50~64		10		65	100		1.1		1.2		14		1.4		400	
65~74		10		65	100		1.1		1.2		14		1.4		400	
75이상		10		65	100		1.1		1.2		14		1.4		400	
임신부		+0		+0	+10		+0.4		+0.4		+4		+0.8		+200	
수유부		+3		+0	+35		+0.4		+0.4		+5		+0.8		+150	

연 령	비타민B12 (㎍)		판토텐산 (mg)		비오틴 (㎍)		칼슘 (mg)		인 (mg)		나트륨 (g)		염소 (g)		칼륨 (g)	
	권장 섭취량	충분 섭취량	권장 섭취량	충분 섭취량	권장 섭취량	충분 섭취량	권장 섭취량	충분 섭취량	권장 섭취량	충분 섭취량	권장 섭취량	충분 섭취량	권장 섭취량	충분 섭취량	권장 섭취량	충분 섭취량
영아 0~5(개월)		0.3		1.7		5		200		100		0.12		0.18		0.4
6~11		0.5		1.8		7		300		300		0.37		0.56		0.7
유아 1~2(세)	0.9			2		9	500		500			0.7		1.1		1.7
3~5	1.1			3		11	600		500			0.9		1.4		2.3
남자 6~8(세)	1.3			3		15	700		700			1.2		1.8		2.8
9~11	1.7			4		20	800		1,000			1.3		2.0		3.2
12~14	2.3			5		25	1,000		1,000			1.5		2.3		3.5
15~18	2.7			6		30	900		1,000			1.5		2.3		3.5
19~29	2.4			5		30	750		700			1.5		2.3		3.5
30~49	2.4			5		30	750		700			1.5		2.3		3.5
50~64	2.4			5		30	700		700			1.4		2.1		3.5
65~74	2.4			5		30	700		700			1.2		1.9		3.5
75 이상	2.4			5		30	700		700			1.1		1.6		3.5
여자 6~8(세)	1.5			3		15	700		600			1.2		1.8		2.8
9~11	1.9			4		20	800		900			1.3		2.0		3.2
12~14	2.4			5		25	900		900			1.5		2.3		3.5
15~18	2.4			6		30	800		800			1.5		2.3		3.5
19~29	2.4			5		30	650		700			1.5		2.3		3.5
30~49	2.4			5		30	650		700			1.5		2.3		3.5
50~64	2.4			5		30	700		700			1.4		2.1		3.5
65~74	2.4			5		30	700		700			1.2		1.9		3.5
75이상	2.4			5		30	700		700			1.1		1.6		3.5
임신부	+0.2			+1		+0	+280		+0			+0		+0		+0
수유부	+0.4			+2		+5	+370		+0			+0		+0		+0.4

연 령	마그네슘 (mg)		철 (mg)		아연 (mg)		구리 (μg)		불소 (mg)		망간 (mg)		요오드 (μg)		셀레늄 (μg)	
	권장섭취량	충분섭취량	권장섭취량	충분섭취량	권장섭취량	충분섭취량	권장섭취량	충분섭취량	권장섭취량	충분섭취량	권장섭취량	충분섭취량	권장섭취량	충분섭취량	권장섭취량	충분섭취량
영아 0~5(개월)		30		0.3		1.7		230		0.01		0.01		130		8.5
6~11		55	6		2.8			300		0.5		0.8		170		11
유아 1~2(세)	75		6		3		290			0.6		1.4	80		20	
3~5	100		7		4		330			0.8		2.0	90		25	
남자 6~8(세)	150		8		5		430			1.0		2.5	100		30	
9~11	210		11		8		570			2.0		3.0	110		40	
12~14	300		14		8		740			2.5		4.0	130		50	
15~18	400		15		10		870			3.0		4.0	130		60	
19~29	340		10		10		800			3.5		4.0	150		55	
30~49	350		10		9		800			3.0		4.0	150		55	
50~64	350		9		9		800			3.0		4.0	150		55	
65~74	350		9		9		800			3.0		4.0	150		55	
75 이상	350		9		9		800			3.0		4.0	150		55	
여자 6~8(세)	150		8		5		430			1.0		2.5	100		30	
9~11	210		10		7		570			2.0		3.0	110		40	
12~14	290		13		7		740			2.5		3.5	130		50	
15~18	340		17		9		870			2.5		3.5	130		60	
19~29	280		14		8		800			3.0		3.5	150		55	
30~49	280		14		8		800			2.5		3.5	150		55	
50~64	280		8		8		800			2.5		3.5	150		55	
65~74	280		8		7		800			2.5		3.5	150		55	
75이상	280		8		7		800			2.5		3.5	150		55	
임신부	+40		+10		+2.5		+130			+0		+0	+90		+4	
수유부	+0		+0		+5.0		+450			+0		+0	+180		+10	

(2) 식사구성안

일반인들이 식사 계획을 쉽고 올바르게 할 수 있도록 제안된 것이며 영양섭취기준에 만족할 만한 식사를 제공할 수 있도록 식품군별 대표식품과 섭취 횟수를 이용하여 식사의 기본 구성 개념을 설명한 것이다.

어떤 식품을? 얼마만큼? 어떻게 구성해서 먹는가?를 작성해야 한다.

식사구성안은 특별히 식사를 조절해야 할 필요가 없는 건강한 사람들이 실제 생활에서 합리적이고 올바른 식사를 하기 위해 쉽게 이용할 수 있도록 제정된 것이라고 할 수 있다.

a. 영양소의 적절한 섭취

에너지: 100% 평균필요량

단백질: 100% 권장섭취량, 총 에너지의 15%

비타민, 무기질: 100% 권장섭취량 또는 충분섭취량, 상한섭취량 미만

식이섬유: 100% 충분섭취량

b. 섭취의 절제

지방: 총 에너지의 15-25%

소금: 5g 이하

당류: 설탕 물엿 등의 첨가당 되도록 적게

c. 식품구성 자전거

2010년 개정한 영양섭취기준의 중요한 사항은 최근의 높아진 대사증후군과 만성퇴행성질환 예방을 위해 19세부터 성인에 대해 섭취기준을 적용하였다. 소아, 청소년 체위기준은 2007년 질병관리본부에서 발표한 성장발육표준치를 적용하였다.

- 식품구성자전거의 개념
  - 적절한 영양 및 건강 유지를 위한 한국인 영양섭취기준 충족
  - 다양한 식품 섭취를 통한 균형 잡힌 식사(자전거 바퀴 모양을 이용하여 6개의 식품군에 권장식사 패턴의 섭취횟수와 분량에 비례하도록 면적을 배분)
  - 충분한 수분 섭취(바퀴에 물컵 이미지)

▮ 그림 3-10 ▮ 식품구성 자전거

자료출처 : 사)한국영양학회, 한국인 영양섭취기준 개정판, 2010

- 적절한 운동을 통해 비만 예방(운동권장을 위한 자전거 이미지사용)
- 각 식품군의 상징색은 미국 피라미드의 식품군 색과 동일(국제적인 영양교육의 통일성에 기여)

• 면적 비율

곡류 〉 채소류 〉 고기 · 생선 · 달걀 · 콩류 〉 우유 · 유제품류 〉 과일류 〉 유지 · 당류

(3) 식품군 분류

2010년 개정된 한국인 영양섭취기준에 따라서 6개의 식품군 분류가 다음과 같이 제시되었다

▮ 표 3-4 ▮ 식품군별 대표식품의 1인 1회분량 예시

식품군	1인 1회분량
곡류(300Kcal)	밥1공기(210g), 국수 1대접(건면 100g), 식빵(대) 2쪽 100g, 감자(중) 1개(130g)*, 시리얼 1접시(40g)* 등
고기·생선·계란·콩류(100Kcal)	육류 1접시(생 60g), 닭고기 1조각(생 60g), 달걀 1개(60g), 두부 2조각(80g), 콩 20g
채소류(15Kcal)	콩나물 1접시(생 70g), 시금치나물 1접시(생 70g), 배추김치 1접시(40g), 오이소박이 1접시(60g), 버섯 1접시(생 30g), 물미역 1접시(생 30g)
과일류(50Kcal)	사과(중) 1/2개(100g), 귤(중) 1개(100g), 참외(중) 1/2개(200g), 포도(중) 15알(100g), 오렌지주스 1/2컵(100g)
우유·유제품류(125Kcal)	우유 1컵(200g), 호상요구르트 1/2컵(100g), 액상요구르트 3/4컵(150g), 아이스크림 1/2컵(100g), 치즈 1장(20g)*
유지·당류(45Kcal)	식용유 1작은술(5g), 버터 1작은술(5g), 마요네즈 1작은술(5g), 설탕 1큰술(10g), 커피믹스 1봉(12g)

* 표시는 다른 식품들의 1회분량의 1/2에너지를 함유하므로 식단작성시 0.5회로 간주함

자료출처 : 사)한국영양학회, 한국인 영양섭취기준 개정판, 2010

▮ 표 3-5 ▮ [생애주기에 따른 식품군별 1일 권장 섭취횟수] 1회분량수

식품군	아동기(6-11세)		청소년기(12-18세)		성인기(19-64세)		노인기(65세이상)	
	남 (1800 kcal)	여 (1600 kcal)	남 (2600 kcal)	여 (2000 kcal)	남 (2400 kcal)	여 (1900 kcal)	남 (2000 kcal)	여 (1600 kcal)
곡류	3	2.5	4	3	4	3	3.5	3
고기·생선·계란·콩류	3	3	6	4	5	4	4	2.5
채소류	5	5	7	7	7	7	7	5
과일류	1	1	2	2	3	2	1	1
우유·유제품	2	2	2	2	1	1	1	1
유지·당류	3	3	6	4	5	4	4	3

자료출처 : 사)한국영양학회, 한국인 영양섭취기준 개정판, 2010

a. 곡류

식품군	1인 1회분량
곡류(300Kcal)	밥 1공기(210g), 국수 1대접(건면 100g), 식빵(대) 2쪽 100g, 감자(중) 1개(130g)*, 시리얼 1접시(40g)* 등

기능	당분공급. 열량을 낸다
부족시	발육저하, 면역 저하
종류	곡류, 면류(건면, 삶은면, 냉면국수), 떡류, 빵류, 시리얼류, 메밀묵, 밤, 감자류

• 곡류의 영양

▮ 그림 3-11 ▮ 곡류 식품군

곡식의 껍질에는 섬유질, 무기질, 비타민 등의 유익한 영양분이 있으며 특히 쌀눈과 쌀겨 부분에는 피틴산(phytic acid)이라는 성분이 들어있다. 피틴산은 항산화물질로서 활성산소를 제거하고 독소나 중금속과 결합하여 체외로 배출시키는 작용을 하지만 반면에 인체에 필요한 철분, 칼슘, 아연, 망간 등의 미네랄과도 결합하여 체외로 배출시키는 작용을 하기 때문에 무기질결핍의 원인이 되기도 한다.

식물성기름이 많고 리놀레산과 비타민이 풍부하여 동맥경화와 노화를 방지한다.

현미의 쌀겨층은 소화가 잘 안되는 반면, 장벽을 자극하여 변비해소에 도움이 되고, 대장암을 예방하기도 한다.

곡류는 혈당에 직접적이고 많은 영향을 주며 도정하는 과정에서 혈당을 천천히 오르게 하는 섬유질이 제거되어 혈당이 급격히 오르고 급격히 떨어지며 통곡류를 먹으면 혈당이 천천히 올라가지만 올라가는 혈당수치는 같으므로, 잡곡밥이라고 더 많이 먹을 수는 없다.

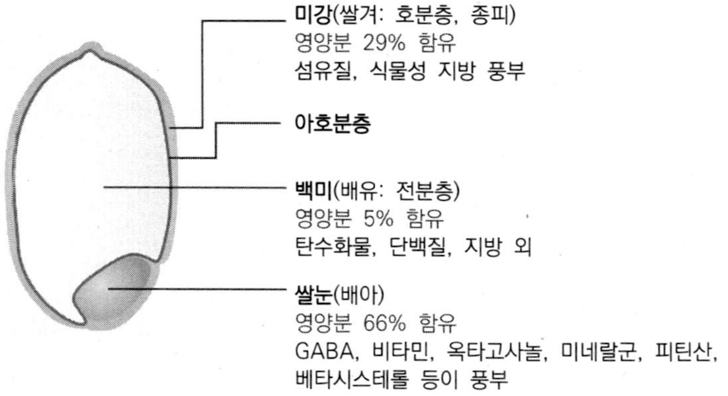

▮ 그림 3-12 ▮ 쌀의 구조와 성분

▮ 표 3-6 ▮ 현미와 백미의 성분비교(100mg/mg)

영양소	단백질	지방	당분	회분	섬유	칼슘
현미	7,100	30,200	70,520	1,240	1,000	21
백미	5,470	10,600	64,400	340	300	17
영양소	**인(P)**	**철**	**마그네슘**	**비타민 B_1**	**비타민 B_2**	**비타민 K**	**피틴산**
현미	332	2	75	500~120	66	10,000	240
백미	186	1	60	50~0	33	1,000	41

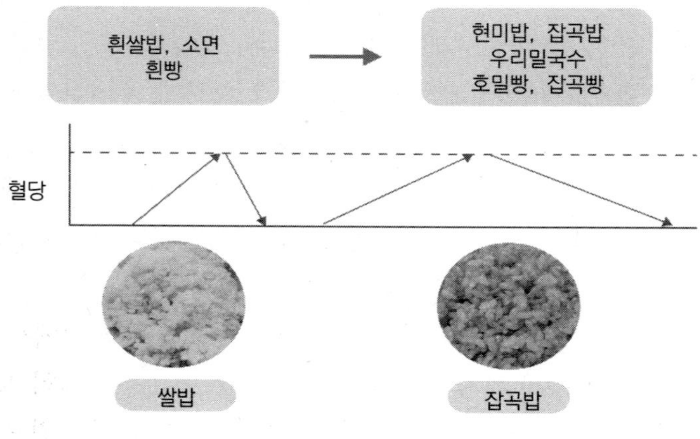

▮ 그림 3-13 ▮ 쌀밥과 잡곡의 혈당 비교

• 곡류의 주된 비타민(피틴산)

현미의 쌀눈과 쌀겨에 들어있는 피틴산은 위장기능을 활발하게 하며 해독작용이 강해서 농약, 수은, 카드뮴 같은 중금속 성분의 독을 없애고 밖으로 배출시키는 힘이 있다.

b. 고기 · 생선 · 달걀 · 콩류

식품군	1인 1회분량
고기·생선·달걀·콩류 (100Kcal)	육류 1접시(생 60g), 닭고기 1조각(생 60g), 달걀 1개(60g), 두부 2조각(80g), 콩 20g

기능	단백질 보충, 면역력 강화, 열량공급
부족시	발육저하, 면역 저하, 빈혈발생
종류	육류, 어패류 난류, 견과류, 콩류

• 고기, 생선, 계란, 콩류의 영양

▮ 그림 3-14 ▮ 단백질 식품군

육류는 대표영양소인 단백질 보충에 효과적이다.

생선기름은 부정맥을 막아주는 기능이 있어서 고혈압에 효과적이다. 오메가3 성분이 많이 있는 생선기름은 세포막의 탄력을 주며 모세혈관의 이상으로 인한 안면홍조와 모공확대 등 트러블이 있는 피부를 회복시켜 피부재생에 도움을 준다.

해산물에는 단백질과 함께 특정타입의 지방과 지방산이 들어있는데 단백질과 함께 훌륭한 항노화 작용을 한다.

콩류는 신장기능을 도와 소변을 잘 나오게 하므로 부종을 없애주며 콩의 주성분은 단백질인데 단백질 중 60%나 차지하는 콜라겐은 키의 성장에 영향을 주고, 식물성 에스트로겐은 출산과 수유에 따른 여성의 골다공증을 예방하고, 제니스틴은 유방암, 폐암 등을 예방 치유하는데 탁월한 효과가 있다.

식이섬유가 많아 변비를 예방하여 신진대사를 촉진하는 건강식품이다.

c. 채소류

식품군	1인 1회분량
채소류(15Kcal)	콩나물 1 접시(생 70g), 시금치나물 1 접시(생 70g), 배추김치 1 접시(40g), 오이소박이 1 접시(60 g), 버섯 1 접시(생 30g), 물미역 1 접시(생 30g)

기능	변비예방, 저열량으로 체중조절에 도움
부족시	피부가 거칠어지며 변비가 생기기 쉽다
종류	채소류, 해조류, 버섯,

▮ 그림 3-15 ▮ 엽채류

채소류는 식용으로 이용하는 부위를 기준으로 엽채류, 근채류 등으로 구분한다.

- 엽채류

엽채류는 지상부의 잎이나 줄기를 이용하는 채소류로 배추, 양배추, 시금치, 상추, 쑥갓, 갓, 미나리, 셀러리, 파슬리 등이 있다.

* 배추: 배추는 비타민 C 함량이 많고 무기질로는 칼륨과 칼슘의 함량이 높다.
* 양배추: 흰 부분에 비타민 B군과 비타민 C가 다량 함유되어 있고 녹색부분에는 비타민 A가 많이 포함되어있다.
* 시금치: 철과 엽산과 망간의 함량이 높아 빈혈을 방지한다.
* 상추: 칼륨, 칼슘, 철의 함량이 높고 비타민 A와 비타민 B군이 많이 포함되어있다.

▮ 그림 3-16 ▮ 엽채류

* 마늘: 알리신이란 매운맛을 내는 인체에 굉장히 유익한 것으로 강한 살균효과를 작용하며, 노화 방지효과가 있다.
* 양파: 유화아릴이라는 성분이 탁한 혈액을 깨끗이 하고 혈액순환이 좋아지며 고혈압과 동맥경화 예방에도 탁월하다.
* 파: 파는 탄수화물, 단백질, 지방을 함유하고 칼슘, 인, 철분, 유황, 마그네슘, 비타민 A, B, C가 풍부한 산성 식품으로 92%가 수분이며 다른 음식의 영양가를 보완한다.

▮ 그림 3-17 ▮ 근채류

• 근채류

근채류는 뿌리를 먹는 채소로 무, 당근, 우엉 토란, 생강 등이 있다.

* 당근: 주황색을 내는 베타카로틴이라는 성분이 항산화 작용으로 노화예방에 큰 효과가 있다.
* 무: 디아스타제라는 소화효소가 있어, 체하거나 설사할 때 무즙을 마시면 천연소화제 역할을 한다.
* 토란: 칼슘, 비타민 B, 당질, 단백질 등이 있어 말려서 가루로 먹게 되면 강장, 강정 효과를 볼 수 있다. 멜라토닌이 주성분이며 불면증을 해소해준다.

d. 과일류

식품군	1인 1회분량
과일류(50Kcal)	사과(중) 1/2개(100g), 귤(중) 1개(100g), 참외(중) 1/2개(200g), 포도(중) 15알(100g), 오렌지주스 1/2컵(100g)

기능	비타민과 무기질공급, 몸의 기능을 조절
부족시	피부가 거칠어지며 변비가 생기기 쉽다. 피로감
종류	과일류, 주스류

• 제철 과일의 영양

▮ 그림 3-18 ▮ 과일군

[봄] 키위: Kcal가 낮고, 비타민 C는 사과의 17배, 비타민 E는 사과의 6배로 매우 높다.

[여름] 복숭아: 피부미용에 효능이 있다. 간 기능을 활발하게 하며 대장암 예방에도 효과가 있다.

[가을] 포도: 자연산 피로회복제다. 포도껍질은 다양한 질병을 예방하는 효과가 있다.

[겨울] 귤: 암예방 및 면역을 증강시키며, 악성종양의 성장억제, 항균작용에 탁월한 효과가 있다.

과일 속에는 수분이 85~90%, 단백질 1~0.5%, 지방 0.3%, 당분과 섬유질의 탄수화물 10~12%가 함유되어있다.

무기질은 0.4%로 카로틴과 칼륨 그밖에도 비타민 C가 가장 많이 들어 있다.

비타민 C는 콜라겐 합성, 항산화제로의 작용, 소장에서 철분의 흡수를 돕고 카르니틴의 생합성 및 면역기능에 관여하며 부족하면 괴혈병, 결체조직의 이상, 뼈통증, 골절, 설사 등이 생기고, 과잉되면 메스꺼움, 복통, 설사 등이 생긴다.

e. 우유 · 유제품류

식품군	1인 1회분량
우유·유제품류 (125Kcal)	우유 1컵(200g), 호상요구르트 1/2컵(100g), 액상요구르트 3/4컵(150g), 아이스크림 1/2컵(100g),치즈 1장(20g)*

기능	수분과 무기질공급, 특히 칼슘제공
부족시	피부가 거칠어지며 발육저하가 쉽다.
종류	우유, 유제품(치즈, 탈지분유, 전지분유, 요구르트 증)

▮ 그림 3-19 ▮ 유제품

f. 유지 · 당류

식품군	1인 1회분량
유지·당류(45Kcal)	식용유 1작은술(5g), 버터 1작은술(5g), 마요네즈 1작은술(5g), 설탕 1큰술(10g), 커피믹스 1봉(12g)

기능	지방과 탄수화물 공급, 감미 기능
부족시	되도록 적게 섭취권장함.
종류	유지류, 당류(버터.설탕.식용유.마요네즈.꿀.시럽)

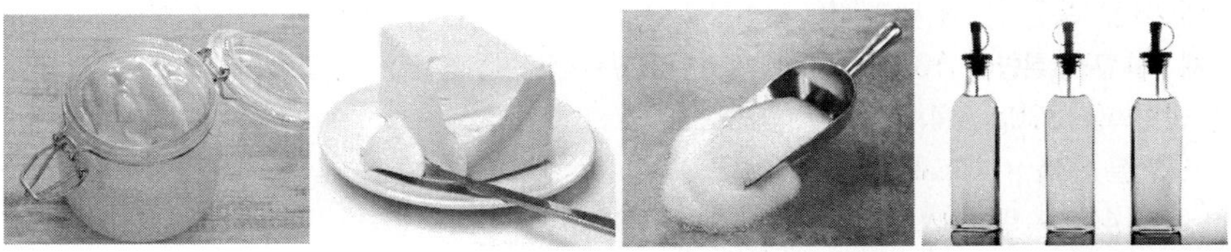

▮ 그림 3-20 ▮ 유지와 당류

유지. 당류 식품군을 과다 섭취하면 비만이 된다. 아예 먹지 않는 것이 좋다.

2) 식단을 구성하기 위한 기초지식

(1) 칼로리와 에너지 계산

a. 칼로리의 정의

1 칼로리는 1g의 물을 섭씨 1도 올리는데 필요한 에너지이다. 그러나 실제로 이 단위가 매우 작기 때문에 1000배인 킬로칼로리(kcal)로 표시하고 일상생활에서는 칼로리로 통용되고 있다.

칼로리 계산

예) 삶은 달걀(60g) 1개에는 탄수화물 2g, 단백질 7g, 지질 5g이 함유되어 있다.
삶은 달걀 1개의 칼로리는?

탄수화물	2g × 4kcal = 8kcal
단백질	7g × 4kcal = 28kcal
지 질	5g × 9kcal = 45kcal
합 계	81kcal

---

b. 섭취에너지의 계산

- 1g당 탄수화물 4kcal, 단백질 4kcal, 지질 9kcal의 에너지생성
- 식단의 에너지 적정비율(19세 이상)

탄수화물: 55-70%, 단백질: 7-20%, 지질: 15-28%

섭취에너지 계산

예) 하루 동안 21세 대학생이 탄수화물 330g, 단백질 80g, 지질 45g을 섭취하였다. 전체 에너지섭취량을 100%로 했을 때 단백질은 전체 섭취에너지의 몇%를 차지하는가?

탄수화물 330g × 4Kcal/g = 1408Kcal

단백질 80g × 4Kcal/g = 320Kcal

지질 45g × 9Kcal/g = 405Kcal 〈총 2133Kcal〉

* 단백질의 에너지 320/2133 × 100% = 15%

(19세 이상 식단의 단백질 구성비율 7-20%내에 있으므로 적절한 식단 구성임)

탄수화물의 에너지 1408/2133 × 100% = 66%

지질의 에너지 405/2133 × 100% = 18.9%

---

c. 기초대사량(BEE : Basal Energy Expenditure)

사람이 생명을 유지하기 위해 신체내에서 무의식적으로 일어나는 활동 및 대사작용에 필요한 최소한의 에너지를 기초대사량이라고 한다.

체온조절, 심근의 수축작용, 혈액순환, 호흡 등 정상신체기능 유지 및 체내 항상성유지, 자율신경계의 활동을 위해 필요한 최소한의 에너지를 말한다.

식사 후 12-14시간 경과 후 스트레스가 없는 안정되고 쾌적한 환경에서 측정한다.

- 건강한 사람의 기초대사량: 1.200-1.800kcal
- 1일 총 에너지 소비량의 60-70% 차지

• 기초대사량 구하는 식

- 남자의 1일 기초대사량: 1kcal/kg/hr×체중(kg)×24hr
- 여자의 1일 기초대사량: 0.9kcal/kg/hr×체중(kg)×24hr

d. 활동대사량(PAEE : Physical Activity Energy Expenditure)

기본 대사외의 여러 신체 활동에 필요한 열량필요량으로 개인의 체격, 근육량, 체중, 활동의 강도 및 지속시간에 의해 영향을 받는다. 이러한 활동 에너지 소모량은 하루 에너지 소비의 대략 30% 정도이다.

▮ 표 3-7 ▮ 기초대사량 증가요인

변수	증가요인	비고
체구성 성분	근육량	남자가 높음
신체조건	체표면적이 넓음	어린이와 남자가 높음
성별	남자	같은 신체조건인 경우 남자가 체지방 함량이 낮은 경우가 많다; 기초대사량이 약 10%정도 여자보다 높음
연령	어릴수록	생후 1-2년 시기에 가장 높으며 그 이후로는 단위 체중당 기초대사량이 낮아짐
체온	겨울. 체온이 높을수록	체온유지를 위해 기초대사량이 여름보다 10%상승함
기타	흡연(니코틴), 임신, 호르몬(갑상선), 카페인, 단식, 스트레스 특정 질병과 약물 등	단식이나 기아 등 영양불량의 경우는 낮아진다. 수면상태에서는 기초대사량이 가장 낮음

• 에너지 필요량(EER: Estimated Energy Requirement)

개인이 하루를 살아가는데 필요한 에너지 필요량을 산출하는데 있어 연령(yr), 체중(kg), 신장(m)을 이용하여 계산하고 활동지수(PA: Physical Activity)를 선택하여 계산식에 대입하여 총 하루의 에너지필요량을 계산한다.

19세 이상의 남성

EER = [662-(9.53×나이) + 활동지수 × [(15.91×체중) + (539.6×신장)]

19세 이상의 여성

EER = [354-(6.9×나이) + 활동지수 × [(9.36×체중) + (726×신장)]

▮ 표 3-8 ▮ 각종 활동종류에 따른 에너지 소비량(60kg 기준)

활동강도	활동종류	에너지소요량(kcal/시간)
수면, 휴양	수면이나 앉아서 쉬기	60
가벼운일	운전, 사무직	84
보통 가벼운일	설거지, 일반사무직	102
보통 중등일	간단한 청소 및 빨래	162
중등일	빨래, 청소, 아이보기	204
심한 일	수리, 목공	350
격심한 일	농사, 격심한 운동	360

▮ 표 3-9 ▮ 활동대사량 계산식

아주 가벼운 활동	기초대사량 x 0.2~0.4	기초대사량의 20~40% 추가
가벼운 활동	기초대사량 x 0.55~0.65	기초대사량의 55~65% 추가
중등활동	기초대사량 x 0.7~0.75	기초대사량의70~75% 추가
심한 활동	기초대사량 x 0.8~1	기초대사량의 80~100% 추가

▮ 표 3-10 ▮ 활동지수 추정치(PA: Physical Activity)

활동분류	남성	여성	신체활동
비 활동적	1.0	1.0	일상생활
보통 활동량	1.11	1.12	일상생활 + 30~60분 보통활동
활동적	1.25	1.27	일상생활 + 60분 이상 보통활동
매우 활동적	1.48	1.45	일상생활 + 60분이상 보통활동 + 60분 격렬한 활동(또는 120분 보통활동)

활동대사량 계산

예) 신장이 1.6m이고 체중이 55kg인 35세 여자 대학생의 에너지 필요량을 산정해보자. 활동지수는 개인별 상황에 따라 적용가능 하므로 일단 보통 활동량 1.27로 계산한다.

EER = [354 – (6.9 × 35) + 활동지수(PA; 1.27) × [(9.36 × 55) + (726 × 1.6)]
= [354 – (6.9 × 35) + (1.27 × [514.8 +1161.6])
= [354 – (6.9 × 35) + 2129
= 354 – 241.5 + 2129
= 1887.5

e. 식이성 발열효과(TEF: Thermic Effect of Food>

식품 섭취 후 영양소의 소화, 흡수, 이동, 대사, 저장 등의 과정에서의 자율신경계 활동증진 등을 위해 필요한 에너지이며 단백질의 대사를 위해서 발생하는 에너지가 가장 크고 탄수화물, 지방의 순이다. 단기간 많은 양의 음식을 섭취하는 것이 조금씩 자주 먹는 것 보다 식품의 열량소 대사량이 더 큰 것으로 나타났다.

1일 필요에너지의 약 5-10% 정도를 차지한다.

식이성 발열효과 계산식

(기초대사량+활동대사량)/0.9 × 0.05~0.1

1일 열량필요량: 기초대사량 + 활동대사량 + 식품의 열량소 대사량

예) 대학생 여자의 몸무게는 55kg이며 키는 162cm이다. 이 여성의 하루 필요 에너지는 몇 Kcal인가?

1. 기초대사량: 55kg × 0.9kcal/kg/hr × 24 hr/day = 1188
2. 활동을 위한 에너지 소모량(대학생은 중간 정도 노동)
   1188 kcal/day × 0.7 = 831.6 kcal/day
3. 식품의 열량소 대사량
   (1188 + 831.6)/0.9 × 0.1 = 224.4 kcal/day
4. 1일 필요량
   1188 + 831.6 + 224.4 = 2244.0 Kcal

(2) 식단작성 과정

• 식사요법의 기본원칙

과식을 피하고 적절한 체중유지를 위해 알맞은 양을 섭취한다.
식사는 일정한 시간에 규칙적으로 한다.
6대식품군이 골고루 균형잡힌 식사를 한다.
고지방섭취와 단순당은 가급적 제한한다.
섬유소는 충분히 섭취한다.
가급적 싱겁게 섭취한다.
식사는 천천히 꼭꼭 씹어서 먹도록 한다.
술은 1~2잔 정도로 제한한다.
담배는 피우지 않는다.

• 한국인에게 부족하기 쉬운 영양소 보충방법

– 바람직한 간식 섭취방법

식사에서 부족한 영양소를 보충하기 위해 간식을 적절히 섭취할 수 있다.

간식은 설탕과 같은 단순당이 많거나 지방이 함량이 높은 식품보다는 비타민이 풍부한 신선한 채소나 적당한 과일, 칼슘이 풍부한 우유, 유제품 등을 섭취하도록 하고, 식사에 영향을 미치지 않는 범위 내에서 섭취하도록 한다.

잦은 간식섭취와 고열량 간식섭취로 인해 체중이 증가될 수 있으므로 주의하고, 1회 간식섭취는 50~200kcal 정도가 적당하다.

▮ 표 3-11 ▮ 건강한 식생활 관리를 위한 식사법

	섭취방법	급원식품
칼슘	매일 우유나 유제품 섭취 칼슘 흡수력을 높이는 비타민 D 강화 저지방 우유 이용	우유, 칼슘강화두유, 요구르트(액상, 호상)
철	성장기에 철이 풍부한 식품 자주 섭취. 식물성 식품보다는 철 흡수율이 높은 동물성 식품 섭취	살코기, 고등어, 꽁치, 난황, 당근, 시금치, 깻잎
식이 섬유소	하루 1번 이상 과일 섭취, 매 끼니 채소반찬 1가지 이상 섭취	잡곡밥, 채소국, 나물, 생채소, 생과일, 콩류

에너지	간식예시
50kcal(과일)	사과1/2개, 참외1/2개, 귤1개, 딸기10개, 바나나1/2개, 수박1쪽, 과일주스100mL
100kcal (유제품, 곡류)	우유(저지방)/두유 1컵, 요구르트(호상,액상)1개, 인절미3쪽, 미숫가루1/4컵, 감자1개, 고구마1/2개

출처: 보건복지부, 2010 한국인 영양섭취 기준 가이드북

• 올바른 식품선택법

- 곡류

에너지 섭취에 있어 가장 비중이 큰 식품군으로서 평소 식사를 할 때 잡곡을 섞어서 섭취할 수 있도록 하여 흰쌀밥을 섭취할 때 부족하기 쉬운 영양소를 보충할 수 있도록 한다. 감자, 고구마, 떡 등을 간식으로 섭취할 때에는 1회 분량 이상 섭취하도록 하며, 섭취한 만큼 밥의 양을 조정해야 한다. 단순 당질이 많이 함유된 음식의 섭취를 피하도록 한다.

- 고기, 생선, 계란, 콩류

지방이 적은 식품위주로 선택하고, 육류의 경우 기름기가 적은 부위를 선택하고, 눈에 보이는 지방과 껍질은 제거한다.

- 채소류

채소류는 다른 식품군에 비해 비교적 에너지가 적으므로 충분히 섭취하여도 되며 즙을 내어먹는 것보다는 생채소로 먹는 것이 섬유소 함량이 높다.

단호박, 도라지, 연근, 우엉 등은 다른 채소에 비해 당질 함량이 높으므로 섭취할 때 분량에 주의한다. 김치를 하루 세끼 먹을 때는 가능하면 싱겁게 해서 먹는다.

- 과일류

생과일에 비해 과일주스는 식이섬유소 함량이 적으므로 가능하면 생과일로 섭취하도록 한다. 과일주스를 먹을 때는 시판되는 주스는 당이 첨가된 제품이 많으므로 직접 생과일을 갈아서 먹는 편이 좋다.

- 우유 및 유제품

저지방우유는 일반우유에 비해 포화지방산과 콜레스테롤량이 적으므로 성인은 저지방우유를 섭취하도록 한다.

소화가 안되는 경우에는 우유대신 두유나 요구르트 등을 섭취하도록 한다.

식사만으로 체중조절 하기

① 필요열량 계산하기(위의 내용참조)

기초대사량

활동대사량

식이성 발열효과(TEF)

② 3대 영양소의 배분

탄수화물: 55~60%,

지방: 15~20%,

단백질: 20~25%

③ 식품교환표를 이용한 식사계획

첫째, 표준체중을 계산한다(BMI측정을 하거나 연령별 체위 기준치(사)한국영양학회, 한국인 영양섭취기준 개정판, 2010을 참조할 것).

*** 남성의 경우,**

표준체중 (kg) = 키 (m) × 키 (m) × 22

*** 여성의 경우,**

표준체중 (kg) = 키 (m) × 키 (m) × 21

둘째, 하루 필요한 열량을 계산한다. - 필요 열량 계산 참조
셋째, 필요한 열량에 따라 각 식품군별 교환단위수를 정한다.
넷째, 끼니 별로 교환단위수를 적당 배분한다.
다섯째, 식품교환표를 이용하여 식품을 선택한다.
여섯째, 실제 섭취할 식품의 양을 계산한다.

(3) 식단표 작성 기본원리

a. 식품교환표를 이용한 식이요법

① 필요 열량 계산

▮ 표 3-12 ▮ 활동도와 비만도에 따른 체중 1kg당 필요한 열량

활동	과체중/비만	정상	저체중
가벼운 활동	20-25	30	35
중증도 활동	30	35	40
심한활동	35	40	40-50

출처: 보건복지부, 대한의학회

하루를 생활하는데 필요한 총 열량은 비만도에 따라, 일상생활 활동량에 따라 달라진다. 예를 들어 정상체중인 당뇨병 환자의 총열량 섭취권장량은 육체활동이 거의 없는 성인은 표준체중 킬로그램 당 30칼로리, 보통 활동의 성인의 경우는 35칼로리, 심한 육체활동을 하는 사람은 40칼로리를 권장한다. 과체중과 비만이 있는 경우는 체중이 감소할 수 있도록 정상체중보다 적게 섭취한다.

그러므로 일단 표준이 되는 체중을 계산하는 것이 제일 먼저 할 일이다.

② 3대 영양소의 배분

탄수화물, 지방, 단백질은 에너지의 주요 급원인 영양소이며 각 영양소의 섭취비율을 지키는 것이 중요하다.

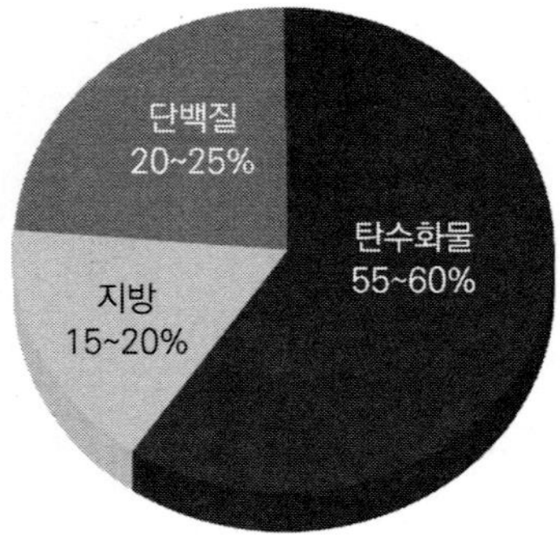

▮ 그림 3-21 ▮ 3대 영양소의 적정비율

• **탄수화물**

탄수화물은 1g당 4Kcal의 열량을 내고 밥, 빵, 면류, 떡, 감자, 고구마, 옥수수, 과자같이 주로 곡류 식품에 많이 함유되어 있다. 흔히 당질이라고 부르며 음식 중 단맛을 내는 성분은 탄수화물의 한 종류이고 혈당을 올리는 직접적인 원인이 되기도 하지만 인체 기관이 원활한 기능, 특히 뇌신경 활동 유지에 도움이 된다.

• **단백질**

단백질은 1g당 4Kcal의 열량을 내고 체조직을 구성하고 면역세포의 주요성분으로 작용한다. 육류와 어류가 주요 단백질 식품이며, 콩과 두부에도 많이 함유되어 있다.

• **지방**

지방은 1g당 9Kcal로 같은 양을 섭취했을 경우 탄수화물이나 단백질보다 두 배 이상의 많은 열량을 낸다. 식물에서 얻는 기름은 대부분 불포화지방이며 동맥경화를 유발하는 포화지방은 주로 동물성 식품에 함유되어 있다.

몸에 좋은 지방으로 알려진 불포화지방이 많이 함유된 식품에는 등푸른 생선, 올리브유, 호두와 같은 견과류가 있다.

밥을 주식으로 하는 우리나라에서 권장되는 탄수화물, 지방, 단백질의 섭취비율은 55~60%, 15~20%, 20~25%이다.

③ 식품교환표를 이용한 식사계획

• **식품교환표**

식품교환표는 일상에서 섭취하고 있는 식품들을 영양소의 구성이 비슷한 것끼리 6가지 식품군으로 나누어 묶은 표이다.

6가지 식품군은 곡류군, 어육류군, 채소군, 지방군, 우유군, 과일군을 말하며 같은 군 내에서는 자유롭게 바꿔 먹을 수 있도록 설정되어 있다. 균형 잡힌 식사를 위해서는 6가지 식품군을 골고루 먹어야 하며 곡류군은 주식, 어육류군과 채소군은 반찬, 지방군은 조리용 기름, 우유군과 과일군은 간식으로 섭취하는 것이 좋다.

▮ 표 3-13 ▮ 식품군교환표

<table>
<tr><th colspan="2" rowspan="2">식품군</th><th rowspan="2">1교환 단위의 예</th><th colspan="3">밥 1/3공기</th><th rowspan="2">열량
(kcal)</th></tr>
<tr><th>당질</th><th>단백질</th><th>지방</th></tr>
<tr><td colspan="2">곡류군</td><td>밥 1/3공기, 감자(중) 1개, 식빵 1쪽, 삶은국수 1/2공기, 떡 3개</td><td>23</td><td>2</td><td></td><td>100</td></tr>
<tr><td rowspan="3">어육류군</td><td>저지방군</td><td>소, 돼지, 닭고기의 순살코기 40g(탁구공 크기), 흰살생선(소) 1토막, 새우(중하) 3마리, 멸치(잔 것) 1/4컵, 조갯살 1/3컵</td><td></td><td>8</td><td>2</td><td>50</td></tr>
<tr><td>중지방군</td><td>계란(중) 1개, 두부 1/6모, 순두부 1컵, 햄 1쪽, 등푸른생선(소) 1토막</td><td></td><td>8</td><td>5</td><td>70</td></tr>
<tr><td>고지방군</td><td>갈비 40g, 치즈 1.5장, 프랑크소시지 1과 1/3개</td><td></td><td>8</td><td>8</td><td>100</td></tr>
<tr><td colspan="2">채소군</td><td>당근 70g(1/3토막), 시금치 70g(익혀서 1/3컵), 양송이버섯 60g, 오이 70g(1/3토막), 콩나물 70g(익혀서2/5컵), 포기김치 70g, 무 70g, 김 2g(1장)</td><td>3</td><td>2</td><td></td><td>20</td></tr>
<tr><td colspan="2">과일군</td><td>사과(중) 1/3개, 귤(중) 1개, 배(중) 1/4개, 바나나(중) 1/2개, 딸기(중) 10개</td><td>12</td><td></td><td></td><td>50</td></tr>
<tr><td colspan="2">우유군</td><td>우유 200ml, 두유 200ml, 분유 5큰술(25g)(맘마QT 한스푼=2.6g)</td><td>11</td><td>6</td><td>6</td><td>125</td></tr>
<tr><td colspan="2">지방군</td><td>땅콩 1큰술, 잣 1큰술, 마요네즈 1.5작은술, 식용유, 들기름, 참기름 1작은술</td><td></td><td></td><td>5</td><td>45</td></tr>
</table>

출처: 보건복지부, 대한의학회

• **교환단위**

영양소 함량이 동일한 식품의 중량을 결정하여 이를 '1 교환단위'라고 한다. 한 식품군 내 교환단위들은 열량도 비슷하고 함유되어 있는 영양소도 비슷하기 때문에 서로 바꾸어 먹을 수 있다. 예를 든다면 곡류군 1 교환단위에 해당하는 밥 1/3공기, 감자 중간크기 1개, 식빵 한쪽은 모두 탄수화물(당질) 23그램, 단백질 2그램, 열량 100칼로리가 들어있어 어떠한 것을 선택해도 혈당에 미치는 영향은 비슷하다.

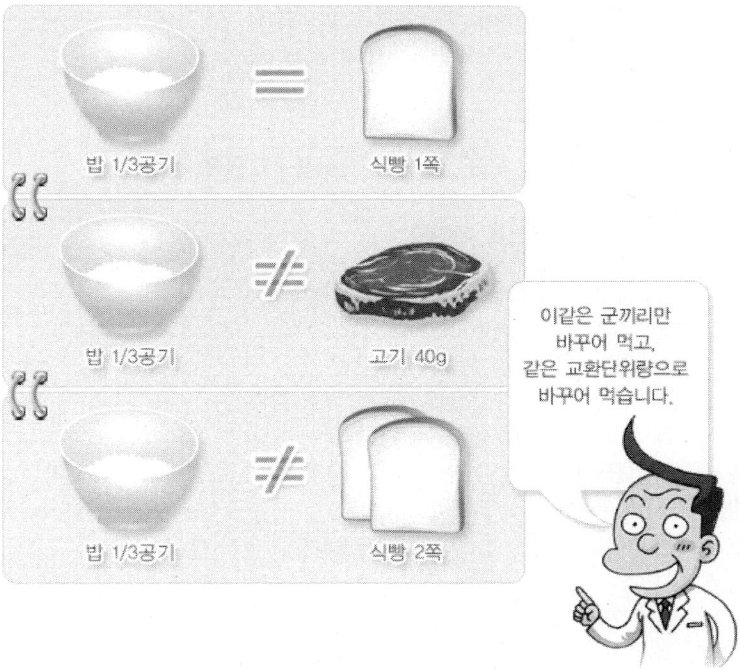

▮ 그림 3-22 ▮ 식품교환표를 이용하여 식품을 교환할 경우

출처: 보건복지부, 대한의학회

③ 식품교환표를 이용한 식사계획

첫째, 표준체중을 계산합니다.

표준체중은 자신의 키에 적합한 체중을 말하며 에너지 필요량 계산시에 자신

의 키에 적절한 체중을 기준으로 식단을 계획하기 위함이다.

* **남성의 경우,**
  표준체중 (kg) = 키 (m) × 키 (m) × 22
* **여성의 경우,**
  표준체중 (kg) = 키 (m) × 키 (m) × 21

둘째, 하루 필요한 열량을 계산한다. - 필요 열량 계산 참조
셋째, 필요한 열량에 따라 각 식품군별 교환단위수를 정한다.
넷째, 끼니 별로 교환단위수를 빈칸에 적당 배분한다.

▮ 표 3-14 ▮ 열량에 따른 식품군별 교환단위수

총열량	곡류군	어육류군	채소군	지방군	우유군	과일군
1,000	4	3	6	2	1	1
1,100	5	3	6	2	1	1
1,200	5	4	6	3	1	1
1,300	6	4	6	3	1	1
1,400	7	4	6	3	1	1
1,500	7	5	6	3	1	2
1,600	8	5	6	3	1	2
1,700	8	5	6	3	2	2
1,800	8	5	7	4	2	2
1,900	9	5	7	4	2	2
2,000	10	5	7	4	2	2
2,100	10	6	7	4	2	2
2,200	11	6	7	4	2	2
2,300	12	6	7	4	2	2
2,400	12	7	7	5	2	2
2,500	13	7	7	5	2	2

(어육류군은 중지방을 기준으로 계산하였음) 출처: 보건복지부, 대한의학회

에너지(Kcal)	곡류	고기, 생선, 계란, 콩류	채소류	과일류	우유, 유제품류	유지당류
아침						
점심						
저녁						
간식						

다음 표는 하루 1800 칼로리 식단에서 끼니별 교환단위수의 배분 예이다.

식품별 배분법은 개개인의 식사패턴과 선호에 따라 식품교환표에서 변경하여 골라서 작성 할 수 있다. 예를 들면 하루 1800kcal 이상 식단 인 경우 우유군을 1교환만 섭취하기 원한다면 우유군 1교환을 중지방 1교환+과일군 1교환으로 대체할 수 있으며 우유군 1교환을 저지방우유 1교환으로 대체할 경우 견과류 1교환을 추가할 수 있다.

▮ 표 3-15 ▮ 하루 각 끼니별 교환단위수 배분

식품군	곡류군	어육류군	채소군	지방군	우유군	과일군
일일 교환단위수	8	5	7	4	2	2
아침	2	1	2	1.5	0	0
점심	3	2	2.5	1	0	0
저녁	3	2	2.5	1.5	0	0
간식	0	0	0	0	2	2

출처: 보건복지부, 대한의학회

다섯째, 식품교환표를 이용하여 식품을 선택한다.

여섯째, 실제 섭취할 식품의 양을 계산한다.

④ 비교적 자유롭게 먹을 수 있는 식품

- 음료수 : 홍차, 녹차, 토닉워터, 다이어트 콜라, 다이어트 사이다
- 채소 : 대부분의 채소류는 자유섭취식품으로 분류한다.
  푸른 잎 채소류(오이, 배추, 상추, 양상추, 버섯 등)와 해조류(김, 미역, 다시마, 우무, 한천 등)
  그러나 1교환단위당 당질 6g이상인 채소는 당질함량이 많아 자유식품에서 제외한다(1교환단위당 당질 6g이상 함유한 채소류 : 고춧잎, 쑥, 단호박, 풋마늘, 당근, 도라지, 연근, 우엉, 매생이).
- 기타 : 맑은 채소 국, 곤약, 겨자, 식초, 계피, 후추, 레몬 등

요요현상

잘못된 다이어트 방법으로 생기는 부작용중 하나. 음식물 섭취를 극도로 제한하여 체중을 감량했을 경우 몸은 스스로를 보호하기 위해 대사량을 줄이며, 식욕은 증가되는 현상을 보이게 된다. 결과적으로 본래의 체중으로 돌아오거나 오히려 살이 더 찌는 결과를 초래하게 되는데, 이를 요요현상이라 칭한다.

• 식단작성 예시

다음은 20대 체중이 54kg인 여자대학생이 BMI 검사 후 한 달에 1kg을 감량하고자 구성한 식단이다.

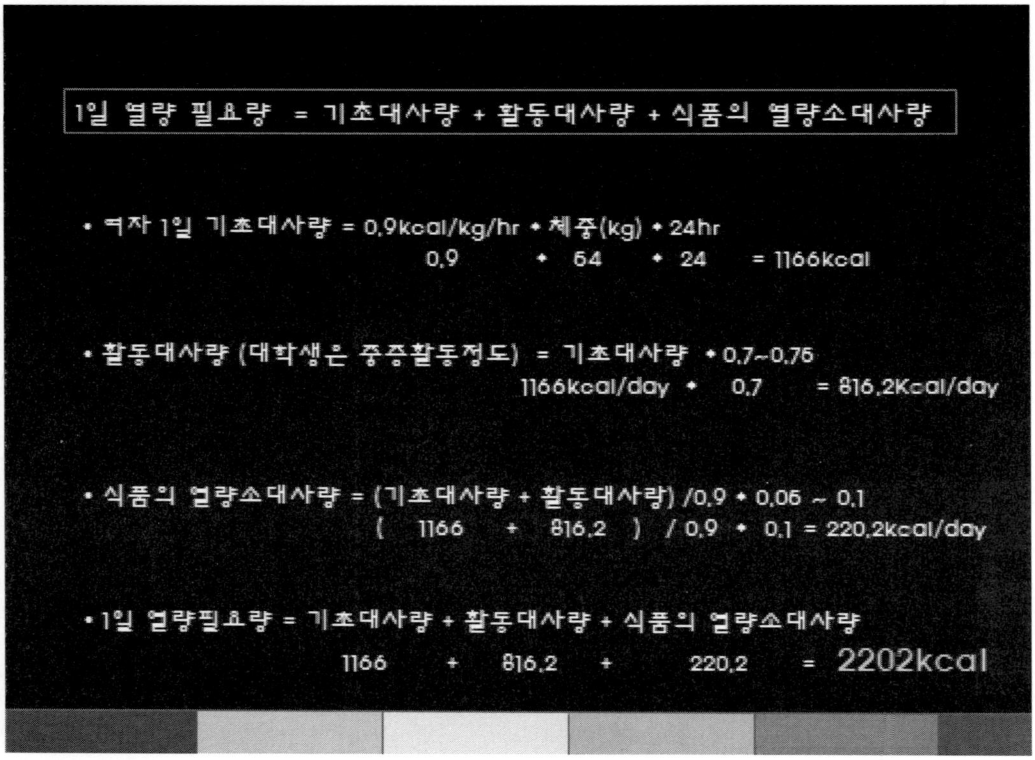
1일 열량 필요량 = 기초대사량 + 활동대사량 + 식품의 열량소대사량
• 여자 1일 기초대사량 = 0.9kcal/kg/hr * 체중(kg) * 24hr
0.9 * 54 * 24 = 1166kcal
• 활동대사량 (대학생은 중증활동정도) = 기초대사량 * 0.7~0.76
1166kcal/day * 0.7 = 816.2Kcal/day
• 식품의 열량소대사량 = (기초대사량 + 활동대사량) /0.9 * 0.06 ~ 0.1
(1166 + 816.2) / 0.9 * 0.1 = 220.2kcal/day
• 1일 열량필요량 = 기초대사량 + 활동대사량 + 식품의 열량소대사량
1166 + 816.2 + 220.2 = 2202kcal

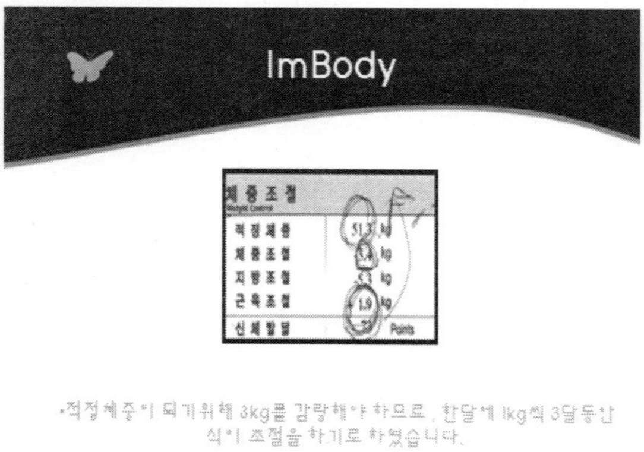
ImBody
체중조절
적정체중
체중조절
지방조절
근육조절
신체발달
Points
•적정체중이 되기위해 3kg를 감량해야 하므로, 한달에 1kg씩 3달동안
식이 조절을 하기로 하였습니다.

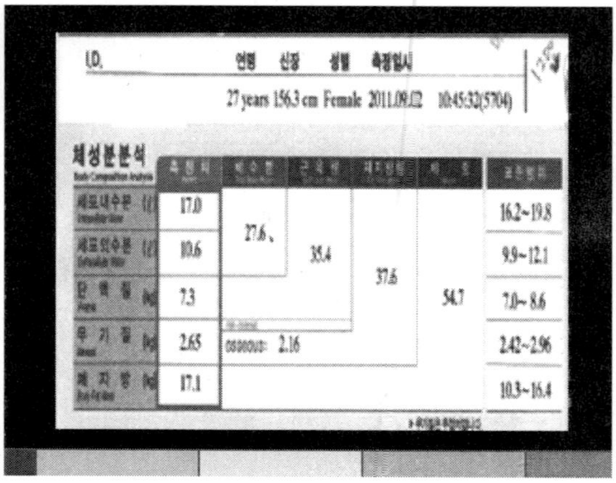
I.D.
27 years 156.3 cm Female 2011.09.02 10:45:32(5704)
체성분분석
17.0
27.6
35.4
37.6
54.7
10.6
7.3
2.65
2.16
17.1
16.2~19.8
9.9~12.1
7.0~8.6
2.42~2.96
10.3~16.4

하루필요 에너지량

하루필요에너지량 = 기초대사량 * 활동계수

기초대사량

(여자) 665 + (9.6 *조정체중) +
(1.8 * 키) - (4.7 * 나이)
= 1306 kcal

활동계수

가만히 누워있을때 1.2
활동이 적은경우 1.3
정상활동을 하는경우 1.5
운동량이 많은경우 1.75

기초대사량 * 활동계수 = 하루필요에너지량
1306 1.6 1959Kcal

한달에 1kg 감량

1kcal ⟹ 7700 kcal
7700kcal ⇔ 30일 = 256kcal

1956kcal (하루필요에너지량) - 256 = 1703kcal

하루에 1703kcal에 맞춰서 식단표작성

월요일

식품군	아침 (375Kcal)	점심 (551Kcal)	저녁(676Kcal)
곡류	콩밥 ½ 공기 (153Kcal)	콩밥 1공기 (306Kcal)	콩밥 1공기 (306Kcal)
고기. 생선 계란. 콩류	두부된장찌개 2/3컵 (72Kcal)	참치된장찌개 1컵 (99Kcal)	삶은오징어 150g (126Kcal)
채소류	느타리버섯볶음9g (19Kcal) 깍두기 1/3컵 (16Kcal)	깍두기 1/3컵 (19Kcal) 도라지무침 30g (20Kcal) 김 大반장 (10Kcal)	총각무 1/3컵 (14Kcal) 쑥갓무침 30g(16Kcal) 감자국 1컵 (60Kcal) 콩나물무침 40g (15Kcal)
우유. 유제품	우유1컵 (116Kcal)		요거트 100g (102Kcal)
과일류			귤 1개 (37Kcal)

※ 총열량 1602Kcal

화요일

식품군	아침 (545Kcal)	점심 (454Kcal)	저녁(669Kcal)
곡류	빵3쪽(300Kcal) 딸기잼 2g (6Kcal)	밥 1공기 (306Kcal)	콩밥 1공기 (306Kcal) 찐고구마 30g (35Kcal)
고기. 생선 계란. 콩류		돼지고기볶음 30g (79Kcal)	달걀찜 ½ 컵 (66Kcal)
채소류	양배추 50g (15Kcal) 드레싱 6g (19Kcal)	김치 1/3컵 (10Kcal) 미나리무침 42g (16Kcal) 배추된장국 1컵 (33Kcal) 김大반장 (10Kcal)	김치 1/3컵 (10Kcal) 양송이국1컵(76Kcal) 고추장미역무침 30g (68Kcal) 숙주나물 42g (16Kcal)
우유. 유제품	두유 1컵 (125Kcal)		요거트 100g (102Kcal)
과일류	토마토2개(80Kcal)		

※ 총열량 1668Kcal

수요일

식품군	아침 (650Kcal)	점심 (413Kcal)	저녁(540Kcal)
곡류	밥1공기 (306Kcal)	밥 1공기 (306Kcal)	밥 1공기 (306Kcal)
고기. 생선 계란. 콩류	갈치조림 35g (35Kcal)	불고기 38g (50Kcal)	버섯 어묵볶음 40g (84Kcal) 동태찌개 200g (100Kcal)
채소류	호박무침 42g (16Kcal) 미역국 1컵 (67Kcal) 김치 1/3 (10Kcal)	깍두기 1/3 컵 (16Kcal) 도라지무침 30g (28Kcal) 콩나물국 1컵(13Kcal)	깍두기 1/3 컵(16Kcal) 김大한장 (20Kcal) 취나물 54g (14Kcal)
우유. 유제품	우유 1컵 (116Kcal)		
과일류	사과1개 200g (100Kcal)		

※ 총열량 1603Kcal

목요일

식품군	아침 (542Kcal)	점심 (484Kcal)	저녁(630Kcal)
곡류	밥1공기 (306Kcal)	피자 2쪽 (306Kcal) 콜라 1컵 (78Kcal)	밥 1공기 (306Kcal)
고기. 생선 계란. 콩류	닭고기 100g (124Kcal)		조기1마리 (100Kcal)
채소류	냉이무침 56g (36Kcal) 마늘쫑20g (16Kcal) 동치미 1컵 (10Kcal)		깍두기 1/3 컵(16Kcal) 고사리무침 56g (23Kcal) 취나물 54g (14Kcal) 시금치국1컵 (69Kcal)
우유. 유제품	요구르트1개 (50Kcal)		요거트 100g (102Kcal)
과일류		사과1개 200g (100Kcal)	

※ 총열량 1656Kcal

금요일

식품군	아침 (625Kcal)	점심 (489Kcal)	저녁(540Kcal)
곡류	밥1공기 (306Kcal)	햄버거 1개 (333Kcal)	밥 1공기 (306Kcal)
고기, 생선 계란, 콩류	명태조림 71g (58Kcal) 곰국 1컵 (103Kcal)		소고기장조림 1/3컵 (60Kcal) 깍두기 1/3컵 (16Kcal)
채소류	호박새우젓찜 116g (46Kcal) 콩나물당근무침 118g (44Kcal) 오징어채 20g(68Kcal)		무된장국 1컵 (65Kcal) 연근조림67g (31Kcal) 미나리무침 50g (8Kcal)
우유, 유제품		우유1컵 (116Kcal)	
과일류		토마토 1개 (40Kcal)	

※ 총열량 1654Kcal

토요일

식품군	아침 (665Kcal)	점심 (522Kcal)	저녁(503Kcal)
곡류	밥1공기 (306Kcal)	장국수 1컵 (354Kcal)	밥 1공기 (306Kcal)
고기, 생선 계란, 콩류	굴무침 4쪽 (22Kcal) 햄볶음 70g (134Kcal)		삼치구이 40g (52Kcal)
채소류	냉이무침 56g (36Kcal) 미역국 1컵 (67Kcal)	깍두기 1/3컵 (16Kcal) 무채무침 56g (36Kcal)	깍두기 1/3컵 (16Kcal) 부추무침 56g (27Kcal)
우유, 유제품		우유1컵 (116Kcal)	요거트 100g (102Kcal)
과일류	사과1개 (100Kcal)		

※ 총열량 1690Kcal

일요일

식품군	아침 (513Kcal)	점심 (411Kcal)	저녁(714Kcal)
곡류	밥1공기 (306Kcal)	밥1공기 (306Kcal)	밥 1공기 (306Kcal)
고기, 생선 계란, 콩류	김달걀말이 (99Kcal)	멸치볶음 15g (59Kcal)	쇠고기무국 1컵 (65Kcal) 고등어구이 80g (93Kcal)
채소류	상추무침 56g (21Kcal) 가지나물 56g (23Kcal)	김치 100g (20Kcal) 생오이 70g (8Kcal) 고구마줄기 42g (18Kcal)	깍두기 1/3컵 (16Kcal) 고추장미역무침 60g (116Kcal) 숙주나물 43g (16Kcal)
우유, 유제품			요거트 100g (102Kcal)
과일류	참외1개 (64Kcal)		

※ 총열량 1638Kcal

b. 식사+운동으로 체중조절 하기

식사만으로 체중조절이 힘든 경우 운동을 하면서 칼로리를 소모한 부분만큼 음식으로 열량을 섭취할 수 있다는 이점이 있다. 육체적으로 느끼는 공복감과 함께 정신심리적으로 느낄 수 있는 공복감을 운동으로 소모하는 칼로리만큼 음식섭취를 더할 수 있으므로 도움이 된다. 또한 운동의 지속으로 인한 근육량의 증가로 인하여 기초대사량 증가 등의 효과로 체중조절이 더 쉽게 됨을 느낄 수 있으므로 병행해서 식이요법을 하는 것이 더 바람직하다고 할 수 있다.

① 유산소 운동

유산소운동은 대체로 운동의 강도가 낮고 오래 지속되는 운동으로 호흡·순환계에 자극을 주어 심폐기능을 강화시키는 운동이다. 이러한 운동을 통하여 여러 조직에 평상시보다 더 많은 산소를 공급하기 위해서 심장과 폐가 더 자극이 되어 일을 하게 된다. 인체의 체지방의 연소를 촉진시키고 생활 습관병을 예방하며 노화지연의 효과도 볼 수 있다.

• 건강기능 효과

심장과 혈관기증 향상, 폐기능 향상, 기초대사량 상승, 스트레스 우울증 완화, 에너지 소비량 증가, 인슐린 감수성 개선, HDL 콜레스테롤 증가 등

• 유산소운동의 종류

조깅, 테니스, 걷기, 등산, 수영, 에어로빅, 복싱, 마라톤, 인라인 스케이트, 자전거 타기, 줄넘기, 스키, 철인 3종 경기 등

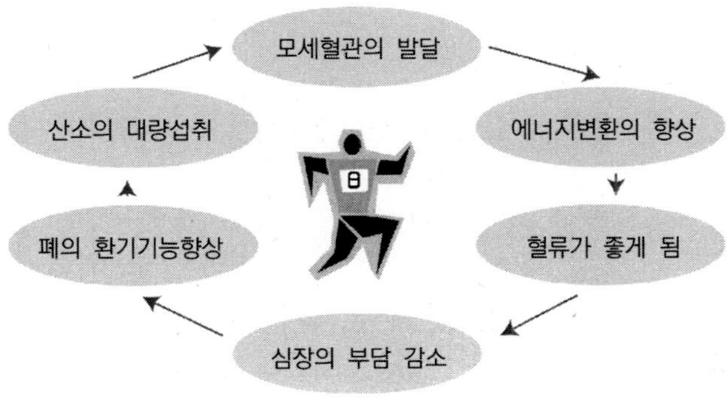

▮ 그림 3-23 ▮ 혼합운동(좌)과 무산소운동(우)

② 무산소 운동

빠른 시간동안 강한 강도의 운동으로서 운동하는 중에 신체의 호흡에 의해 산소를 공급하는 시간보다 소모하는 시간이 더 빠르게 진행되어 심장에 부담을 주는 운동이다. 주로 탄수화물이 에너지의 급원이 되어 지방연소에 도움이 되지 않으며 강도가 높은 운동이므로 건강상 좋지 않은 결과를 낳을 수도 있다. 장점으로는 위기시에 방어행동 능력을 높이고 신체단련과 저항성을 강화시킨다.

• 건강기능 효과

기초대사량 상승, 근육량 증가, 인슐린 감수성 개선, HDL 콜레스테롤 증가 등

• 무산소 운동의 종류

단거리 달리기, 역도, 근력트레이닝, 점프, 잠수, 던지기, 팔굽혀 펴기, 윗몸일으키기, 씨름 등

③ 혼합운동

운동을 하는 중에 유산소 운동과 무산소 운동이 혼합되어 사용하는 것으로 두 가지 운동의 장점을 골고루 가지고 있다.

• 건강기능 효과

유산소와 무산소운동의 효과의 장점으로 심폐혈관 기능향상, 근력향상, 기초대사량 상승, 인슐린 감수성 개선, HDL 콜레스테롤 증가 등

• **혼합운동의 종류**

구기종목이 많다: 축구, 핸드볼, 농구, 배구, 아이스하키, 미식축구, 럭비 등

④ 운동의 종류에 따른 칼로리 소모

소비칼로리표				
가벼운 운동	종목 (10분 동안 했을 때)	50kg	60kg	70kg
	산책하기	22	26	30
	자전거타기(보통의 속도로)	31	34	43
	스트레칭체조	21	25	29
	춤추기	34	41	48
	볼링	25	33	35
	요가	21	25	29
	골프연습장	31	37	43
	골프	34	41	48
중간 정도의 운동	종목 (10분 동안 했을 때)	50kg	60kg	70kg
	에어로빅운동	42	52	59
	계단 오르내리기	48	58	68
	팔 굽혀 펴기	32	42	49
	자전거타기(빠른 속도로)	37	44	52
	스키	59	70	82
	탁구	50	60	70
	테니스	60	72	84
	배드민턴	59	70	82
	배구	59	70	82
힘든 운동	종목 (10분 동안 했을 때)	50kg	60kg	70kg
	수영(자유형)	145	174	204
	수영(접형)	184	220	258
	조깅(천천히 뛰기)	79	94	110
	농구	67	80	93
	윗몸 일으키기	72	86	101
	줄넘기	75	89	104

30분간 소모열량			
종목	30분간 소모열량	종목	30분간 소모열량
가벼운 걷기	90	가벼운 정원손질 (잡초뽑기 등)	135
골프(평탄코스)	135	빠른걷기	150
배드민턴	173	승마	173
맨손체조	210	본격적인 정원손질 (땅 갈기 등)	210
가벼운 달리기	240	테니스	240
스케이트	240	스키(내리막길)	240
스키(크로스 컨트리)	270	보트젓기	270
축구	270	미식축구	270
핸드볼	300	격렬한 달리기	315
자전거타기	330	수영	360

일상 생활의 소모 칼로리			
종목	kcal/hr	종목	kcal/hr
다림질	65	천천히 걷기	80
빨리걷기	114	계단에서 뛰어오르기	188
자전거타기	92	계단오르내리기	141
이불개기	114	아이쇼핑	65
청소하기	69	마루닦기	114
요리하기	68	운전	41
만원전철타기	53	공부하기	4
컴퓨터게임	44	먹기	38
자기	24	노래	41
춤추기	150	웃기	33
목욕	84		

각종 활동에 따른 열량 소모량			
종목	kcal/hr	종목	kcal/hr
등산	196	줄넘기	224
조깅	196	수영(자유형:빠르게)	518
수영(평형)	273	파도타기	176
에어로빅	126	테니스	176
스키	186	농구	200
볼링	90	소프트볼	90
배구	200	탁구	200
야구	180	사이클	111
수상스키	200	피구	102

2. 피부와 영양

1) 기호식품과 피부

(1) 흡연이 인체에 미치는 영향

사람들이 오늘날과 같은 형태의 흡연을 해온 역사가 400년이 넘는 것에 비하면 흡연의 건강적 피해가 본격적으로 알려지기 시작한 것은 40년이 되지 않았다. 담배는 마약과 같다고 할 정도로 사회 전반적으로 금연을 구호로 하는 등 흡연과 건강에 대하여 많은 연구가 진행되고 있다. 흡연이 건강에 미치는 피해에 대한 연구는 미국과 영국을 중심으로 꾸준히 여러 형태의 역학연구가 이루어져 왔다.

흡연이 인체에 미치는 가장 큰 악영향 중 하나가 뇌를 부식시킨다는 점이다. 영국 킹스 칼리지 런던 연구팀은 담배를 피우면 고혈압이나 비만보다 뇌에 입는 손상이 더 심하다는 연구결과를 발표했다. 그리고 심근경색이나 뇌졸중 발병 위험은 인지능력 저하와 큰 연관이 있다는 사실도 나타났다. 폐암은 비흡연자에서보다 무려 17배~24배까지 더 많은 비율로 폐암에 의해 사망을 한 것으로 밝혀졌다.

담배연기 속의 유해 성분으로 페놀, 톨루엔, 니코틴, 타르, 일산화탄소 등의 여러 종류의 유해물질 및 발암물질이 들어 있어서 각종 질병에 노출된다. 흡연자는 비흡연자에 비해 폐암, 후두암, 식도암, 췌장암, 방광암, 위암 등의 발병 위험이 높은 것으로 알려져 있다. 또한 흡연은 외인성 피부노화가 빠르게 진행되어 얼굴의 주름 증가, 회색의 피부, 피부의 푸석함, 불규칙하게 두꺼운 피부, 피부 탄력섬유 파괴 등이 생긴다고 알려졌다.

• **흡연과 피부**

만성적인 흡연은 모세혈관과 동맥의 혈액 흐름을 감소시켜 혈색은 창백해지고 피부가 거칠어지며 눈가와 입 주위의 잔주름 등 피부노화가 촉진된다. 담배의 성분 중 니코틴은 혈관을 축소시켜 피부의 온도가 낮아져 손발이 차갑게 느껴지고 피부의 영양소와 산소공급이 원활하지 않아 유독성 노폐물을 쌓이게 하여 피부손상을 일으킨다.

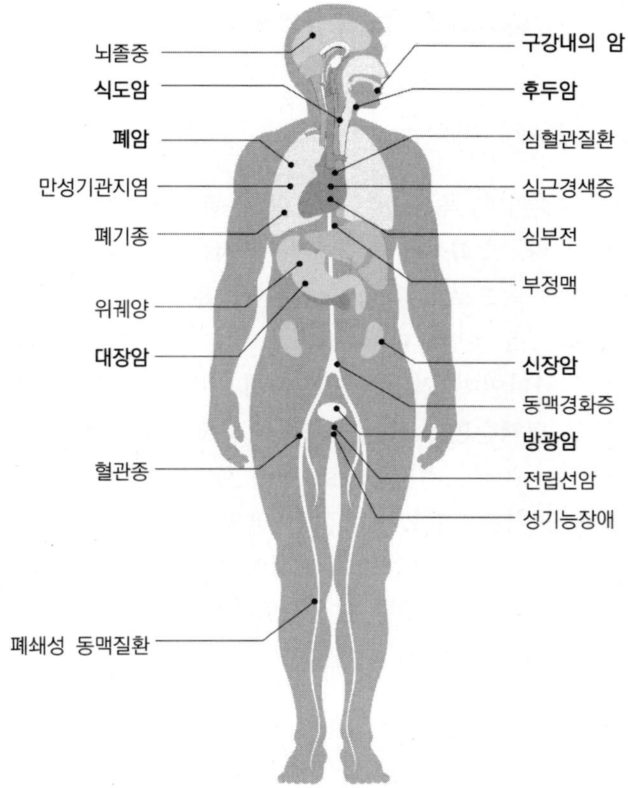

▮ 그림 3-24 ▮ 흡연으로 인한 인체의 질병 및 암 발생 부위

흡연은 피부의 상처 치유에도 영향을 미치며 주사비나 말초혈관 확장증 같은 피부질환도 더욱 악화시킨다. 또한 흡연으로 인해 각질층의 수분을 감소시키고 피부 점막에 관여하는 비타민 A를 감소시켜 피부의 보습력을 저하 시키고 교원질양에 영향을 미쳐 진피층의 피부를 손상시킨다.

건강한 피부를 위해서는 금연이 최상의 방법이다.

• **흡연과 영양소**

흡연자는 충분한 물 섭취와 비타민 A와 비타민 C 섭취가 중요하다. 혈중의 ß-카로틴 농도가 높으면 폐암을 억제한다고 알려져 있으며 녹황색 채소와 적황색 과일을 충분히 섭취해야 한다. 또한 흡연자의 뇨 중에서 비흡연자의 뇨에 비해 비타민 C 농도가 낮게 배출 된다. 흡연에 의해 비타민 C 대사속도가 빨라지는 것으로 알려져 있으며 흡연자는 비흡연자의 비타민 C 섭취량 보다 1.5~2배의 섭취가 필요하다.

(2) 알코올이 인체에 미치는 영향

알코올은 주로 과일이나 곡식으로 만들며 누룩이나 박테리아의 효소에 의해 에틸알코올로 발효된다. 소화작용이 필요없는 저분자 수용성 물질로서 위와 소장에서 흡수되어 혈액 속으로 급격히 확산된다. 흡수된 알코올은 혈액을 통하여 간, 뇌 및 다른 조직으로 운반된다.

술은 기호식품의 하나이며 적당량을 마시게 되면 정신적 해방감과 스트레스 해소에 도움을 주고 혈액순환에 도움이 된다. 알코올의 영향은 개인차가 있으며 대체로 하루에 약 20~40g이 적당량으로 맥주 한 병, 청주 한 홉의 양이다.

알코올이 인체에 미치는 영향으로 같은 양의 술을 마셔도 여자는 남자보다 혈중 농도가 높게 나타나는데 남성보다 여성이 체내 수분량이 낮아 알코올 분해 효소의 활성이 낮기 때문이다. 또한 여성호르몬이 알코올 분해 능력을 저하시켜 생리 중일 때는 술에 쉽게 취하게 된다.

▮ 그림 3-25 ▮ 알코올이 인체에 미치는 영향

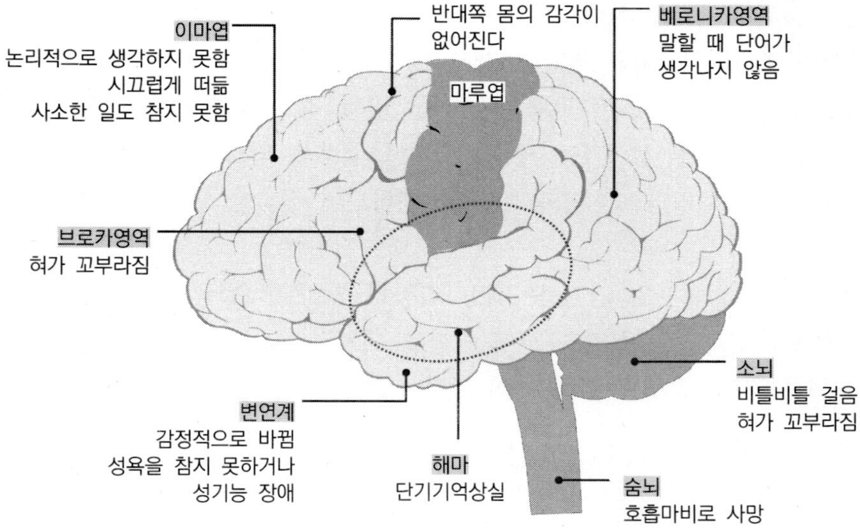

▮ 그림 3-26 ▮ 알코올이 뇌에 미치는 영향

알코올은 중추신경계의 활동을 저하시키므로 감각에 따른 신체 반응 속도가 느려진다. 장기적인 음주는 간세포를 파괴해 간경변증 및 위와 소장의 궤양을 일으키고 구강암, 식도암, 위암 등 암 발생의 원인이 되기도 한다. 또한 심장기능이 약해지고 고혈압, 심장 마비의 위험이 증가한다. 임산부의 경우 음주는 태아에게 치명적일 수 있고 "태아 알코올 증후군(fetal alcohol syndrome)"으로 인한 기형아 발생률이 높다.

• **알코올과 피부**

알코올의 과다 섭취는 자율신경 마비로 숙면을 취하지 못하므로 피부가 거칠고 푸석해진다. 또한 지속적인 음주는 피부의 모세혈관을 확장시켜 피부가 붉어지는 반응으로 얼굴, 목 가슴 등에 나타나며 특히 얼굴의 코와 볼 주위에 민감하게 반응하여 실핏줄이 보이는 쿠포로즈(couperose) 현상이 나타난다.

음주는 피부의 수분손실을 증가시켜 혈액순환이 원활하지 못해 피부의 재생속도가 지연되어 얼굴색이 어두워지고 성인 여드름을 유발하기도 한다. 이 밖에도 술은 간에도 영향을 미쳐 해독 기능이 지연되고 피부손상을 막아주는 글루타치온의 감소로 기미와 잔주름이 발생하여 피부노화를 초래한다.

• **음주와 영양소**

알코올은 1g당 7Kcal의 열량을 가지고 있지만 다른 영양소는 거의 없는 "빈 열량원(empty calories)"이기 때문에 술만 마실 경우 영양의 불균형을 초래한다. 만성적인 알코올 섭취자는 알코올로부터 열량을 얻으므로 탄수화물, 지방, 단백질 등의 주요 영양소의 열량 섭취가 저하되어 심각한 영양결핍을 초래하기 쉽다.

만성 알코올 중독자는 간기능, 췌장 기능의 저하로 모든 비타민과 무기질이 감소하여 비타민과 무기질의 대사에 영향을 미치므로 빈혈, 말초신경장애, 부갑상선 호르몬 장애, 골밀도 감소 등이 나타나므로 반드시 치료가 필요하다.

(3) 커피가 인체에 미치는 영향

커피는 현대인들이 일상생활에서 가장 즐겨 마시는 기호 식품이다. 커피는 카페인의 급원 식품이다. 카페인은 흰색의 결정으로 쓴 맛이 나며, 커피 열매 안의 씨앗, 찻잎, 카카오와 콜라 열매, 마테차 나무 등에 들어 있다.

우리들이 즐겨 마시는 커피의 카페인은 인체에 많은 영향을 미친다. 카페인양의 함유 정도와 개인의 신체 조건에 따라 다르지만 적당량을 섭취했을 때 대뇌를 비롯한 중추신경계와 신진대사를 자극하며 심혈관계를 활성화 시킨다. 이로 인해 피로를 줄이고 정신을 각성시켜 집중력을 높여주고 일시적으로 졸음을 막아주는 효과가 있다. 또한 이뇨작용을 촉진시켜 소변 배설이 많아지며 강심작용 역할도 한다.

커피를 마신 후 대략 1시간 후 혈중 농도가 가장 높아 생리작용이 빠르게 나타나며 3시간 후에는 소변으로 90% 이상 배출된다. 전 세계인의 하루 평균 카페인 소비량은 70mg으로 추정되며 대체로 100mg 이상의 카페인 섭취는 인체에 유해하다고 알려져 있다.

카페인이 인체에 미치는 생리적 영향은 다음과 같다.

- 피로를 줄이고 정신을 각성시켜 집중력을 높여주고 일시적으로 졸음을 막아주는 효과가 있다.
- 이뇨작용을 촉진시켜 소변 배설이 많아지며 강심작용 역할도 한다.
- 카페인은 신체의 에너지 소비량을 늘려 체내에 과잉 지방이나 노폐물을 분해하는 역할을 하여 다이어트 효과가 있다.
- 식후에 마시는 커피는 소화액의 분비를 촉진시켜 음식물의 소화를 돕는다.
- 커피 카페인은 항산화물질인 "폴리페놀"이 다량 함유하여 체내에 활성 산소를 제거해 노화방지 및 면역기능도 높이는데 관여한다.
- 항산화 효과는 콜레스테롤 수치를 낮추어 주고, 심장병 및 동맥경화와 암 발생 위험도 줄여 준다고 알려져 있다.
- 성인 기준으로 하루 200~300mg이 넘는 카페인 과다섭취는 숙면에 방해를 줄 수 있다.
- 커피의 과다 섭취는 위장장애를 초래할 수 있다.
- 임신 중 매일 3잔 이상의 커피 또는 카페인 음료 6잔 이상 섭취는 태아 뇌에 카페인 축적되어 유산, 조산아 출산 등 태아에 영향을 미친다.

(4) 녹차가 인체에 미치는 영향

차의 성분은 차나무의 품종, 차 잎의 채취시기, 제다법 따라 차이가 있다. 차의 생엽은 75~80%의 수분과 20~25%의 고형물로 되어 있으며 고형물에는 탄닌(tannin), 카페인(caffeine), 아미노산, 폴리페놀, 섬유소, 펙틴 등의 탄수화물과 색소 향기, 비타민 및 무기질 등을 함유한다.

차 잎에는 3% 정도의 카페인이 함유되어 있으며 약리작용으로는 성인병예방, 기억력증진, 콜레스테롤 제거, 알코올 해독, 식욕촉진 및 소화 작용 등이며 카페인의 효능은 중추신경의 흥분작용, 지구력을 증가시키는 피로회복 작용, 강심 및 이뇨작용이 있다. 탄닌의 효능으로는 해독작용, 살균작용, 항암효과, 노화억제효과, 소염 및 지혈작용, 지방대사촉진 등이 있다.

차의 카페인은 커피나 홍차의 카페인과는 다르게 부작용이 없는 것은 폴리페놀과 비타민의 성분으로 인해 몸 안에 축적되지 않고 약 6시간 후에는 소변으로 배설되기 때문이다.

차에는 비타민 C 함량이 풍부하여 동맥경화증과 고혈압예방 또는 발암억제작용에 효과가 있으며 스트레스 해소작용에도 도움이 된다. 또한 항산화 작용으로 피부미용효과도 뛰어나다. 이외에도 무기질이 충분히 함유되어 있어 알칼리성 체질 개선에 효과적이며 혈액과 뼈의 생성을 도우며 췌장기능을 강화하여 인슐린생성 촉진에 관여한다.

2) 노화와 피부

세월이 흐름에 따라 초래되는 노화는 자연적인 현상이며 누구도 피할 수 없는 신체의 변화이다. 신체의 노화는 피부의 노화를 필연적으로 내포하고 있다. 피부가 노화되면 생리적 기능과 구조적 기능에 변화를 초래하여 얼굴의 주름, 피부위축, 피부색소 이상, 지방의 결핍 등이 점진적으로 증가한다.

피부노화는 시간의 흐름에 따른 생리적 노화(Physiological aging) 과정과 외인적 요인에 의한 노화(Extrinsic aging)과정으로 나누어진다. 피부노화 현상은 피부세포 증식 능력의 감퇴, 진피 기질(Matrix)의 합성능력 감소 및 교원질의 기질(Collagenous matrix)을 분해시키는 효소 발현의 증가 현상이 복합적으로 나타난 결과로 알려져 있다.

세포증식 능력의 감퇴는 각질세포(Keratinocyte), 섬유아세포(Fibroblast), 멜라닌세포(Melanocyte) 등 피부와 관련된 모든 세포에서 연령이 증가함에 따라 볼 수 있는 현상으로 이를 세포노화(Cellular senescence)라고 한다.

피부노화에 영향을 미치는 외부 인자들 가운데 태양광선 중의 자외선에 의한 경우를 광노화(Photoaging)라고 하며 특히 자외선 B(Ultraviolet B, UVB)가 광노화의 주요 요인으로 알려져 있다. 자외선에 의한 광노화가 일어나면 피부에 주름이 많이 생기며 피부가 거칠어지고 피부 색소도의 변화도 일어나게 된다.

(1) 생리적 노화(Physiological ageing)

생리적 노화는 시간의 흐름에 따라 나타나는 노화현상을 말하며 일부 학자는 노화과정은 미리 정해진 유전적 요소라는 유전조절 이론(DNA 프로그램)을 주장하기도 한다. 시간이 흐름에 따라 일어나는 노화현상은 중력에 의해 신체가 밑으로 당겨지는 힘에 의해 피부도 늘어지는 결과를 낳게 되어 탄력성이 감소된다. 표피층의 변화로는 각질세포의 재생주기가 느려져 표피의 수분보유량이 저하되며 피지선의 분비도 줄어들어 건조피부가 된다. 이로 인해 각질층이 외부물질부터 보호가 어려워 결과적으로 진피층 피부도 노화를 일으키게 된다.

생리학적으로 피부의 변화는 대부분 진피에서 일어난다. 진피층의 대표적인 변화는 콜라겐 섬유(Collagen fiber)와 엘라스틴 섬유(Elastic fiber)의 변형으로 평생 동안 매년 1%씩 콜라겐 섬유가 감소하여 시간이 흐를수록 표피, 진피층이 모두 얇아진다. 진피층의 감소와 함께 지방조직의 감소는 모발 모근부의 영양공급이 원활하지 않아 모발성장의 변화를 가져와 털들이 가늘어지는 현상이 나타난다.

피부층의 감소는 멜라노사이트(Melanocyte)의 감소로 이어져 피부색이 옅어지며 자외선에 대한 피부 방어막 기능이 약화되며 백반증 및 검은 반점이 생긴다.

(2) 광노화(Photoaging)

광노화는 외인성 노화의 한 요소로 많은 피부과학자들은 피부노화의 원인으로 환경적 요인, 일광노출, 영양섭취의 불균형, 불규칙한 습관 등의 외인적 요인이 피부노화의 80~90%를 차지한다. 피부노화의 가장 큰 원인은 일광노출의 광노화로 알려져 있다.

일반적으로 진피층은 대다수의 type Ⅰ collagen과 약간의 type Ⅲ collagen, elastin 등으로 구성되어 있다. 콜라겐은 피부에 강도와 장력을 부여하며 이로 인해 외부의 자극이나 힘으로부터 보호하는 역할을 하며 진피층의 90%를 차지하고 있어 콜라겐 감소는 피부의 노화와 매우 밀접한 관계를 가지고 있다.

만성적 일광손상을 입은 피부에서 볼 수 있는 현상은 진피의 주 단백질인 콜라겐이 현저히 감소되는 것이다. Matrix metalloproteinases(MMP)는 활성 중심부에 아연을 함유하고 있는 금속단백분해 효소로 교원질을 파괴시키는 효소들이다.

자외선 B에 피부가 노출되면 몇 시간 내에 MMP가 생성된다고 Fisher 등은 증명 하였다. 만성적인 자외선 노출은 콜라겐감소와 탄력섬유가 광손상을 받아 탄력섬유증(elastosis)이 나타나 불규칙하고 두꺼운 피부를 만들어 자연적인 생리적 노화와 반대되는 현상이 피부에 나타난다. 또한 많은 수분을 결합 할 수 있는 히알루론산의 감소를 초래하여 피부의 신축성 감소와 주름 등이 나타난다.

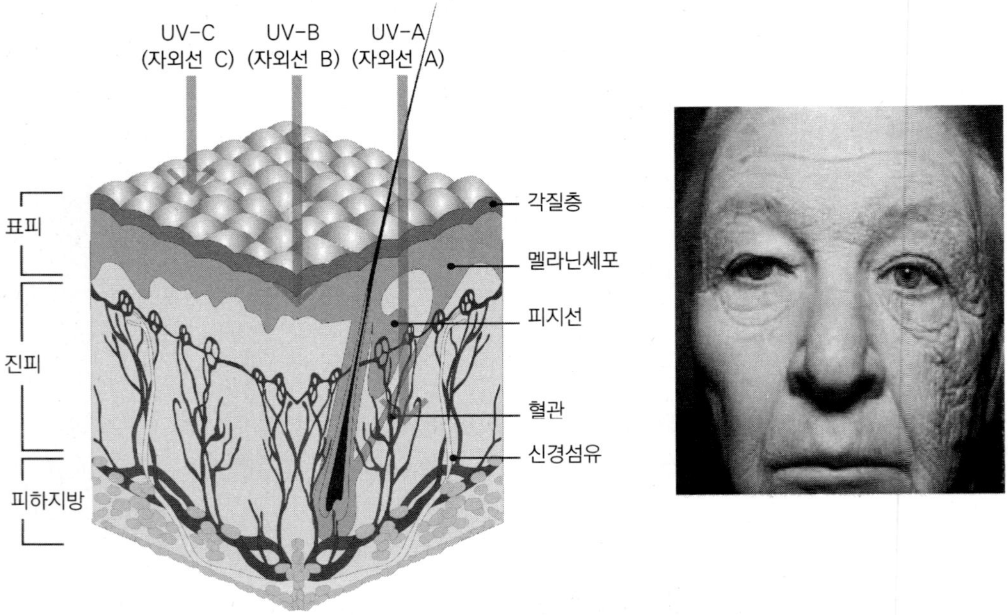

▮ 그림 3-27 ▮ 광노화

자외선의 만성적 노출은 멜라닌세포의 수를 감소시켜 피부암 위험성을 높이고 백반증 및 피부색에 영향을 미친다.

3. 모발과 영양

1) 모발의 성장에 영향을 주는 요인들

모발의 주성분은 케라틴 단백질 80~90%, 수분 10~15%, 지질 1~8%, 멜라닌 색소 3% 이하, 미량원소 0.6~1%로 구성되어 있다. 모발 성장에 영향을 주는 요인들은 유전적인 요인, 연령, 호르몬에 의한 요인, 병적인 요인, 물리적인 요인들이 있다.

① 유전적인 요인

유전인자에 의한 것으로 모발 색상, 헤어라인(hair line)의 모양, 컬(curl)의 정도, 모발의 굵기 정도, 모발의 수, 남성형 탈모 등의 요인을 들 수 있다.

② 연령

모발 성장이 가장 활발한 시기는 연령은 15~30세 전 후이며 50대 이후부터 서서히 성장 속도가 느려지기 시작한다.

③ 호르몬에 의한 요인

임신 기간에는 여성 호르몬의 변화로 모발 성장기를 증가시켜 모발수가 증가하지만 출산 후에는 호르몬의 정상화로 증가한 모발 수만큼 탈모현상이 일어난다. 남성의 대머리의 경우 우성유전하므로 남성 호르몬이 대머리의 주요 요인임을 알 수 있다. 심한 정신적 스트레스도 호르몬에 영향을 주어 탈모의 원인이 될 수 있다.

④ 병적인 요인

인체 질환은 대부분 모낭의 성장주기를 변화시켜 모발을 가늘고 윤기를 잃게 하며 성장 속도를 저하시킨다. 빈혈, 심장질환, 암, 당뇨 치료제 및 약제들은 혈액공급을 저해하여 모발성장을 약화시킨다. 또한 고열에 의한 질환은 발병 후 2개월 안에 탈모현상이 나타난다.

⑤ 물리적 요인

물리적 힘에 의해 발생하는 견인성 탈모의 경우 새로운 모낭이 생성되기 까지 자연 탈모의 경우보다 4~6주 정도의 기간이 더 소요된다.

2) 모발 영양

① 모발과 단백질

아름답고 건강한 모발을 가지기 위해서는 단백질의 섭취가 필수적이다. 단백질이란 탄소, 수소, 질소 등으로 이루어진 유기화합물로써 피부, 모발, 손발톱, 근육, 내장기관 등 사람의 몸을 구성하고 있다. 단백질은 20여 가지 아미노산으로 이루어져 있으며 모발은 18종의 아미노산으로 이루어진 경단백질로 이루어져있다. 모발에는 시스틴의 아미노산을 많이 함유하고 있는 케라틴 단백질로 모근의 모유두에서 모세혈관을 통해 영양분을 흡수하여 모발의 성장을 촉진시키게 된다. 따라서 건강한 모발을 위해서는 특히 시스틴이 많이 함유되어 있는 음식물을 섭취할 필요가 있다. 시스틴은 필수 아미노산이 아니므로 부족할 경우, 필수 아미노산인 메티오닌에 의해 전환되어 생체 내에서 합성이 된다.

② 모발과 비타민

비타민은 일반적 성질인 용해성에 따라 수용성 비타민과 지용성 비타민 2 종류로 나뉜다. 지용성 비타민은 A, D, E, K가 있으며 수용성 비타민은 Vit B군과 Vit C가 있다 수용성 비타민의 중요한 체내 기능은 신체 기능을 조절하는 조효소로서의 기능으로 섭취된 음식물의 소화, 흡수, 대사에 관여하는 보조 효소로서의 기능을 가지고 있다. 조효소는 효소 단백질과 밀접한 관계를 맺고 있으며 효소의 촉매 활성을 도우며 신체의 대사 과정에 수용성 비타민의 조효소의 역할이 필수적이다.

지용성 비타민 기능은 소화, 흡수, 운반과 저장 등에 지방이 필요하며 세포층에서 산화되어 에너지를 내게 하며 따라서 지용성 비타민은 물에 녹지 않으므로 과잉 섭취할 경우 중독 증상이 일어날 수 있다. 비타민이 부족하면 신진대사가 정상적으로 이루어지지 않고 결과적으로 탈모를 일으키는 원인이 된다.

- 비타민 A는 뼈의 성장, 감염으로부터 피부와 점막을 유지하는 면역계의 기능 및 정상적인 생식, 모발의 건조를 방지한다. 결핍되면 건조성 두피가 되어 모발 성장에 방해가 되며 탈모가 촉진된다.
- 비타민 D는 칼슘과 인의 장 흡수에 작용하여 혈중 칼슘 농도를 조절하며 탈모 후 모발의 발육. 재생 효과가 있다. 특히 두피의 혈액순환을 도와 모발을 윤택하게 한다.

- 비타민 E는 항산화제로 세포막의 손상을 예방하여 활성산소 제거 및 말초혈관 확장작용으로 혈액순환을 원활히 하며, 또한 난소 활동을 활성화하며 호르몬의 분비를 촉진하여 간접적인 모발성장에 관여한다.
- 비타민 B_1은 탄수화물이 에너지로 전환되는 대사에서 조효소 역할을 하며 비듬을 방지한다.
- 비타민 B_2는 신체의 모든 세포에서 영양소로부터 열량을 내는데 조효소로서 작용하며, 일명 미용비타민으로 모발 성장에 도움을 준다. 결핍되면 모발의 신진대사가 원활하지 않아 모발성장이 지연되며 모발이 쉽게 빠진다.
- 비타민 B_6는 아미노산 합성과 단백질 대사에 조효소의 역할을 하며, 항 피부염 인자로 피지 과다 방지의 효과가 있다. 탈모의 주원인인 테스토스테론(testosterone)이 디하이드로테스토스테론(dehydrotestosterone)으로 전화되는 것을 억제하여 탈모를 예방한다
- 비타민 C는 인체의 콜라겐 합성 및 천연 항산화제로 스트레스를 예방 및 건강한 모발 성장에 도움을 준다.

③ 모발과 무기질

무기질은 단일 원소로 존재하며 유기물질을 만드는 탄소(C), 수소(H), 산소(O), 질소(N)를 제외한 나머지 원소를 무기질, 또는 미네랄이라고 한다.

무기질은 신체 내에서 미량으로 존재하지만 몸의 구성 물질로 쓰이거나 체내에서 합성되지 않기 때문에 반드시 음식물을 통해 섭취해야 하며 열이나 기타 식품 취급과정에서 파괴되지 않는다. 무기질은 체중의 약 4%를 차지하며 칼슘, 인, 마그네슘, 칼륨, 나트륨, 염소 그리고 미량 원소로서 철, 구리, 황, 요오드, 망간, 코발트, 아연 등이다. 모발의 영양과 관계가 깊은 대표적인 무기질에는 요오드, 철, 칼슘, 아연, 그리고 황이 있다.

- 요오드(I)는 갑상선 호르몬 티록신(thyroxine)의 구성원소로 호르몬 분비를 촉진시켜 성장과 발달, 기초대사율과 체온조절에 관여한다. 정상적인 신진대사에 관여하여 모발 성장에도 도움이 된다.
- 철(Fe)은 기능적으로 헤모글로빈 형태로 혈액과, 미오글로빈 형태로 근육, 그리고 세포속과 효소에 분포한다. 나머지는 간, 비장, 골수 등에 저장된다. 혈액의 주요 구성성분으로 전신에 산소를 운반하고, 두피의 신진대사를 원활하게 하여 모발의 성장과 유지에 관여한다.

- 칼슘(Ca)은 인체에서 가장 풍부한 무기질로 성인 체중의 약 1.5~2% 차지하며 체내에 존재하는 칼슘의 약 99%는 골격과 치아를 구성하고 약 1%는 혈액 및 체액에 존재하여 세포의 생명기능에 관여한다. 이온화된 칼슘은 신경전도, 근육수축과 이완, 혈액응고 및 혈압을 조절하여 두피의 신진대사를 원활하게 하는 효과가 있다. Ca이 결핍되면 모발을 잡아주는 근육 수축력 약화로 탈모가 발생한다.
- 아연(Zn)은 성인 체내에 대략 2~3g 정도 함유되어 있으며 주로 간, 신장, 췌장, 뇌, 골격, 안구, 피부, 손톱 및 남성의 정자 등 신체의 모든 조직에 분포한다. 탈모의 주원인인 테스토스테론(testosterone)이 디하이드로테스토스테론(dehydrotestosterone)으로 전화되는 것을 억제하여 탈모 및 흰머리를 예방한다.
- 황(S)은 단백질 성분으로 시스테인, 시스틴, 메티오닌에 들어있으며, 여러 아미노산의 주 성분이다. 모발의 주 성분 단백질인 시스테인, 메티오닌, 타우린에 작용하여 모발을 윤택하게 하며 세균감염에 대한 저항성을 기른다.

3) 모발과 호르몬

호르몬(hormone)은 일반적으로 신체의 내분비기관에서 생성되는 화학물질들을 통틀어 일컫는다. 여러 내분비기관에서 만들어진 호르몬은 혈관을 거쳐 신체의 여러 기관으로 운반되어 그곳에서 각각의 호르몬이 지닌 기능을 발휘한다.

호르몬이 결핍 또는 과잉 분비되면 몸의 이상을 초래하여 건강을 유지하기 어렵다.

모발에 영향을 미치는 호르몬으로 사춘기가 되면 성 호르몬이 활발하게 분비하게 되면서 2차 성징이 나타나며 호르몬의 활발한 분비로 인해 피부나 체모에도 변화가 나타나 체모가 굵고 짙어진다. 체모의 변화에 관여하는 호르몬으로 성호르몬인 남성호르몬과 여성호르몬이다. 또한 부신피질 호르몬, 갑상선 호르몬, 뇌하수체전엽 호르몬이 체모의 성장과 발육에 영향을 미치는 호르몬이다.

① 뇌하수체 전엽 호르몬

뇌하수체말로 전엽(Anterior pituitary hormone)에서 분비되는 호르몬을 통칭하는 용어로 내분비선의 총사령부로 호르몬 분비선에서 호르몬을 분비하도록 자극한다. 대표적으로는 갑상선자극호르몬, 부신피질자극호르몬, 여포자극호르몬, 황체형성호르몬, 생장호르몬, 프로락틴의 6종의 호르몬이 포함되어있다. 이들은 다른 기관의 기능을 조절하는 역할을 하여 대사, 성장, 생식 등 복잡한 작용들을 조절한다.

뇌하수체에 이상이 생기면 탈모가 일어나고 뇌하수체 호르몬을 투여할 경우 간접적인 영향으로 모발 생성에 효과가 있다고 알려져 있다.

② 부신피질 호르몬

부신피질에서 분비되는 호르몬으로 부신피질자극호르몬(ACTH)에 의해 조절되며 탄수화물과 무기질 대사에 주로 관여한다.

부신피질에서 분비되는 호르몬으로 주된 것은 코르티졸, 코르티코스테론, 알도스테론의 3가지이다. 피질 스테로이드라고도 한다.

부신 호르몬인 안드로겐 등이 결핍되면 체모와 치모, 액모가 감소하고 과잉분비될 경우 여성은 남성화가 일어나 체모가 많아지며 수염이 나기도 한다.

③ 갑상선 호르몬

갑상선 호르몬은 생체의 발육을 촉진하고 대사조절을 한다. 또한 갑상선은 요오드를 섭취하여 갑상선 호르몬을 재료로 하는 요오드 대사에 관여하고 그 외에 혈액 중 칼슘농도를 조절한다. 갑상선은 티로신이라는 호르몬을 분비하여 모발의 발육과 관계되는데 갑상선의 기능이 저하되면 모발은 유연하게 늘어지고 퇴화된다. 반대로 갑상선 기능이 항진되면 모발의 성장은 양호해지나 지나친 항진은 바세도씨병을 일으키며 탈모증을 일으킨다.

④ 성 호르몬

여성호르몬인 에스트로겐은 여성들의 2차 성징과 성욕조절, 임신유지와 연관되는 기능을 한다. 또한 여성호르몬은 모발 발육을 촉진시키며 눈썹을 기준으로 위쪽 모발의 발육을 촉진시키고 결핍되면 피부노화와 모발 건조증이 일어난다.

남성 호르몬은 정소의 간질세포와 부신피질에서 생성되며, 남성의 2차 성징과 성적 충동을 유발한다. 남성 호르몬은 눈썹을 기준으로 아래쪽의 털인 수염 및 신체의 털의 생장을 촉진시키며 과잉되면 지루성 탈모증을 유발한다.

4) 두피질환

① 지루피부염 (Seborrheic dermatitis)

지루피부염은 소위 지루성 습진이라고도 하며 머리 비듬이 나타나는 주증상이다. 이는 만성의 결과를 취하는 습진의 일종으로 주로 피지의 분비가 왕성한 부위에 잘 발생하는 것이 주특징이다.

② 건선 (Psoriasis)

건선은 전체 인구의 약 1% 정도에서 발생하는 비교적 흔한 질환으로서 20대에 처음 발병하는 경우가 많은 만성 질환이다. 유전적으로 발생하거나 외상, 감염, 피부자극 등의 외부요인이나 긴장, 임신 등에 의하여 악화되기도 하며 표피세포의 증식이 중요한 발병원인으로 생각되고 있다.

③ 두부 백선 (Tinea capitis)

두부 백선은 피부사상균(Dermatophytes)에 의하여 유발되는 피부 감염증으로서 과거에는 T. ferrugineum이 가장 많은 원인균이었으나 1970년 이후에는 M. canis가 대부분의 원인을 차지하고 있다. 감염은 직접 접촉에 의하여 이루어지나 이발기구, 모자 등을 통해서도 이루어지며 M. canis인 경우는 고양이와 개를 통하여 전염된다. 주로 학동기의 남아에 호발하며 어른에게 생기는 경우는 드물다.

④ 비듬

두피의 쌀겨 모양의 표피 탈락을 특징으로 하는 만성 염증성의 두피 질환으로 지루성 피부염의 경미한 상태이다. 표피 각질세포의 turn over의 증가로 각질세포의 과다 증식이 나타나 과다한 인설, 가려움증 등의 증상이 나타나며 전체 인구의 40% 정도에서 나타난다. 10~12월 사이에 가장 심하며 유아기에는 드물다가 10~20세에 가장 많이 발생한다. 비듬의 원인은 확실하게 규명되지 않았으나 체질, 세균감염, 정신적 원인, 음식물 등이 관련이 있으며 피부정상 효모균인 P. ovale와의 상관성도 논의되고 있다.

⑤ 기타 두피 질환

건강한 두피는 푸른빛을 띠는 투명한 백색. 피곤하고 스트레스를 받아 예민해지면 붉은빛으로 변한다. 갑자기 없던 비듬이 생기거나 갈색빛에 가까운 누런빛으로 두피색이 바뀌면 두피에 질환이 있는 경우가 많다. 또 두피가 건강하지 않으면 투명한 빛이 탁해지는데, 두피와 모발을 깨끗이 관리하면 두피질환의 대부분은 막을 수 있다.

• 곰팡이 감염

두피에 곰팡이균이 감염되는 질환. 머리에 생긴 무좀이란 의미에서 두부백선이라고도 부른다.

두피에 하얀 각질 일어나면서 모낭에 염증이 생겨 머리가 빠지면 곰팡이 감염을 의심해 봐야한다.

• 원형 탈모증

스트레스가 주요 원인이며, 스트레스가 사라지면 자연히 나을 수도 있지만 심하면 전체 탈모로 진행할 수 있으므로 전문의의 전문적인 치료와 관리를 받아야 한다.

• 다발성 모낭염

세균 감염으로 모낭에 염증이 생기는 질환이다. 주로 손톱으로 두피를 긁어 손톱에 있는 세균이 모낭에 들어가 염증을 일으키는 것으로 알려져 있다.일단 한 번 생기면 완치가 어렵고 최초 발생 부위 옆으로 계속 번져나가는 특성이 있다.

• 바이러스 감염

머리에 사마귀가 생기는 질환으로 면역력이 떨어지면 생긴다고 주장하는 학자도 있지만 아직 원인불명이다. 그 이유는 면역력이 강한 건강한 사람에게도 생기기 때문이다. 레이저 면역요법 등으로 치료가 가능하다.

5) 탈모

외모와 관련성이 깊은 모발은 각종 환경오염과 스트레스로 탈모증을 일으킨다. 평균적으로 사람의 머리카락 개수는 약 10만개에서 12만개 정도이다. 탈모는 정상적으로 자라던 모발이 어떤 원인으로 인하여 하루에 약 100가닥 이상 빠지면 대체로 탈모증이라 한다. 새로 돋아나는 모발보다 빠지는 모발이 많아 비정상적인 상태가 지속되는 현상을 말한다. 탈모는 계절, 나이, 건강 상태에 따라 다르나 유전전인 영향과 후천적인 영향으로 진행된다. 어떠한 경우든 모근부의 모유두 위축 및 손상이 탈모의 주원인이다.

① 탈모의 원인

• **성호르몬**

모발의 발육은 여성호르몬이 관여하기 때문에 여성호르몬의 부족은 탈모로 이어지며 대표적인 현상으로 폐경기의 여성이 모발 수가 줄어드는 경우이다.

남성호르몬으로 인한 탈모는 주원인인 테스토스테론(testosterone)이 5a-reductase 효소에 의해 디하이드로테스토스테론(dehydro-testosterone)으로 전환시키는데 전환된 DHT가 모발의 케라틴 단백질 합성에 영향을 미쳐 탈모를 일으킨다.

• **정신적 스트레스**

탈모는 스트레스에 심하게 노출되었을 경우에도 교감신경이 위축되어 그 결과 모유두에서 모세혈관으로부터 영양 흡수가 저하되어 탈모를 일으키기도 한다.

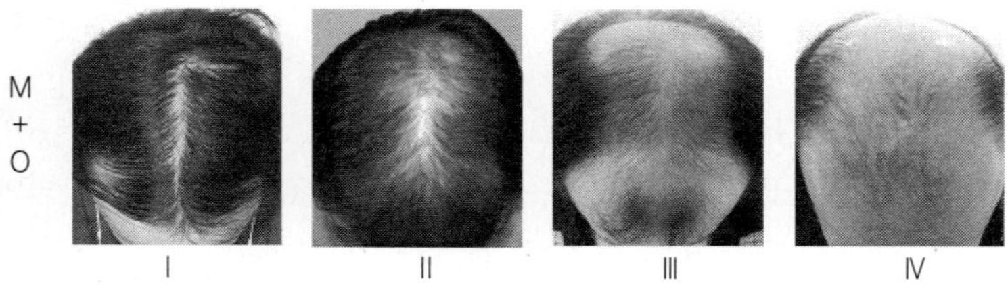

▮ 그림 3-28 ▮ YKS 남성형탈모증 분류법

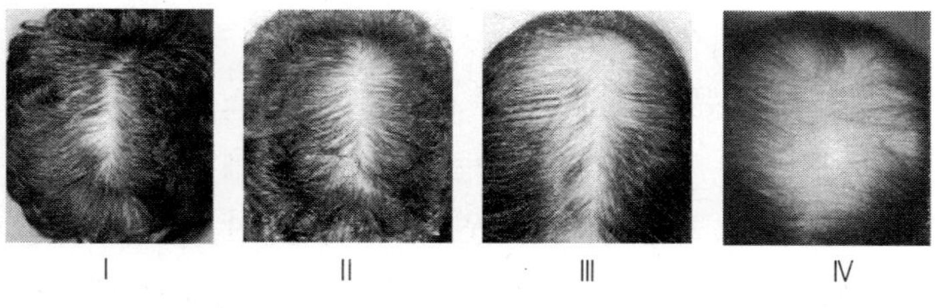

▮ 그림 3-29 ▮ YKS 여성형탈모증 분류법

• 영양부족

모발의 주성분인 케라틴 단백질이 부족하거나 비타민, 미네랄 등 영양소의 섭취가 이루어지지 않으면 영양결핍으로 탈모를 일으킨다.

• 유전

탈모 유전자는 부모에게서 유전될 수 있다. 특히 아버지의 탈모 유전자가 아들에게 유전될 가능성이 높으며 모두가 탈모가 되는 것은 아니며 호르몬과 나이가 연관성이 높다.

• 기타

모낭의 피지선이 과잉 활동성으로 피지 분비량이 많아 탈모로 이어지며, 모유두의 조직 손상, 나이, 약품의 부작용, 고열을 동반한 질환, 결발성 탈모, 모발 미용제품 등이다.

② 탈모예방 식이요법

탈모는 남성호르몬의 대사물인 DHT에 의해 발생하므로 DHT 생성을 억제시켜야 탈모예방의 효과를 볼 수 있다. 또한 두피 마사지를 하루에 3분씩 꾸준히 2개월 이상 하면 두피의 혈액순환이 촉진되어 탈모예방에 효과적이라고 알려져 있다.

• 식이요법

포화지방과 정제된 설탕이나 당분이 많이 든 음식을 최소화 하고 음식조리시 불포화 지방인 식물성 기름을 사용하며 동물성 기름은 남성호르몬의 혈중 농도를 높이므로 주의한다.

녹차는 DHT 생성을 억제시키므로 탈모 예방에 좋으며 기호식품인 술, 담배, 카페인 등은 최소화한다. 신선한 녹황색 채소와 과일, 수분을 충분히 섭취하고 인스턴트식품은 자제한다.

모발 발육에 좋은 음식으로 계란 노른자, 우유, 시금치, 효모, 땅콩, 다시마, 미역, 해조류, 치즈 등 이며 비듬방지에 좋은 식품은 육류, 간, 난황, 보리, 현미, 땅콩, 효모 등이 있다.

• 탈모 예방에 좋은 음식

동물의 간, 당근, 시금치, 구기자차, 참깨, 미역, 다시마

4. 네일과 영양

손·발톱은 표피 각질층이 변한 반투명한 각질판이며 피부와 같은 케라틴이라는 경단백질로 구성되어 있으며 아미노산 중 시스틴이 다량으로 함유되어 있다.

손·발톱의 경단백질은 산이나 알칼리에 쉽게 손상되지 않도록 보호해 주며 수분 7~10%, 유분 0.1~1.0%, 유황 3% 외 미네랄과 미량원소가 함유되어 있어 손·발톱의 습기와 투명도, 광택을 유지 시켜준다.

손·발톱의 성장은 계절, 연령, 건강 상태에 따라 일정한 것은 아니지만 하루에 평균 0.1~0.15㎜정도 자란다. 손에서 새로운 조갑이 형성 되는데 걸리는 시간은 대략 6개월 정도이며 손톱의 생성은 모든 지점에서 동일하며 지속적으로 자란다.

조갑의 역할은 보호의 기능, 물건을 잡을 수 있는 기능, 방어의 기능을 한다.

1) 손, 발톱의 구조와 기능

① 조체 (bail body, 손, 발톱판)

손톱 본체를 의미하며 큐티클에서 손톱 끝까지를 말한다. 여러 층으로 구성되어 있으며 조체 자체에는 신경이나 혈관이 없다.

② 조근 (nail root)

손.발톱 뿌리 부분으로 피부 밑의 근위조갑 주름으로 가려져 있으며 세포 조직이 형성되어 자라는 곳이다. 얇고 부드러우며 조근 부위에 부상을 입으면 손.발톱에 장애가 발생한다. 큐티클은 조근을 보호하기 위해 존재한다.

③ 자유연 (free edge)

자유연은 손.발톱 바닥과 붙어있지 않으며 네일 베드 끝 부분에서 손톱 끝 부분까지이다.

네일 베드가 없이 네일만 자라나온 곳이다.

④ 조상 (nail bed)

조상은 손톱 밑에 위치하는 조체의 밑 부분으로 혈관과 신경이 분포한다. 조상 아래에 있는 피부에서 손.발톱에 영양 공급과 신진대사의 역할을 한다.

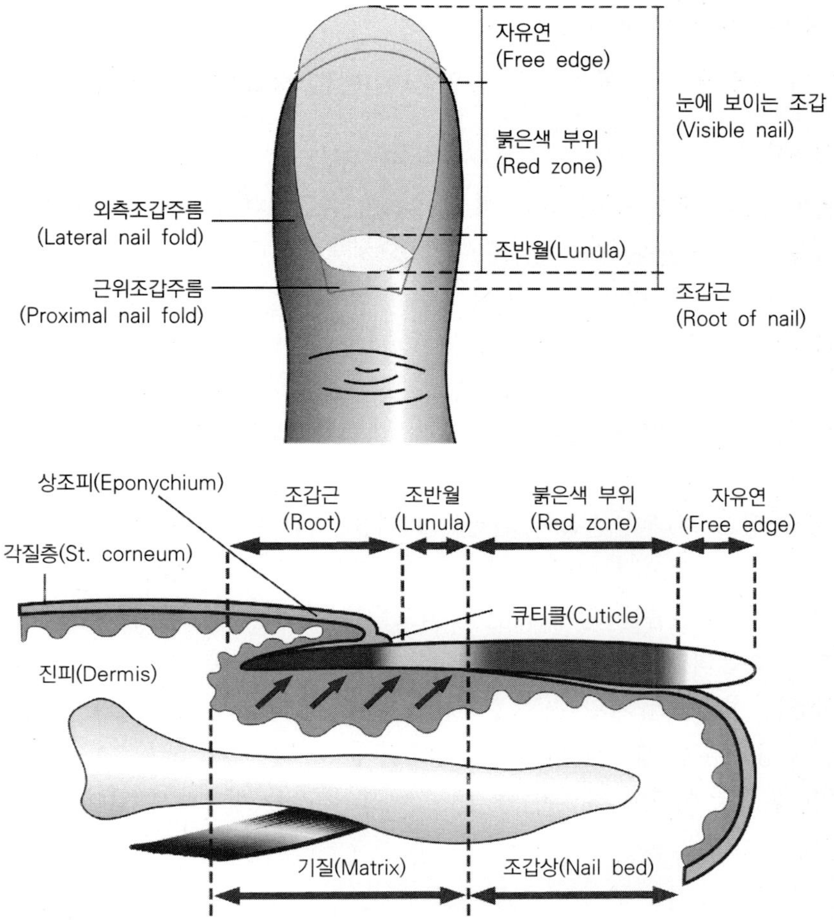

▮ 그림 3-30 ▮ 손톱의 구조

⑤ 조반월 (lunula)

조반월은 희고 불투명한 색깔의 반달 모양으로 엄지손가락 손톱에서 잘 발달되어 있다.

완전히 케라틴화 되지 않은 부분이다.

⑥ 조소피 (cuticle)

손톱의 주위를 덮고 있는 피부를 말하며 외부의 미생물 등 세균의 침입으로부터 손.발톱을 보호하는 역할을 한다.

⑦ 조구 (nail grooves)

조상의 양 측면에 좁게 패인 부분을 말하며 손톱고랑을 의미한다.

⑧ 조벽 (nail wall)

조구 옆에 있는 양측 피부를 말하며 물리적인 충격이나 압박으로부터 손.발톱을 보호하는 역할을 한다.

2) 네일의 성장 및 구성 성분

네일의 케라틴 경단백질은 피부나 모발의 케라틴 보다 두껍고 딱딱하며 흡습 건조성은 모발과 유사하나 수분습기에 의해 변화가 크다. 네일은 하루에 0.14~0.4mm정도 자라며 손톱이 완전히 자라는 기간은 대략 5~6개월 걸린다. 건강한 손톱은 부드럽고 광택이 나며 투명한 핑크색을 띤다. 발톱은 손톱에 비해 느리게 자란다. 손톱은 인체의 건강 척도를 나타내는 축소판이며 건강에 이상이 생기면 손톱의 성장에 이상을 초래한다. 네일의 두께는 약 0.5~0.75mm이며 살아있는 평생동안 자란다.

네일의 구성성분은 케라틴(keratin) 단백질이 주성분이며 탄수, 산소, 질소, 황, 미량의 수소로 이루어 졌으며 약 15~18%의 수분을 함유하고 있다.

3) 네일의 질환

네일은 일반적으로 색이 없으며 색이 있거나 성상이 변하면 단순한 네일의 질환일 수도 있지만 전신적인 질병을 나타내는 신호일 수도 있다. 영양 불균형은 네일의 질병을 초래하므로 균형있는 영양섭취가 중요하며 손톱 전염성 질환은 개인의 건강과 타인에게도 영향을 끼치므로 주의가 필요하다.

① 조갑진균증 (Onychamycosis)

손발톱 무좀으로 불리며 진균에 의해 감염되는 것으로 전염성이 있다. 손발톱이 광택을 잃고 희미한 백선이 생기거나 황색의 긴 줄무늬가 생기는 증상으로 진균류가 손발톱의 하조피(hyponychium) 또는 자유연(free edge)부분으로 침투하여 조근(nail root)까지 퍼져 손발톱의 성장을 억제한다. 네일 바디가 불균형으로 두꺼워지거나 떨어져 나가기도 하며 초기에는 바르는 약으로 증상을 완화시킬 수 있으나 진균증이 계속 진행되면 의사의 치료가 필요하다.

② **조갑사상균증** (Nail mold)

네일의 프리엣지와 인조네일 사이에 습기가 스며들어 사상균이라는 곰팡이가 발생한다. 초기 증상으로는 손발톱 표면이 황록색으로 시작하여 점차 청록색, 검은색의 순서로 짙어지며, 손발톱이 물렁해지고 냄새도 나며 자연적으로 손발톱이 빠질 수도 있다.

③ **조갑염** (Onychia)

손발톱의 특정 조직에 세균에 의해 감염되어 생기는 염증으로 손발톱 밑의 살이 빨갛게 붉어지거나 부어 있으며 고름이 형성된다. 전염성이 있으며 원인은 과도한 네일 케어나 네일 케어의 도구들을 소독하지 않고 사용했을 때 박테리아가 침투해 발생할 수 있다

④ **조갑탈락증** (Onychoptosis)

네일의 일부분 또는 손톱 표면 전체가 주기적으로 손가락·발가락에서 떨어져 나가는 증상이다. 이 질환은 매독과 같은 질병이나 고열, 심한 손톱 외상으로 인한 손톱 주위 조직의 감염으로 발병할 수 있으며 증상은 부종 또는 손톱 주위 피부 진물이 발생한다.

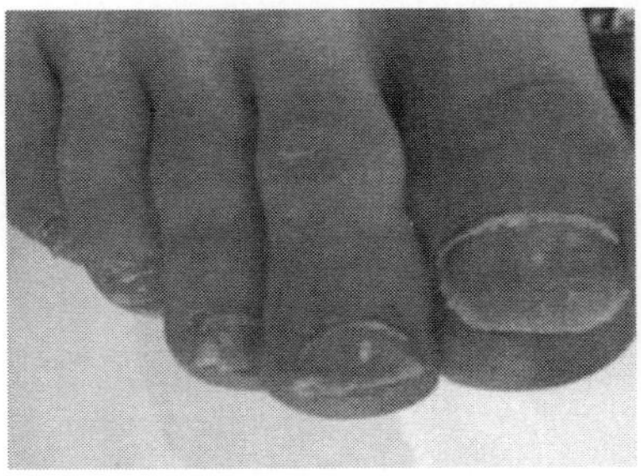

▮ 그림 3-31 ▮ 조갑진균증

⑤ 조갑박리증 (Onycholysis)

손톱과 네일 조상(nail bed) 사이에 틈에서 시작하여 점차적으로 반월(lunula)까지 번지게 되며 박리된 부분은 흰색 또는 황색으로 변하는 증상이다. 손톱이 완전히 떨어져 나가지는 않지만 의사의 처방이 필요하다

⑥ 조갑감입증 (Ingrown nail)

손발톱의 한쪽 또는 양 끝부분이 과도하게 조벽(nail wall)으로 파고 들어가 손 발톱이 성장하여 통증 및 염증이 발생하고 발톱 주위 살이 튀어 나오는 질환으로 특히 발톱에 많이 생긴다. 원인은 유전과 너무 조이는 신발을 장기간 신었을 때도 발생한다. 외과적 치료가 필요하다.

⑦ 조갑연화증 (Eggshall nail)

손발톱 전체가 계란껍질처럼 얇고 부드러우며 하얗게 되어 자유연(free edge)끝이 밑으로 굴곡져있다. 원인은 질병, 영양실조, 심한 다이어트, 신경성, 약물 등 또한 과다한 네일 리무버 사용이 원인이 될 수 있다.

⑧ 교조증 (Onychophagy)

손톱을 심하게 물어뜯는 습관에 의해 발생된다. 심리적인 불안감, 스트레스에서 오는 행동적 증상을 말한다. 손톱 표면이 울퉁불퉁해지고 큐티클이 거의 자라지 못하며 손톱 끝 그 주변까지 손상을 입는다. 이런 경우 인조 네일을 함으로써 나쁜 습관을 없애는데 도움이 된다.

PART Ⅳ

생애주기별 영양

제1장 생애주기별 필요 영양

국민의 건강한 식습관 형성과 건강증진 및 만성질환의 예방을 위하여 그리고 평생에 걸친 생애주기별 영양관리를 위하여 보건복지부는 2010년 9월에 「국민영양관리법」을 제정 시행하였다. 보건복지부를 비롯한 식약처, 농식품부, 여성가족부, 교육부 등 6개 부처 및 각 지자체는 2012년부터 식생활 및 ·영양정책을 수립·시행하고 있다.

2012년 7월부터 정부는 매 5년마다 국민영양관리기본계획을 마련하고 건강식생활 환경조성 및 교육·홍보, 생애주기별 영양관리지원, 건강식생활 기반조성 등 3개 분야로 구성하여 사업을 펼치고 있다. 그 계획의 내용은 아래와 같다.

▮ 표 4-1 ▮ 국민영양관리기본계획 주요내용

추진분야		세부사업
환경조성 및 교육·홍보	건강식생활실천 환경조성	- 식품 및 음식 영양정보 확인환경 조성 - 나트륨·주류 및 위해가능 영양성분 섭취 저감화
	건강식생활 교육·홍보	- 건강체중 인식확산 교육 및 홍보 - 나트륨 저감화 홍보 및 캠페인
생애주기별 영양관리지원	임산부 및 영유아	- 영양플러스 사업 운영 - 임산부 철분, 엽산제 지원 - 다문화가정 영양관리 - 어린이 급식관리지원센터 확대 및 운영 내실화
	어린이 및 청소년	- 지역아동센터 급식관리 체계화 - 저소득층 어린이 과일제공사업
	성인	- 만성질환 예방·관리를 위한 영양관리
	노인	- 노인 급식관리사업 - 방문영양관리사업

추진분야	세부사업
건강식생활 기반조성	- 국민건강영양조사 등 국민 식생활 모니터링 - 영양섭취기준·식생활지침 제·개정 및 보급 - 영양관리서비스 산업기반 구축

출처: 보건복지 가족부. 2014

1. 임신 · 수유부의 영양

1) 임신 수유부의 식생활 지침

<table>
<tr><th>지침</th><th>실천사항</th></tr>
<tr><td rowspan="2">우유 제품을 매일 3회 이상 먹자</td><td>우유를 매일 3컵 이상 마십니다</td></tr>
<tr><td>요구르트, 치즈, 뼈째 먹는 생선 등 자주 먹습니다</td></tr>
<tr><td rowspan="2">고기나 생선, 채소, 과일을 매일 먹자</td><td>다양한 채소와 과일을 매일 먹습니다</td></tr>
<tr><td>생선, 살코기, 콩제품, 달걀 등 단백질 식품을 매일 한번 이상 먹습니다</td></tr>
<tr><td rowspan="5">청결한 음식을 알맞은 양으로 먹자</td><td>끼니를 거르지 않고 식사를 규칙적으로 합니다</td></tr>
<tr><td>음식을 만들 때는 식품을 위생적으로 다루고 먹을 만큼만 준비합니다</td></tr>
<tr><td>살코기 생선등은 충분히 익혀 먹습니다</td></tr>
<tr><td>보관했던 음식은 충분히 가열한 후 먹습니다</td></tr>
<tr><td>식품을 구매하거나 외식할 때 청결한 것을 선택합니다</td></tr>
<tr><td rowspan="3">짠 음식을 피하고, 싱겁게 먹자</td><td>음식을 만들거나 먹을 때는 소금, 간장, 된장 등 양념을 적게 사용합니다</td></tr>
<tr><td>국물은 싱겁게 만들어 적게 먹습니다</td></tr>
<tr><td>김치는 싱겁게 만들어 먹습니다</td></tr>
<tr><td rowspan="3">술은 절대로 마시지 말자</td><td>술은 절대로 마시지 않습니다</td></tr>
<tr><td>커피, 콜라, 녹차, 홍차, 초콜릿 등 카페인 함유식품을 적게 먹습니다</td></tr>
<tr><td>물을 충분히 마십니다</td></tr>
</table>

지침	실천사항
활발한 신체 활동을 유지하자	임신부는 적절한 체중증가를 위해 알맞게 먹고 활발한 신체 활동을 규칙적으로 합니다
	산후 체중조절을 위해 가벼운 운동으로 시작하여 점차 운동량을 늘립니다
	모유 수유는 산후 체중조절에도 도움이 됩니다

출처: 보건복지부

2) 임신기의 영양의 중요성과 섭취 기준

(1) 임신기의 영양섭취 기준

영양상태와 식사섭취의 질과 적절한 양의 관리는 모체와 태아의 성장에 많은 영향을 미친다. 출생시 신생아의 정상 체중은 2.5kg 이상으로 하며, 2.5kg 미만을 저체중아, 1.5kg 미만을 극 저체중아로 부른다. 우리나라는 저체중아의 출생비율이 증가하고 있는데 임신부의 영양섭취에 관심과 세심한 관리가 필요하다. 저체중아로 태어난 경우 영양불량상태의 어린이, 청소년으로 이어지며 신체능력의 저하 등을 야기하므로 임신기 때부터 충분한 영양을 섭취해야 한다.

▮ 그림 4-1 ▮ 임신기

임신기에는 여러 영양소의 대사에 변화가 생기며 기초대사율은 임신 2/3분기부터 증가하게 된다. 임신상태유지에 필요한 새로운 조직의 합성 및 분만 출산 후 수유준비를 위한 에너지와 영양을 저장하기 위해 추가 에너지가 필요하다.

태아는 자궁 내에서 약 40주간 급속한 성장과 발달을 이루는데 영양이 필요하며 출생 후 신생아기에 필요한 영양분 축적도 태아기 때 어느 정도 일어난다.

▮ 표 4-2 ▮ 임신기의 에너지 추가 필요 추정량

임신지 에너지 필요추정량 = 비임신 여성의 필요추정량 + 부가량		
임신기 부가량	(에너지 소비량 증가분+ 에너지 축적량)	합계
임신 1/3분기	0 kcal/일 + 0 kcal/일	=+ 0kcal/일
임신 2/3분기	158/kcal/일 + 180 kcal/일	=+ 340 kcal/일
임신 3/3분기	269kcal/일 + 180 kcal/일	=+ 450 kcal/일

출처: 한국영양학회(2010) 한국인 영양섭취기준

▮ 표 4-3 ▮ 성인여성 영양섭취 기준 설정을 위한 체위기준

성별	연령	신장(cm)	체중(kg)	임신중 체중증가량
여성	19-29	160	56.3	10-12
	30-49	157	54.2	

출처: 한국영양학회(2010) 한국인 영양섭취기준

▮ 표 4-4 ▮ 임신부의 단백질 섭취기준(권장 섭취량)

구분	연령	체중증가 (kg)	체중증가에 따른 부가 단백질량(g)	단백질 축적량 (g/일)	식이 단백질 필요량 (전환효율 43%)	평균 필요량 부가량 (g/일)	평균 필요량 (g/일)	권장 섭취량 (g/일)
비임신부	19-29						40	50
	30-49						35	45
임신부	2분기	4.88	4.88×0.66* =3.2	3.6	3.6/0.43 =8.4	+11.6	+12	+15
	3분기	13.81	13.81×0.66 =9.1	7.2	7.2/0.43 =16.7	+25.8	+25	+30

0.66* : 성인여자 체중당 단백질 필요량 출처: 한국영양학회(2010) 한국인 영양섭취기준

▮ 표 4-5 ▮ 임신부의 1일 지용성 비타민의 섭취기준

구분	비타민A(ugRE) 권장섭취량	비타민 D(ug) 충분 섭취량	비타민 E (ug a-RE)	비타민 K (ug)
비임신부	650	5	10	65
임신부	+70	+5	+0	+0

출처: 한국영양학회(2010) 한국인 영양섭취기준

▮ 표 4-6 ▮ 임신부의 1일 수용성 비타민의 섭취기준(권장섭취량)

구분	비타민C (mg)	티아민 (mg)	리보플라민 (mg)	니아신 (mg NE)	비타민 B_6(mg)	엽산 (mg DFE)	비타민 B_{12} (ug)	판토텐산 (mg)
비임신부	100	1.1	1.2	14	1.4	400	2.4	5*(충분섭취량)
임신부	+10	+0.4	+0.4	+4	+0.8	+200	+0.2	+1

출처: 한국영양학회(2010) 한국인 영양섭취기준

▮ 표 4-7 ▮ 임신부의 1일 무기질 섭취기준(권장섭취량)

구분	칼슘(mg)	마그네슘(mg)	철(mg)	아연(ug)	구리(mg)	요오드(ug)
비임신부	650	280	14-8	800	800	150
임신부	+280	+40	+10	+2.5	+130	+90

출처: 한국영양학회(2010) 한국인 영양섭취기준

▮ 표 4-8 ▮ 임신부의 1일 수분 섭취기준(충분섭취량)

구분	연령	음식(ml)	액체(ml)	총수분섭취량(ml)
비임신부	19-29	1100	1000	2100
	30-49	1000	1000	2000
임신부		+200		+200

출처: 한국영양학회(2010) 한국인 영양섭취기준

▮ 표 4-9 ▮ 임신부의 1일 권장식사 패턴(식사구성안 이용)

구분	에너지	곡류	어육류	채소	과일	우유, 유제품	유지당류
20-29세 임신부	2450	4.5	5	7	2	2	4
30-39세 임신부	2250	4	5	7	2	2	3

출처: 한국영양학회(2010) 한국인 영양섭취기준

3) 임신기의 영양관련 질환

a. 입덧

임신부의 약 70% 이상이 임신 초기에 구토증을 경험하며 대체적으로 공복 시에 더 심하게 나타나고 개인에 따라 많은 차이를 보인다. 음식물은 여러 번에 나누어 조금씩 섭취하며 구토가 심할 때 탈수증에 걸리지 않도록 신선한 과일 등을 먹도록 한다. 카페인이나 알코올 성분의 음료는 피하며 위장관에 부담이 되는 튀긴 음식은 피한다.

b. 속쓰림

임신 후 태반에서 분비하는 프로게스테론으로 인하여 자궁과 위장근육의 이완 현상으로 위산이 식도로 역류되어 속쓰림 현상이 나타날 수 있다. 자극성 있거나 지방이 많은 음식은 피한다.

c. 변비

임신 기간 동안 늘어난 자궁의 무게로 인하여 대장의 근육이 이완되어 변비가 나타난다. 정기적인 운동을 하고 곡류, 야채, 수분섭취 등을 평소보다 많이 하며 철분제의 복용 시에 비타민 주스를 함께 마시어 흡수를 돕고 변비를 완화시키도록 한다. 의사의 처방 없이 변비 완화제를 사용하면 안 된다.

d. 부종

임신 중에 붓는 것은 태아에게 혈액을 공급하기 위한 모체의 당연한 현상이다. 심한 경우 임신중독증이 아닌지 확인을 반드시 하고 복대 등을 사용하여 하지압박을 줄이며 휴식을 자주한다.

e. 빈혈

임신 기간 동안 모체 혈액량의 증가로 인하여 상대적으로 혈액이 희석되는 현상이 나타난다. 임신으로 인한 자연적인 현상이며 철의 흡수 및 적혈구의 형성을 위해서는 외부에서 철분제를 공급해야 한다.

f. 임신성 당뇨

임신 중에 분비되는 여러 호르몬의 영향으로 인슐린의 혈당조절 능력이 저하되어 일시적인 임신성 당뇨가 발생할 수 있다. 위험요인으로는 임신 전 비만, 고령(35세 이상) 임산부, 거대아 출산경험, 임신성 당뇨의 가족력, 다낭 난소 증후군, GI 수치가 높은 식사를 하는 경우 등에서 생길 수 있다.

그대로 방치하면 태아가 너무 크게 성장하여 정상 분만이 어려울 수 있고 사산, 기형출산, 제 2형 당뇨병, 고혈압, 비만의 위험도 있으므로 의사의 감독 하에 혈당 농도를 관리하여야 한다.

g. 임신성 고혈압

약 임신 20주 후에 진단되는 경우가 많으며 위험요인으로서는 비만한 임산부, 고령 임산부, 임신성 당뇨를 앓고 있는 임산부, 다태아 임산부, 신장질환이 있는 임산부, 빈혈이 있는 경우, 가족력이 있는 임산부에게서 생겨날 수 있으며 태아성장장애와 조산 등을 야기할 수 있는 위험한 증상이어서 반드시 관리해야 한다.

h. 임신 중독증

임신 중기 또는 말기에 발생할 수 있으며 부종, 단백뇨, 고혈압 중 한 가지 이상이 생긴 경우이다. 심한 경우 산모와 태아가 사망할 수도 있다.

위험군은 17세미만과 35세 이상의 여성, 다출산 경험, 비만여성, 가족력이 있는 사람, 당뇨환자, 초산의 경우이다. 충분한 휴식을 취하며 나트륨과 수분섭취를 제한하고 적절한 단백질 섭취를 해야 한다.

i. 갑상선 기능 항진증

임신 시에 대사의 증가로 인한 호르몬 기능의 항진이 나타나는데 갑상선 기능항진증이 대표적이다. 태반이 비정상적인 기능을 하게하므로 유산, 조산 또는 태아 사망의 위험을 높인다. 고열량식이를 섭취하며 해조류, 생선 등의 섭취를 제한한다.

4) 고위험군의 임신과 영양

고위험 임신은 임신자체 또는 임신 전의 질병으로 인하여 모체나 태아에 위험이 되는 상황을 말한다. 임신부의 키, 연령, 영양상태, 임신의 기왕력, 태아의 자궁내의 상태 등의 기준으로 평가하게 된다.

a. 10대 청소년 임신

우리나라의 경제적 발전과 더불어 신체의 성숙연령이 빨라져서 초경 시작연령이 또한 낮아지고 있다. 청소년기에 임신을 한 경우에 아직 성숙이 이루어 지지 않은 모체와 태아의 성장을 위해 성인기의 임신보다 많은 영양소가 필요하다. 임신기 동안 최소한 11kg의 체중증가를 이루어야하고 적절한 식이에 대한 교육이 이루어져야한다. 특히 10대 임신부는 외모에 신경을 쓰므로 무리한 다이어트, 흡연, 음주로 인하여 조산, 저체중아 출산, 미숙아 분만의 위험성이 높고 조기진통, 태아 발육지연, 양수감염 등의 위험성이 정상 임신부보다 매우 높으므로 철저한 산전관리가 이루어져야한다.

b. 고령임신

세계보건기구는 초산의 유무와 관계없이 35세 이상의 출산을 고령출산으로 정의하고 있다. 여성의 사회진출이 증가하고 결혼연령이 높아지므로 고령임산부의 비율이 점차 증가하여 2010년 17%, 2011년 35.4%에 이르는 것으로 통계청에서 발표하였다.

고령임신인 경우 임신성 고혈압, 임신성 당뇨, 전치태반, 태반 조기박리 및 임신중독증의 위험성이 높으며 신생아측면에서는 신생아 황달, 패혈증, 폐렴, 기형 등의 위험이 더 높아진다. 정기적인 산전관리로 임신유발 합병증을 예방하도록 하여야겠다.

c. 다태아 임신

다태아 임신은 점차 임산부의 평균 연령이 높아지는 것에 영향을 받아 배란유도와 시험관 수정의 시술율이 높아져서 생겨나는 사회적 현상인 것으로 해석된다. 자연임신으로 다태아가 태어나는 비율은 약 0.43%로 극히 낮은 확률이다.

다태아 임신기간에 모체에 대한 부담이 늘어나면서 자궁-태반-태아에 부담이 늘어나며 체중증가나 임신 합병증의 위험은 당연히 더 높아진다.

임신부에게는 두 쌍둥이인 경우 16~20kg, 세쌍둥이인 경우 20~25kg정도의 체중증가가 적정하다. 임신부의 경우 임신성 당뇨, 빈혈, 전치태반, 조산 및 제왕절개분만의 위험이 증가하고 태아의 경우 선천성 기형, 뇌성마비, 사망, 호흡곤란증후군, 저체중 등의 위험률이 증가한다. 임신부의 활동에너지 소비량과 체중증가를 감안하여 열량과 영양소를 공급하며 필수지방산의 필요량이 증가하므로 영양공급에 신경을 더 써야한다.

5) 수유기의 영양과 모유

수유기는 영아의 성장과 산모의 산후회복을 위해 매우 중요하며 임신기와 같이 수유기 또한 영양의 요구도는 매우 높은 편이다.

a. 수유기의 영양

▮ 표 4-10 ▮ 수유기 에너지 추가 필요 추정량

수유기에너지 필요 추정량= 비임신 여성의 에너지 필요추정량 + 부가량		
수유기 부가량	모유 방출에너지 + 잉여에너지동원	합계
	490/kcal + (-170kcal/일)	= +320kcal/일

출처: 한국영양학회(2010) 한국인 영양섭취기준

▮ 표 4-11 ▮ 수유부의 1일 단백질 권장 섭취량

구분	비임신부		수유부	
연령(세)	19-29	30-49	19-29	30-49
단백질(g)	45	45	+25	+25

출처: 한국영양학회(2010) 한국인 영양섭취기준

▮ 표 4-12 ▮ 수유부의 1일 지용성 비타민의 섭취기준

구분	비타민A(ugRE)권장섭취량	비타민 D(ug) 충분 섭취량	비타민 E (ug a-RE)	비타민 K (ug)
비임신부	650	5	10	65
수유부	+490	+5	+3	+0

출처: 한국영양학회(2010) 한국인 영양섭취기준

▮ 표 4-13 ▮ 수유부의 1일 수용성 비타민의 섭취기준(권장섭취량)

구분	비타민C (mg)	티아민 (mg)	리보플라민 (mg)	니아신 (mg NE)	비타민 B_6(mg)	엽산 (mg DFE)
비임신부	100	1.1	1.2	14	1.4	400
수유부	+35	+0.4	+0.4	+5	+0.8	+150

출처: 한국영양학회(2010) 한국인 영양섭취기준

▮ 표 4-14 ▮ 수유부의 1일 무기질 섭취기준(권장섭취량)

구분	칼슘(mg)	철(mg)	아연(mg)	구리(ug)	요오드(ug)	셀레늄
비임신부	650	14	8	800	150	55
수유부	+370	+0	+5	+450	+180	+10

출처: 한국영양학회(2010) 한국인 영양섭취기준

▮ 표 4-15 ▮ 수유부의 1일 수분 섭취기준(충분섭취량)

구분	연령	음식(ml)	액체(ml)	총수분섭취량(ml)
비임신부	19-29	1100	1000	2100
	30-49	1000	1000	2000
수유부		+200	+500	+700

출처: 한국영양학회(2010) 한국인 영양섭취기준

▮ 표 4-16 ▮ 수유부의 1일 권장식사 패턴(식사구성안 이용)

구분	에너지	곡류	어육류	채소	과일	우유,유제품	유지당류
20-29세 수유부	2400	3.5-4	5	7	2	2	4
30-39세 수유부	2200	3.0-3.5	5	7	2	2	3

출처: 한국영양학회(2010) 한국인 영양섭취기준

b. 모유의 장점

• 초유

출산 후 3~4일 동안 노르스름한 색으로 묽게 분비하는 것으로 성숙유보다 더 많은 단백질과 비타민, 지용성비타민 A가 더 많아서 태변배설을 용이하게 하여 신생아 황달을 예방한다. 양이 적으므로 초유는 일찍 자주 먹이는 것이 중요하다.

• 모유의 기능

아이의 성장에 따른 신체적 요구에 맞추어 성분과 양이 변화하며 평균적으로 첫 1개월에 600ml/일, 6개월에 750~800ml/일의 분비량이 나오고 아기에게 보충식이 제공시기에는 그 양이 점차 감소된다.

• 모유의 장점

- 영양학적 적합성

소(우유): 성장속도가 빠른 동물. 유즙에 단백질과 칼슘 등 미네랄이 많이 포함됨

사람(모유): 중추신경과 두뇌발달에 필요한 유당, 타우린 같은 물질이 많이 함유됨

우유보다 최대 6배 많은 셀레늄과 2배 많은 비타민 E를 함유.

- 아기뇌 발달시기: 임신기간 40주 동안: 뇌세포 70% 형성
  태어나서 1년 동안: 15%
  ~17세까지: 15% 형성

• 모유의 영양

성분구성	우유	모유	성분분석
수분	87%	87%	
단백질	3.4%	0.9%	쉽게 소화되어 적절한 에너지와 양질의 단백제공. 우유에 없는 모유의 2가지 아미노산인 시스테인은 신체성장에 필수요소이며 타우린은 초기뇌발달과 성숙에 필수적. 초유에는 양질의 단백질포함 우유의 단백질은 대부분이 카제인이다.
지방	3.7%	3.8%	충분한 수유(약 10-15분/각)했을 때 마지막으로 나옴, 고분자 불포화 지방산으로 영아의 장에서 쉽게 분해, 흡수
당질	4.8%	7%	영아의 뇌가 빨리 성장하도록 에너지 제공
무기질	0.75%	0.25%	모유의 철분은 49% 흡수, 우유의 철분은 4%만 흡수된다. 우유의 약 1/3정도의 무기질 함유하여 영아의 신기능에 부담이 없음, 우유는 염분, 칼슘, 인 등이 과다하게 함유되어 있고 우유의 철분은 모유의 철분만큼 완전흡수가 안되므로 인공영양아는 철분 결핍성 빈혈에 걸릴 수 있다. 모유의 철분은 비타민 C, 락토우스의 흡수도 촉진하나 우유는 기능이 없다.
주된 유단백질	베타락토글로부린	알파락트알부민	
소화	천천히됨	빠르게됨	
에너지	20kcal/oz	20kcal/oz	

• 신생아 측면

- 적절한 영양공급: 모유의 에너지, 지방, 유당의 함유량은 신생아가 필요로 하는 양을 충족시킨다. 소화가 잘되는 유청단백질의 함유량이 높으며 필수지방산, DHA 함유되어 두뇌발달에 도움이 된다.
- 면역증진 및 질병예방: 조산아에게 더욱 효과적이며 면역글로불린(immunoglobulin A)이 많으며 엄마의 면역력을 신생아에게 전달한다. 모유내의 면역글로불린은 여러종류의 세균과 바이러스에 대한 방어능력을 갖게 하며 생후 1년이내의 모유수유아들은 위장관 및 호흡기 감염율이 현저히 낮아진다. 모유수유아들의 장내에서만 배양되는 비피더스는 장내의

유익한 세균성장을 촉진하여 병원균의 증식을 억제한다.
- 신생아 감염위험의 감소: 거식세포들이 라이소자임을 분비하여 감염으로부터 보호, 중이염, 폐렴, 설사 등의 발생율 감소
- 알러지나 아토피 피부염, 각종 감염성 질병의 발생을 감소
- 신선하고 언제나 수유가 가능
- 충치발생감소
- 약 20%의 비만위험 감소
- 생리적 체중감소 예방
- 턱과 치아발육 촉진
- 황달예방
- 영아돌연사 증후군(Sudden Infant Death Syndrome: SIDS)의 위험도 감소
- 인지기능 발달: 모유내의 지방산은 두뇌 발달을 촉진한다. 7.5~8세 아이들의 지능 지수가 인공수유를 한 아이들에 비해 약 8정도 더 높다는 연구결과도 있다.

• 산모의 측면
- 신체적, 정서적, 경제적 이득: 산후 우울증 예방, 정서적 안정, 모아관계의 증진, 자궁수축 촉진, 출산 후 체중감소에 도움, 배란지연, 인공수유를 위한 비용절감
- 산욕기 모체의 건강회복이 빠르고 산후 출혈 및 산욕기 감염이 감소, 유방질환, 여성암(자궁암, 자궁경부암, 난소암, 유방암 등)발생률 저하 및 산후회복도움

2. 영유아의 영양

학령기 이전까지의 기간(1세~5세)이며 신체기능과 두뇌발달이 여전히 왕성한 시기이므로 열량 및 영양소 공급이 중요하다. 음식에 대한 기호와 숟가락질 기능도 습득하며 자연스럽게 식사 행위가 정해지는 중요한 시기라고 할 수 있다.

▮ 그림 4-2 ▮ 영유아기

1) 영유아의 식생활 지침

지침	실천사항
생후 6개월 까지는 반드시 모유를 먹이자	초유는 꼭 먹이도록 합니다
	모유를 먹일 수 없는 경우에만 조제유를 먹입니다
	조제유는 정해진 양대로 물에 타서 먹입니다
	수유 시에는 아이를 안고 먹이며 수유후에는 꼭 트림을 시킵니다
	자는 동안에는 젖병을 물리지 않습니다
이유식, 보충식이는 성장 단계에 맞추어 먹이자	이유 보충식은 생후 만 4개월 이후 6개월 사이에 시작합니다
	이유 보충식은 여러 식품을 섞지 않고 한 가지씩 시작합니다
	이유 보충식은 신선한 재료를 사용하여 간을 하지 않고 조리해서 먹입니다
	이유보충식은 숟가락으로 떠먹입니다
	과일주스를 먹일 때는 컵에 담아 먹입니다

지침	실천사항
유아의 성장과 식욕에 따라 알맞게 먹이자	일정한 장소에서 먹입니다
	쫓아다니며 억지로 먹이지 않습니다
	한꺼번에 많이 먹이지 않습니다
곡류, 과일, 채소, 생선, 고기, 유제품 등 다양한 식품을 먹이자	과일, 채소, 우유, 유제품 등의 간식을 매일 2~3회 규칙적으로 먹입니다
	유아음식은 싱겁고 담백하게 조리합니다
	유아음식은 씹을 수 있는 크기와 형태로 조리합니다

출처: 보건복지가족부

2) 영유아기의 영양의 중요성과 섭취 기준

발육이 여전히 왕성한 시기이며 생후 1년이 되면 출생 시 체중의 약 3배가 된다.

두뇌의 성장과 발달이 급격히 발달하며 6-8세에 거의 100%로 완성된다. 영양의 균형적인 공급이 필요한 시기이다.

(1) 영아기의 특징

- 신체성장: 두뇌발달, 체중과 키의 성장, 체구성비가 변화됨
- 생리적 발달: 소화기능 발달, 배변조절기능,
- 식사 기술 발달: 숟가락질 가능, 선호 음식
- 사회성 발달: 의사표현, 강한 집착과 고집생김(식판, 숟가락, 식기 등)
- 출생시의 가슴둘레는 약 33cm로 머리둘레보다 약 1cm 작지만 성장하면서 가슴둘레는 머리둘레보다 커지게 된다. 만약 2세 이후에 가슴둘레가 머리둘레보다 작은 상태이면 영양불균형으로 판단할 수 있다.

(2) 영유아기의 영양섭취기준

▮ 표 4-17 ▮ 영 유아의 1일 에너지, 단백질 섭취기준

연령		체중(kg)	신장(cm)	에너지 필요 추정량 (kcal)	단백질 권장섭취량 (g)
영아	0-5개월	6.2	60.3	550	9.5(충분 섭취량)
	6-11개월	8.9	72.2	700	13.5
유아	1-2세	12.2	86.1	1000	15
	3-5세	17.2	107.0	14000	20

출처: 한국영양학회(2010) 한국인 영양섭취기준

▮ 표 4-18 ▮ 영유아의 1일 단백질, 지질, 탄수화물의 에너지 적정비율

연령		탄수화물(g/일)	단백질(g/일)	지질(g/일)
영아	0-5개월	55	9.5	25
	6-11개월	90	13.5	25
에너지 비율(%)				
유아	1-2세	55-70%	7-20 %	20-35 %
	3-18세			15-30%

출처: 한국영양학회(2010) 한국인 영양섭취기준

3) 영유아기의 영양문제와 질병

a. 성장장애

분만 시 저체중아 및 선천성 기형인 경우, 에너지 요구량을 충족하지 못한 경우 성장발달 장애가 있을 수 있다.

b. 영아산통

기질적인 원인 없이 최소 한주에 3회 이상, 하루 3시간 발작적인 울음이 일어나는 것을 영아산통(Infantile colic)이라고 정의한다. 생후 4개월 이하의 영

아에게서 발생할 수 있으며 미숙한 소화기능이 원인으로 생각된다. 편안하게 안정된 상태로 진정시키도록 하며 예방을 위하여 수유 후 반드시 트림을 시키도록 한다.

c. 빈혈

이유식이 늦어져서 영양의 불균형이 초래되는 것으로 주로 철결핍성 빈혈이 나타난다. 소의 간, 살코기, 난황, 말린 과일, 씨앗류, 견과류 등과 함께 비타민 C를 같이 섭취하여 흡수를 돕는다.

d. 식품 알레르기

미숙한 소화력으로 인하여 발생할 수 있으며 엄마가 섭취한 알러지를 일으키는 음식성분으로 인해서도 발생가능하다. 인공영양을 하는 경우 우유에 대한 알러지는 모유, 두유, 조제분유 등으로 바꾸어 먹여야 하며 콩류는 2-3세 이후에 이유식으로 시작하여야 한다. 원인식품을 알아내고 대체가능한 식품으로 제공하여 영양의 불균형이 일어나지 않도록 주의한다.

e. 식욕부진

과잉보호나 무관심, 식사에 너무 강압적인 어머니의 태도, 식단 내용이나 조리방법이 단조로운 경우, 몸의 급만성 질환(신장질환, 빈혈 등)이 있는 경우에 식욕부진이 발생할 수 있으므로 원인을 찾아서 교정하여야 한다.

f. 편식

가벼운 편식습관은 괜찮으나 심한 경우는 다양한 조리법과 식단의 구성을 통하여 영양을 제공하여야 한다. 어머니의 육아태도가 많은 영향을 준다.

g. 유아비만

유전적인 요인과 식습관 환경을 살피고 유아의 활동량을 고려한 식단을 제공한다. 즉석식품, 냉동식품, 탄산음료 등의 섭취를 제한한다.

h. 충치

약 3세경에 20개의 유치를 갖게 되는데 유아기 때에는 젖병을 물고 잠이 드는 습관 등으로 충치가 발생한다. 식후 치아를 닦아주는 연습을 해야 하며 영구치가 나기 전 유치의 관리를 통해서 치아관리를 하는 습관을 형성시켜 주어야 한다.

3. 아동기의 영양

만 6세부터 11세까지를 아동기라고 하며 지속적인 성장을 위한 영양의 공급이 필요하며 곧 다가올 2차 성징을 준비하는 중요한 시기라고 볼 수 있다.

▮ 그림 4-3 ▮ 아동기

1) 아동의 식생활 지침

지침	실천사항
음식은 다양하게 골고루	편식하지 않고 골고루 먹습니다
	끼니마다 다양한 채소 반찬을 먹습니다
	생선, 살코기, 콩제품, 달걀 등 단백질 제공 식품을 매일 한 번 이상 먹습니다
	우유를 매일 두 컵 정도 마십니다
많이 움직이고 먹는 양은 알맞게	매일 한시간 이상 적극적으로 신체활동을 합니다
	나이에 맞는 키와 몸무게에 맞도록 표준체형을 유지합니다
	TV시청과 컴퓨터 게임은 모두 합해서 하루에 두시간 이내로 제한합니다
	식사와 간식은 적당한 양을 규칙적으로 먹습니다
식사는 제때에 싱겁게	아침식사는 꼭 먹습니다
	음식은 천천히 꼭꼭 씹어 먹습니다
	짠음식, 단음식, 기름진 음식을 적게 먹습니다

지침	실천사항
간식은 안전하고 슬기롭게	간식으로는 신선한 과일과 우유 등을 먹습니다
	과자나 탄산음료, 패스트푸드를 자주 먹지 않습니다
	불량식품을 구별할 줄 알고 먹지 않으려고 노력합니다
	식품의 영양표시와 유통기한을 확인하고 선택합니다
식사는 가족과 함께 예의 바르게	가족과 함께 식사하도록 노력합니다
	음식을 먹기 전에 반드시 손을 씻습니다
	음식은 바른자세로 앉아서 감사한 마음으로 먹습니다
	음식은 먹을 만큼 담아서 먹고 남기지 않습니다

출처: 보건복지부

(1) 아동기의 특징

- 신체성장: 남녀의 성장속도의 차이가 나기시작하며 아동기가 끝나는 시기는 개인의 성숙도와 차이가 난다. 신체적 성장이 완만하게 일어나나 사회적, 인지적, 정서적, 도덕적으로 성숙 및 발달은 현저하게 나타나게 된다. 남자아이에게 몸통에서 근육발달이 더 증가하며 사지와 골격발달이 현저히 나타난다.
- 생리적 발달: 소화기능이 거의 성인과 비슷하게 발달, 여자아이들은 빨리 성장하고 남자아이들보다 빨리 성장이 완료된다. 여아의 경우 요즈음은 영양섭취가 좋고 이에 따라 성장속도가 빨라서 아동기에 초경을 경험하는 등 2차 성징이 나타나기도 한다.

2) 아동기의 영양섭취기준

▮ 표 4-19 ▮ 아동기의 체위기준 및 1일 에너지, 단백질, 섭취에너지 적정비율

성별	연령(세)	체중(kg)	신장(cm)	에너지 필요 추정량(kcal)	단백질 권장 섭취량(g)	에너지 적정비율(%)		
						탄수화물	단백질	지질
남자	6-8	25.0	122.2	1600	25	55-70	7-20	15-30
	9-11	35.7	139.6	1900	35			
여자	6-8	24.6	121.0	1500	25			
	9-11	34.8	140.0	1700	35			

출처: 한국영양학회 (2010) 한국인 영양섭취기준

3) 아동기의 영양문제와 질병

a. 체중문제(소아비만과 저체중)

선진국의 수준만큼 우리나라 아동의 비만수준이 크지 않지만 계속 증가할 것으로 예상된다. 전체 학령기아동(6-11세)의 비만은 2010 국민건강통계수치를 보면 전체 8.8%, 남자 12.2%, 여자 5.0%로 해마다 증가하고 있다.

탄수화물 위주의 간식 및 외식의 증가, TV의 장시간 시청 및 스마트폰 사용, 학원수강 등의 사회환경적 요소가 비만을 증가시키는 주원인으로 파악되고 있다. 비만아는 성인과 같이 생활습관병, 대사성 질환이 조기에 나타날 수 있으며 비만아동의 40%, 비만청소년의 80%가 성인비만으로 연결된다는 연구가 보고되어 있다. 또한 여자아이들의 외모관심도가 높아지는 시기인 만큼 지나친 체중조절로 인한 저체중문제도 발생하여 빈혈, 면역력 감소, 골다공증 등의 건강문제를 야기하고 있다.

부적절한 식생활 행태와 생활양식의 수정이 중요하므로 식사와 함께 행동수정, 운동요법을 실행하여야 한다.

b. 아침 결식

아침의 결식은 성장기 아동의 성장저해요소이며 학습능력저하 등의 수업집중도에 방해가 되어 지적발달에 영향을 끼친다.

c. 충치

영구치가 나오는 시기이므로 당류 등의 지나친 섭취로 인한 충치발생을 억제하도록 한다. 손상된 치아로 인한 음식물 섭취장애는 성장장애로도 이어질 수 있으므로 치아 및 치주의 관리가 필요하다.

d. 철 결핍성 빈혈

육류를 여러 가지 이유로 섭취하는 양이 줄면 철결핍성 빈혈이 일어날 수 있다. 철의 흡수율을 높이기 위해 비타민 C가 들어 있는 야채, 과일과 함께 먹을 수 있도록 한다. 간, 달걀, 살코기, 말린 과일, 녹색채소류에 철분이 많이 포함되어 있다.

e. 주의력 결핍 과잉행동장애 (ADHD: attention deficit hyperactivity disorder)

ADHD는 최근 남자아이들에게서 많이 발생하고 있는 주의력 결핍 과잉행동장애이다.

주로 7세 이전에 발생하여 최소 6개월 이상 지속되어 학습장애를 초래한다. 유전적, 환경적 요인 등이 복합적으로 작용하여 일어난다고 하나 아직 확실한 원인은 밝혀내지 못하고 있다. 식사요법을 겸한 심리치료, 행동교정, 환경개선 등의 다각도에서 치료방법을 적용한다.

4. 청소년기의 영양

급격한 성장이 영아기 이후 활발하게 이루어지는 시기이다. 신체발육은 왕성하나 시기적으로 학업에 매달려 있어야 할 시기로서 균형잡힌 올바른 식생활의 중요성이 더욱 강조되어야 할 시기이다.

▮ 그림 4-4 ▮ 청소년기

1) 청소년의 식생활 지침

지침	실천사항
각 식품군을 매일 골고루 먹자	밥과 다양한 채소, 생선, 육류를 포함하는 반찬을 골고루 매일 먹습니다
	간식으로는 신선한 과일을 주로 먹습니다
	우유를 매일 2컵이상 마십니다
짠음식과 기름진 음식을 적게 먹자	짠음식, 짠국물을 적게 먹습니다
	인스턴트 음식을 적게 먹습니다
	튀긴음식과 패스트 푸드를 적게 먹습니다
건강체중을 바로알고 알맞게 먹자	내 키에 따른 건강체중을 압니다
	매일 한시간 이상 적극적으로 신체 활동을 합니다
	무리한 다이어트를 하지 않습니다

지침	실천사항
	TV시청과 컴퓨터 게임을 모두 합해서 하루에 두시간 이내로 제한합니다
물이 아닌 음료를 적게 마시자	물을 자주 충분히 마십니다
	탄산음료, 가당 음료를 적게 마십니다
	술을 절대 마시지 않습니다
식사를 거르거나 과식하지 말자	아침식사를 거르지 않습니다
	식사는 제시간에 천천히 먹습니다
	배가 고프더라도 한꺼번에 많이 먹지 않습니다
위생적인 음식을 선택하자	불량식품을 먹지 않습니다
	식품의 영양표시와 유통기한을 확인하고 선택합니다

출처: 보건복지부

2) 청소년기의 영양섭취기준

▮ 표 4-20 ▮ 청소년기의 체위기준 및 1일 에너지, 단백질, 섭취에너지 적정비율

성별	연령 (세)	체중 (kg)	신장 (cm)	에너지 필요 추정량(kcal)	단백질 권장 섭취량(g)	에너지 적정비율(%)		
						탄수화물	단백질	지질
남자	12-14	50.5	158.8	2400	50	55-70	7-20	15-30
	15-18	62.1	171.4	2700	55			
여자	12-14	47.5	155.9	2000	45			
	15-18	53.4	160.0	2000	45			

출처: 한국영양학회 (2010) 한국인 영양섭취기준

3) 청소년기의 영양문제와 질병

a. 청소년 비만

2008년 국민건강통계에 따르면 청소년 비만은 소아비만과 함께 급속히 증가하고 있으며 지난 7년간 1.7배정도 증가하였다. 또한 2010년 소아청소년(만 2-18세)의 비만유병률은 남자 12.7%, 여자 8.6%를 나타내어 남자의 비만률이 더 높게 나타났으며 점점 더 증가추세에 있다. 생애주기 중 빠른 성장속도를 보이는 청소년기의 비만은 질병과 함께 성인비만으로 이어질 확률이 높으므로 발생시기에 바로 조절을 해야 한다.

b. 여드름

사춘기 남성 호르몬과 관련이 있으며 개인차가 크고 스트레스와 유전적인 인자(안드로겐 호르몬의 분비량, 피지선 크기, 피지 생성량 등)와 환경적 인자가 복합적으로 작용한다.

c. 빈혈

청소년기의 여자는 초경이후 빈혈이 자주 발생한다. 외모에 관심 있는 시기이다 보니 체중조절로 인한 식사량 감소로 빈혈이 더욱 악화된다. 동물성 단백질, 철분섭취, 비타민과 엽산의 섭취도 충분하도록 관리한다

d. 섭식장애

신체적, 정신적 심리 치료를 병행하여야 한다.

- 거식증(신경성 식욕부전증: Anorexia Nervosa)

일반적으로 청소년기의 10대 후반 10중 한명에게 나타나는 흔한 증상으로 마른 경우에도 자신을 뚱뚱하다고 인지하며 체중조절을 위해 심한운동, 구토유발과 함께 체중증가에 대한 공포심을 나타내는 것을 특징으로 한다. 기초대사율이 떨어지며 심장박동 저하, 피로, 빈혈, 피부건조, 탈모 등이 나타날 수 있다. 심한 경우 영양결핍으로 인한 무월경, 골다공증, 과도한 운동으로 인한 관절 손상 등도 일어 날 수 있으며 병적인 체중감소로 사망에 이를 수 있다.

• 폭식증(신경성 탐식증: Bulimia Nervosa)

음식섭취로 무의식적인 욕구불만을 해소하며 젊은 여성의 20%가 신경성 폭식증을 가지고 있다. 거식증보다 흔하게 나타나며 많이 먹고 토하는 것을 반복한다. 설사약, 이뇨제 등을 복용하기도 하며 기타 강박적인 음식에의 집착을 보인다. 폭식으로 인한 위장장애도 일으키며 월경불순, 설사와 구토의 반복으로 전해질 불균형에 의한 심부전, 신부전증상과 식도염 등 영양장애의 증상도 함께 나타난다.

e. 기타(청소년 음주, 흡연, 약물복용)

음주로 인한 영양장애와 흡연으로 인한 성숙하지 않은 폐질환의 발병이 우려되며 인생의 진로를 결정짓는 중요한 학업기간의 약물복용은 사회에 부적응을 낳을 악영향을 끼친다.

5. 성인기의 영양

성인기는 만 19세부터 64세까지를 말하며 성장은 완료되었으나 건강유지를 위한 영양섭취가 중요한 시기이다. 바람직한 식생활습관을 확립하는 시기이며 개인의 수명과 삶을 질을 결정짓는 생활습관을 갖도록 하는 것이 중요하다.

▮ 그림 4-5 ▮ 성인기

1) 성인의 식생활 지침

지침	실천사항
각 식품군을 매일 골고루 먹자	여러 가지 색깔의 채소를 매일 먹습니다
	곡류는 다양하게 먹고 잡곡을 많이 먹습니다
	다양한 제철 과일을 매일 먹습니다
	가임기 여성은 기름기 적은 붉은 살코기를 적절히 먹습니다
	우유, 요구르트, 치즈 등 우유제품을 간식으로 먹습니다
지방이 많은 고기나 튀긴음식을 적게 먹자	고기는 기름을 떼어내고 먹습니다
	튀긴 음식은 적게 먹습니다
	음식을 만들 때 기름을 적게 사용합니다

지침	실천사항
짠음식을 피하고 싱겁게 먹자	김치를 덜 짜게 만들어 먹습니다
	음식을 먹을 때 소금 간장을 더 넣지 않습니다
	음식을 만들때 소금이나 간장 등을 보다 적게 사용합니다
	국물을 짜지않게 만들고 적게 먹습니다
활동량을 늘이고 건강체중을 유지하자	일상생활에서 많이 움직입니다
	매일 30분이상 운동을 합니다
	활동량에 맞추어 에너지 섭취량을 조절합니다
	건강체중을 유지합니다
술을 마실때는 그 양을 제한하자	남자는 하루2잔, 여자는 1잔 이상 마시지 않습니다
	임신부는 절대로 술을 마시지 않습니다
청결한 음식을 알맞게 먹자	식품을 구매하거나 외식을 할 때 청결한 것으로 선택합니다
	음식은 먹을 만큼만 만들고 먹을 만큼만 주문합니다
	음식을 만들 때는 식품을 위생적으로 다룹니다
	매일 세끼식사를 규칙적으로 합니다
	밥과 다양한 반찬으로 균형잡힌 식생활을 합니다

출처: 보건복지부

2) 성인기의 영양섭취기준

▮ 표 4-21 ▮ 성인기의 체위기준 및 1일 에너지, 단백질, 섭취에너지 적정비율

성별	연령(세)	체중(kg)	신장(cm)	에너지 필요 추정량(kcal)	단백질 권장 섭취량(g)	에너지 적정비율(%)		
						탄수화물	단백질	지질
남자	19-29	65.8	173	2600	55	55-70	7-20	15-25
	30-49	63.6	170	2400	55			
여자	50-64	60.6	166	2200	50			
	19-29	56.3	160	2100	50			

출처: 한국영양학회 (2010) 한국인 영양섭취기준

3) 성인기의 영양문제와 질병

a. 대사 증후군

현대인은 풍요로운 식단으로 넘치는 영양과잉의 상태에 있으므로 건강상의 여러 문제가 야기되고 있다. 비만, 당뇨, 고혈압, 뇌졸중, 동맥경화, 심장질환 등 위험 요인들이 그룹을 이루어 질환군을 형성하고 있다. 특히 당뇨병 환자의 과반수는 고혈압, 고지혈증, 복부비만을 함께 가지고 있으며 또한 고혈압 환자의 30%는 당뇨병을 가지고 있다.

미국 국립콜레스테롤교육 프로그램(NCEP) 이 제시한 아래의 경우에서 3가지 이상이 기준치를 넘으면 대사증후군으로 본다.

▮ 표 4-22 ▮ 대사증후군 기준

	미국		한국(아시아 기준)	
	남성	여성	남성	여성
허리둘레	102cm이상	88cm이상	90cm이상	85cm 이상
중성지방	150mmHg 이상			
고밀도 콜레스테롤	40mg/dl 미만	50mg/dl 미만	40mg/dl 미만	50mg/dl 미만
공복혈당	110mg/dl 이상 또는 당뇨병 치료중		100mg/dl 이상 또는 당뇨병 치료중	
혈압	수축기 130mmHg 이상 또는 이완기혈압 85mmHg 이상 또는 혈압약 복용			

b. 암

우리나라의 사망원인 1위가 암이며 성인 건강을 위협하는 주요 질환 중의 하나이다. 암의 원인으로서는 유전적 요인과 생활환경 요인이 모두 관련성이 높으며 이중에서 흡연, 음식, 만성감염, 음주, 방사선 노출 등이 결정적인 관련인자로 조사되고 있다. 한국인은 위암과 간암이 많으며 식생활의 서구화와 직간접 관계가 있는 갑상선암, 유방암, 대장암 등의 발생이 증가하고 있다.

암관련인자 중 하나인 생활환경 요인인 생활습관을 조절하여 암을 예방할 수 있도록 올바른 식습관, 금연, 금주, 적절한 운동을 통하여 건강한 성인기를 보내고 노년기를 맞이할 수 있도록 해야 할 것이다.

c. 폐경(갱년기)

임신능력이 상실되면서 여러 호르몬의 변화와 정신심리적인 변화가 생기는 것을 폐경기 증상이라고 한다. 심리적인 불안정과 신진대사가 촉진되는 호르몬(에피네프린)의 분비로 안면홍조, 고열, 심계항진, 발한, 수면장애, 골다공증 위험증가, 피로, 체형변화, 성욕감퇴 및 질건조, 관상동맥질환 위험증가, 우울감 등 이른바 갱년기 증상이 나타난다.

d. 골다공증

골격의 외형은 그대로이나 골밀도, 골조직 함량이 감소한 경우를 말한다.

뼈의 무기질이 뼈속에서 빠져나간 상태로서 외부의 자극에 쉽게 골절을 일으킬 수 있다. 남녀 모두에게 나타나지만 여성호르몬인 에스트로겐의 상대적인 분비 감소로 인하여 골손실이 빠르게 일어난다.

폐경후 식품으로서 식물성 에스트로겐의 섭취 및 칼슘제 복용, 규칙적인 운동으로 골다공증이 심해지는 것을 예방 할 수 있다.

e. 심혈관계 질환

폐경이후에는 심혈관계 질환 발병율을 낮추던 에스트로겐의 분비 감소로 HDL콜레스테롤의 감소와 총 콜레스테롤, LDL콜레스테롤과 중성지방도 혈중 치가 증가하여 심혈관계 질환의 위험성이 높아진다.

6. 노인기의 영양

노인기는 만 65세 이상을 말하며 인체의 모든 기관이 노화되고 기능저하도 동반되는 시기이다. 신체기관들의 크기가 감소하고 이에 따라 내외적 환경변화에 대한 적응력이 줄어들고 면역력이 감소하여 질병에 쉽게 걸릴 수 있다. 성인기의 연장이 노인기로 될 수 있도록 건강한 생활습관을 유지하고 균형잡힌 식습관을 통하여 활동적인 생활을 지속해야 할 것이다.

▮ 그림 4-6 ▮ 노인기

1) 노인의 식생활 지침

지침	실천사항
각 식품군을 매일 골고루 먹자	고기, 생선, 계란, 콩 등의 반찬을 매일 먹습니다
	다양한 채소반찬을 매끼 먹습니다
	다양한 우유제품이나 두유를 매일 먹습니다
	신선한 제철 과일을 매일 먹습니다

지침	실천사항
짠음식을 피하고 싱겁게 먹자	음식을 싱겁게 먹습니다
	국과 찌개의 국물을 적게 먹습니다
	식사할 때 소금이나 간장을 더 넣지 않습니다
식사는 규칙적이고 안전하게 하자	세끼 식사를 꼭 합니다
	외식할 때는 영양과 위생을 고려하여 선택합니다
	오래된 음식은 먹지 않고 신선하고 청결한 음식을 먹습니다
	식사로 건강을 지키고 식이 보충제가 필요한 경우는 신중히 선택합니다
물은 많이 마시고 술은 적게 마시자	목이 마르지 않더라도 물을 자주 충분히 마십니다
	술은 하루 1잔을 넘지지 않습니다
	술을 마실 때에는 반드시 다른 음식물과 같이 먹습니다
활동량을 늘이고 적절한 체중을 갖자	앉아있는 시간을 줄이고 가능한 많이 움직입니다
	나를 위한 건강체중을 알고 이를 갖도록 노력합니다
	매일 최소 30분이상 숨이 찰 정도로 유산소 운동을 합니다
	일주일에 최소 2회, 20분이상 힘이 들 정도로 근육운동을 합니다

출처: 보건복지부

2) 노인기의 영양섭취기준

▮ 표 4-23 ▮ 노인기의 체위기준 및 1일 에너지, 단백질, 섭취에너지 적정비율

성별	연령(세)	체중(kg)	신장(cm)	에너지 필요추정량(kcal)	단백질 권장섭취량(g)	에너지 적정비율(%)		
						탄수화물	단백질	지질
남자	65-74	59.2	164	2000	50	55-70	7-20	15-25
	75이상	59.2	164	2000	50			
여자	65-74	50.2	151	1600	45			
	75이상	50.2	151	1600	45			

출처: 한국영양학회 (2010) 한국인 영양섭취기준

3) 노인기의 영양문제와 질병

a. 영양불량

노인기의 영양불량상태는 계속적으로 노화를 가속화시키고 만성퇴행성 질병의 악화를 유발한다. 국민건강영양조사에서는 2001년부터 노인의 전반적인 영양불량 상태를 계속 지적하여 왔는데 그 원인으로서는 치아상태의 불량, 노화로 인한 감각의 둔화, 신체활동의 감소와 기능둔화 등이 식사섭취량을 감소시키는 원인요소로 생각할 수 있다.

국민건강영양조사의 결과에서 보면 연령이 높아질수록 남성보다 여성 노인이 더 영양섭취가 불량한 것으로 조사되었으며 독거, 배우자 사별, 낮은 소득과 교육수준도 또한 식품 섭취량을 감소시키는 원인으로 조사되었다.

b. 빈혈

주로 노인에게서 나타나는 빈혈은 철 결핍성 빈혈로서 식사 섭취량 부족 및 나쁜 식습관이 그 원인이다. 또한 비타민 B_{12}의 흡수가 적고 혈액내의 기준치 수준이 낮아지므로 거대적아구성 빈혈도 나타나기도 한다.

c. 관절염

관절이 노화되어 나타나는 퇴행성 관절염이 흔하며 특히 여성에게는 류마티스 관절염이 더 많이 발생한다.

대부분의 노인에게서는 노화의 현상으로 관절의 강직과 약간의 통증이 생길 수 있으므로 체중조절, 무리하지 않은 걷기운동 등 악화예방을 위한 관리가 필요하다.

d. 골다공증

노인에게 흔한 질환으로 특히 폐경기후 여성노인에게 자주 발생한다. 금주, 금연 및 단백질, 칼슘의 보충과 함께 신체활동을 통하여 뼈조직을 강화하도록 한다.

e. 비만과 저체중

비만노인은 심혈관계 질환이 많이 발생할 수 있고 대사증후군의 위험도가 높다. 여성노인에게서 나타날 수 있는 저체중도 면역을 떨어뜨려서 질병에 걸릴 수 있으며 암이나 골다공증의 예방을 위하여 균형적인 식사섭취량을 늘려야한다. 비만과 저체중은 질병 발생의 위험률이 정상체중과 과체중인 경우보다 높으므로 체중 조절에 신경써야 한다.

f. 고혈압과 순환기 질환

고혈압과 심혈관 질환의 발생은 노화와 함께 발생하여 노인기의 삶의 질을 떨어뜨리는 심각한 요소가 된다. 합병증을 예방하기 위하여 저나트륨식이와 지질제한, 균형적인 식습관을 갖도록 한다.

g. 당뇨병

노인기에서는 대사속도가 감소되기 때문에 인슐린 저항성으로 인한 당뇨병이 생기기 쉽다. 식사와 운동요법을 통하여 당뇨합병증이 발생하지 않도록 해야 한다.

h. 백내장과 황반변성

노화의 진행과정에서 수정체가 혼탁해지고 두꺼워지는 백내장이 발생할 수 있다. 비타민 C, 비타민 E 및 베타-카로틴 등의 항산화 영양소를 공급하여 백내장의 진행을 예방한다.

황반변성은 망막의 황반이 오랜 기간 빛에 의해 손상되어 나타나는 질환이며 정기적인 눈검사와 함께 루테인 영양소를 제공한다.

I. 노인성 우울

노인기에는 주변의 지인과 가족들의 죽음 등 소외감과 외로움과 함께 나타날 수 있으며 사회적 활동제한, 영양섭취의 제한 등 내외 환경의 변화로 인하여 우울증이 걸릴 수 있다. 노인의 경우에 우울증으로 인한 자살률이 해마다 증가하고 있으며 약 15% 정도가 자살로 이어진다. 가족의 따뜻한 관심과 사회적 지지가 필요하다.

j. 뇌기능 장애(치매)

• 알츠하이머성 치매(Alzheimer's disease)

베타 아밀로이드(β-amyloid)라는 작은 단백질의 과도한 생성과 뇌세포 침착이 원인으로 현재까지 보고되고 있으나 발병기전은 아직 정확하지 않다.
우리나라는 해마다 치매환자수가 증가하고 있으며 2010년에는 약 22만명으로 보고되었다.

인지기능의 감소가 시작되어 소소한 일상생활의 기억상실로 시작하여 장기기억력과 이성을 잃고 점차로 의사소통이나 자율적인 활동이 어려워진다. 치매의 예방을 위하여 과일과 채소의 권장, 적절한 영양소의 공급, 즉 항산화 물질을 섭취하도록 하며 사회의 참여와 외부자극을 지속적으로 제공한다.

• 뇌혈관 손상으로 인한 치매

뇌졸중, 뇌혈관사고 등으로 인한 뇌기능의 손상으로 일어나는 현상으로 저 나트륨식이, 칼슘, 칼륨의 섭취 증가 및 비만을 방지하며 알코올 섭취를 제한 하도록 한다.

• 알코올성 치매

만성 알코올중독으로 인한 뇌손상의 형태로 기억력, 인지력이 떨어진 상태이다.

기본적으로 금주하며 영양공급을 하여야 한다.

• 파킨슨병(Parkinson's disease)

근육신경 전달물질인 도파민의 분비저하로 발생한다. 운동장애와 인지장애가 동반할 수 있으며 뇌기능 장애가 악화되지 않도록 충분한 영양섭취가 이루어지도록 해야 한다.

PART V

다이어트, 활성산소, 산성음식과 알칼리성 음식, 건강기능 보조식품

제1장 다이어트

1. 다이어트의 종류(식이요법)

다이어트의 어원은 그리스어로 diaita에서 유래하였으며, 삶의 규제로서 명시된 규율에 따라 개인적인 육체를 관리하고 유지하는 것이다. 1992년 최신의료대백과 사전의 사전적 의미의 다이어트는 미용이나 건강을 위해 체중을 조절하기 위한 규정식 또는 체중 조절을 위한 식이요법으로 정의하고 있으며 음식조절, 체중을 줄이거나 건강의 증진을 위하여 제한된 식사를 하는 것을 이른다는 국립국어원의 정의도 있다. 위의 정의들을 보면 다이어트란 단순히 체중감소 뿐만 아니라 체중을 조절하려는 어떠한 식이요법도 다이어트라고 할 수 있다.

세계보건기구의 집계에 따르면, 15세 이상의 인구를 대상으로 2014년 현재 전세계적으로 과체중(신체질량지수: BMI≥25)인구의 수는 21억 명 이상이며, 그 중 비만(BMI≥30)으로 간주되는 인구의 수는 5억 명에 달하는 것으로 추정되었다.

우리나라의 경우 최근 5년 동안 비만인구 율이 해마다 3%씩 증가해 보건복지부가 발표한 2012년 국민건강통계 국민건강영양조사 결과를 살펴보면 만 19세 이상 비만 환자는 국민 3명당 한명 꼴로 비만인 것으로 나타났다.

건강체중을 유지하기 위한 방법 중 많이 쓰이는 식이요법을 살펴보기로 하자.

1) 열량제한 요법

의학적으로 일주일에 500g의 체중을 감량하는 것이 적당하다고 하며 500g 이상의 감량을 위한 열량제한요법은 의학적 감시 하에 주의깊게 시행해야한다

(1) 단식요법

체지방률이 40-50%를 초과하는 비만자에 한하여 의학적 방법을 적용하기 이전의 마지막 방법으로 사용한다. 수분과 전해질의 보충만 하고 열량섭취를 하지 않는 것이며 근육량의 손실, 기초대사율의 감소를 일으키기 때문에 심각한 건강상의 문제를 일으키므로 필요시에 반드시 의사의 감독 하에 시행해야한다.

(2) 초저열량 식이요법

의학적인 감시 하에 시행하는 것으로 BMI가 30이상의 비만환자에게 단기간 시행하는 요법이며 하루 800kcal 이하로 열량섭취를 제한하는 것이다. 초기에는 급격히 체중이 빠져 나가나 지방의 감소(1/4) 뿐만 아니라 수분과 체내 단백질의 감소(3/4)도 일어날 수 있다. 동시에 지방분해과정에서 발생하는 케톤으로 인하여 탈수가 더욱 심하게 일어날 수 있다. 근육량의 소실로 인해 기초대사율도 낮아지므로 체온조절이 잘 안되며 서맥, 우울증, 분노폭발, 요요현상 등이 나타날 수 있다.

(3) 저열량 식이요법

하루 800-1200kcal를 공급하는 식이요법으로 시중의 다이어트 기관에서 사용하는 방법이다. 저지방, 저콜레스테롤, 고단백의 불균형적인 식이요법도 저열량 식이요법에 해당되며 식이요법 과정에서 유발되는 영양 불균형으로 인해 비타민과 미네랄을 섭취해야 한다.

2) 영양소 조절 요법

한가지 영양소를 고단위로 먹고 나머지의 영양소를 제한하는 방법이다.

(1) 고단백질 식이요법

식욕억제 효과를 얻기 위하여 비교적 소화가 잘 안되어 포만감을 주도록 하는 고단백 식이요법이다.

식이성 발열효과(TEF: Thermic Effect of Food)는 식품 섭취 후 영양소의 소화, 흡수, 이동, 대사, 저장 등의 과정에서의 자율신경계 활동증진 등을 위해 필요한 에너지이며 단백질의 대사를 위해서 발생하는 에너지가 가장 크고 탄수화물, 지방의 순이다. 이렇게 대사를 위한 에너지를 소비하도록 유도하며 고단백, 저탄수화물로 구성된 식이요법의 대표적인 사례로 한동안 인기를 끌었던 황제다이어트를 들 수 있다.

체질적으로 비뇨기계나 신장이 안좋은 경우는 지나친 고단백 식이요법이 요로결석, 고질소혈증 등의 부작용이 초래될 수 있다. 장기간에 걸쳐 시행할 때에는 뇌에 영양공급이 부족해지며 케톤증을 유발하여 심한 탈수 및 피로회복이 잘 이루어지지 않고 노화가 촉진된다.

(2) 저 탄수화물 식이요법

탄수화물은 최소한 하루에 100g은 섭취해야 혈당과 수분대사에 균형을 이룬다.

특히 탄수화물을 주 영양분으로 사용하는 뇌의 경우 적절한 양의 탄수화물이 제공이 되지 않은 경우 업무에 차질을 주는 일도 발생할 수 있다.

3) 원푸드 다이어트

다양한 식품 중 한 가지 식품만 계속 섭취하는 다이어트 법이다. 대표적으로 허브 다이어트, 곡류 다이어트, 포도 및 바나나, 사과 같은 각종 과일 다이어트 그리고 곡물 다이어트 등이 있다(사과, 분유, 요구르트, 벌꿀, 초콜릿, 계란, 감자, 두부, 바나나, 뻥튀기, 차 류 등). 음식의 양을 풍부하게 먹을 수 있어 포만감을 줄 수 있는 장점이 있다. 저탄수화물 식사요법에서 올 수 있는 저혈당의 부작용을 막을 수 있으며, 지방을 적게 섭취하므로 총 섭취열량이 줄고 비교적 간단하게 다이어트 할 수 있다.

• **종류**

차 다이어트: 녹차, 배차, 감비차, 양배추차

과일 다이어트: 포도, 사과, 토마토, 바나나

두부 다이어트, 우유 다이어트, 곡류 다이어트, 허브 다이어트, 요구르트 다이어트, 아이스크림 다이어트, 벌꿀 다이어트, 뻥튀기 다이어트 등

• **부작용**

전체적으로 총 섭취 열량을 줄이게 되어 체중감소의 효과는 있으나 영양적 불균형이 생기기 쉬우며 특히 칼슘, 철분, 양질의 단백질, 필수지방산, 비타민 B_{12}, 리보플라빈 등 영양소가 결핍될 수 있다.

영양결핍으로 인한 탈모, 탈수, 무월경, 불면증, 골다공증, 빈혈증, 요요현상 등의 부작용이 생길 수 있어 가능한 1~2주 이내에서 실시하고, 절식을 하더라도 비타민과 무기질 등의 영양소 보충을 해주어야 한다. 또한 감소한 기초대사량을 늘리기 위해 유산소 운동과 근육을 키울 수 있는 근력운동을 병행해야 한다.

다양한 음식을 골고루 섭취하고, 몸을 건강하게 유지할 수 있는 범위 안에서 열량 섭취를 줄이면서 운동을 꾸준히 하는 것이 가장 좋은 방법이 될 것이다.

2. 기타

기초대사율은 섭취 에너지의 감소에 보조를 맞추어 저하하기 때문에 식사요법만으로 체중감소를 한다는 것은 한계가 있다. 즉 운동을 하지 않은 채 섭취 에너지의 무리한 제한은 체중을 감소시키고, 체지방율을 증대시키는 결과를 초래한다. 그러므로 식이요법 만으로의 비만 치료는 이론적으로 성공할 수 없다. 적절한 섭취 에너지의 제한과 운동요법을 병용시키는 것이 효과적인 체중감소를 위한 치료법이다.

1) 운동요법 다이어트

운동을 함으로써 기초대사 및 활동 대사를 상승시키고 지방조직인 중성지방을 효율적으로 소비하게 해야 한다. 높은 강도에서는 당질만을 에너지원으로 사용하므로 유산소역치(lactate threshold, LT) 또는 무산소역치(anaerobic threshold, AT)를 넘은 강도의 운동에서는 혈중에 유산이 축적되어 지방분해가 억제된다.

운동요법 다이어트의 종류

• **유산소 운동(Aerobic exercise)**

에어로빅스(Aerobics), 에어로빅 운동이라고도 한다. 그리 많이 숨이 차지 않으며 큰 힘을 들이지 않고도 할 수 있는 운동으로 몸 안에 최대한 많은 양의 산소를 공급함으로써 심장과 폐의 기능을 향상시키고 강한 혈관조직을 갖게 하는 효과가 있다. 빠르게 걷기, 수영, 등산, 자전거타기 등을 장기간 규칙적으로 실시하면 운동부족과 관련이 높은 고혈압, 동맥경화, 고지혈증, 허혈성 심장질환, 당뇨병 등의 성인병을 예방할 수 있을 뿐만 아니라 비만 해소와 노화현상을 지연시킬 수 있다.

• **무산소 운동(Anaerobic exercise)**

언 에어로빅스, 언 에어로빅 운동이라고도 한다. 운동을 할 때 숨이 찬다는 말은 운동에 필요한 산소가 부족하다는 뜻을 나타낸다. 무산소 운동은 산소가 충분하지 않거나 없는 상태에서 이루어져서 숨이 차고 힘이 들어 2~3분 정도밖에 지속할 수 없는 단시간 운동이다. 대표적인 무산소 운동으로는 웨이트트레이닝, 역도, 씨름, 레슬링 등이 있다.

2) 슬리밍제품 다이어트

우리 몸의 대사과정에서 배출되지 못한 노폐물과 독소 등이 밖으로 빠져나가지 못하면 피부 조직에 뭉쳐 있게 되는데 주로 허벅지, 팔, 허리, 배, 엉덩이, 무릎 안쪽 등에 자리하게 된다. 슬리밍 제품의 주 기능은 살을 빼주는 것이라기보다 셀룰라이트가 많은 부위의 바디라인을 매끈하게 해주는 것이다. 셀룰라이트의 주된 원인으로는 유전적 성향, 호르몬의 변화, 체중 증가 등이며 혈액 순환이나,림프 순환이 잘 안 되는 것도 발생 원인이다.

몸에 꼭 끼는 옷, 하이힐을 즐겨 신는 사람, 물마시기를 꺼리거나 운동 부족, 술, 담배, 커피를 즐기는 사람, 장기간 스트레스와 과로가 잦은 사람에게도 잘 생긴다.

슬리밍제품 다이어트의 종류

• **바디 슬리밍 제품**

발열제품, 체지방분해 제품, 셀룰라이트 감소 제품, 부종 제거크림, 탄력크림 등이 있다.

• **발열제품**

주로 셀프사우나 혹은 운동 시 발열작용으로 땀 분비를 촉진시켜 노폐물을 통해 몸 안의 독소를 배출 시키고 땀과 함께 지방을 녹여 노폐물로 배출시키는 역할을 한다. 주로 사우나기계 사용 시 많이 이용되며, 도포 후 랩핑하고 사우나기계 속에서 체내 온도를 높여 땀을 배출하는 방법이다.

• **체지방분해 제품**

카페인 성분과 L-카르니틴, 녹차추출물, 자몽추출물 등의 성분을 피부에 흡수시킴으로서 체내의 체지방 분해를 촉진시키는 역할을 한다.

• **셀룰라이트 감소 제품**

과잉된 피하지방의 축적으로 순환이 점차 저하되면서 부분적으로 섬유질이 지방조직과 엉겨 붙어 피부 바깥으로 오렌지 껍질처럼 울퉁불퉁 보이는 비만 상태를 이르는 셀룰라이트를 감소, 분해하고 예방해서 피부표면에 있는 지방층을 없애주는 기능을 한다. 바카린, 호토니아, 제라늄, 지방 분해효소에 의한 지방분해 촉진, 셀룰라이트를 억제함과 동시에 과잉지방을 분해하고 연소시킨다.

• **부종제거 크림**

상쾌한 쿨링 성분이 온도를 낮춰주고, 림프 순환을 촉진시킨다.

징코, 카페인 성분 등의 혈액순환을 원활히 하여 체내의 과잉 수분체증을 제거하고 붓기와 다리의 통증을 완화하여 전체적인 체형조절 작용이 있다.

• **탄력크림**

비만으로 늘어지기 쉬운 부위의 탄력관리를 위해 파인애플 추출물, 브로멜라인 성분과 카페인 등이 사용되며 셀룰라이트 관리와 지방 세포의 축적을 막아주는 기능이 복합적으로 이루어진다.

3) 기능성식품 다이어트

식품의약품안전처는 건강기능식품은 인체에 유용한 기능성을 가진 원료나 성분을 사용하여 제조, 가공한 식품으로 정의하고 있다. 건강기능식품은 의약품과 달리 질병상태의 치료가 목적이 아니라 생체기능의 활성화를 통해 질병 발생 위험을 감소시키거나 건강유지 증진을 목적으로 하고 있다.

기능성 내용 작용기전

당질과 지방의 소화 흡수를 어렵게 하여 체지방 감소에 도움을 준다.

식이섬유 등을 함유한 건강기능식품은 당질과 지방의 소화를 도와주는 효소를 방해하거나, 소장에서의 흡수를 어렵게 하여 섭취에너지를 줄이는 역할을 할 수 있다. 우리가 섭취하는 에너지 중 쓰고 남은 것은 간에서 다시 지방산으로 합성된다. 합성된 지방산은 신체 각 부위의 지방 세포에 저장되어 체지방이 된다. 남은 에너지를 지방으로 합성하는 과정을 방해하여 체지방 감소에 도움을 줄 수 있다.

지방의 분해를 촉진하여 체지방 감소에 도움을 준다. 음식으로 섭취하거나 몸에 축적되어 있던 지방은 세포에서 베타산화작용에 의하여 에너지원으로 쓰인다. 이 과정에는 카르니틴, 지방분해효소 등 특정 물질이 필요하다. 히비스커스 등 복합추출물, 가르시니아 캄보지아 등을 함유한 건강기능식품은 이 특정 물질을 조절하여 지방을 에너지로 쓰는 것을 촉진할 수 있다. 즉 지방의 분해를 촉진하여 체지방을 줄이는데 도움을 줄 수 있다.

• **베타산화작용(β-oxidation)**

지방산이 에너지를 내기위해 아세틸 CoA로 분해하는 것으로 세포의 미토콘드리아에서 일어난다.

4) 양약 다이어트

양약 다이어트란 의사의 전문적인 진단과 지시 감독 아래 사용해야 하는 의약품을 이용한 다이어트를 말한다. 특히 부작용이 심하고 습관성 및 의존성이 있으며 내성이 잘 생기고 약물 간 상호작용으로 약효가 급상승 또는 급감할 수 있는 약은 전문의약품으로 규정한다. 식약처에서는 식이요법이나 운동요법만으로 효과가 없는 경우, 체질량지수(BMI)가 30㎏/㎡을 넘는 경우나 고혈압, 당뇨, 고지혈증 증상이 있는 환자의 경우, 체질량지수(BMI)가 27㎏/㎡을 넘을 때, 의사와 상담해 살 빼는 약 치료를 시작할 수 있다고 예시하고 있다.

우리나라에서는 그 기준이 극히 드물기 때문에 양약 다이어트를 시작하기 위해서는 식사조절, 운동 등의 비약물요법을 한 뒤 3~6개월 후에도 기존 체중의 10%도 감소되지 않으면 전문의의 처방에 따라 시작한다.

양약 다이어트의 치료효과는 매우 다양하여 같은 약제일지라도 효과가 좋은 사람과 그렇지 않은 사람이 생긴다. 이는 사람의 유형에 따라 다르다는 것인데 사람의 체중은 20여개가 넘는 유전자에 의해 조절되며 체중의 변화도 서로 우월한 여러 유전자에 의해 발생하기 때문이다.

양약 다이어트를 하는 동안에는 음식을 평소보다 적게 먹게 되거나 지방이 몸에 잘 흡수되지 않아 체중이 빠지게 된다. 따라서 약을 끊고 나서 약을 먹기 전처럼 식사를 많이 하고 운동을 안 하면 대부분의 경우 살이 다시 찌게 된다. 향정신성 식욕억제제는 남용과 습관성이 심하다. 또한 중추신경을 흥분시켜 두근거림, 혈압상승, 가슴통증, 불안, 현기증, 불면 등과 같은 부작용을 나타낼 수 있다. 지방분해효소억제제는 위장관계 부작용도 타날 수 있다. 일반적으로 4주간 복용을 권하는데 의사 판단에 따라 좀 더 복용할 수도 있다.

양약 다이어트 종류

현재 미국식품의약국(FDA)과 식품의약품안전처에서 '체중 조절을 목적으로 사용될 수 있는 비만치료제'로 승인을 받고 처방되는 약은 체내에서 지방흡수를 억제해 지방성분의 일부를 대변으로 배설하게 하는 제니칼(오르리스타트)과 식욕을 억제하고 에너지 소비에 관련이 있는 펜터민, 펜디메트라진, 디에칠프로피온, 마진돌 성분 약이 있다. 지방흡수억제제인 제니칼은 소화 효소를 억제해 본인이 먹은 음식물 중에 포함된 지방분의 소화를 막아서 섭취한 지방의 약 30%를 그대로 몸 밖으로 배설되도록 유도함으로써 몸으로 유입되는 지방에 의한 칼로리의 섭취를 줄일 수 있다.

아직까지 위험한 부작용은 보고된바 없지만 민감한 환자의 경우 채취의 변화를 느끼기도 하며 장기간 복용할 경우 지용성 비타민을 꼭 복용해야 한다.

흔히 식욕억제제라고 불리는 암페타민계 약물의 펜터민, 펜디메트라진 등은 대뇌의 식욕중추에서 노르에피네프린과 도파민을 분비해서 식욕억제를 일으킨다. 식욕억제 효과가 강력하고, 1일 최대 1정 복용으로 타 제재에 비해 투약이 간단한 장점이 있다. 체질량 지수 30이상인 비만 환자에게만 사용하도록 되어 있으며, 4주 후 내성이 생기는 경우도 흔히 있다. 중추신경계자극과 혈압 상승 작용을 일으키므로 다른 식욕억제제와는 병합하지 않고 장기간 사용 시 심장 판막이상과 폐 고혈압 유발 위험이 있어 단기간에만 사용해야 한다.

이외에도 신경 전달물질의 재흡수를 막아 20% 적게 먹고도 포만감을 느끼게 만드는 항정신성 의약품 계열의 시부트라민 제제 리덕틸은 세로토닌, 노르에피네프린, 도파민 등 신경전달물질의 재흡수를 각각 53%, 54%, 16%씩 억제시킨다. 때문에 이들의 체내 농도가 상승, 포만감이 느껴져 식욕을 억제하는 기전을 갖고 있어 2010년 이전까지 많이 사용되었지만 현재 심근경색과 뇌졸중 등의 부작용 등을 이유로 더 이상 사용하지 않게 되었다.

5) 한방 다이어트

한의학에서는 원활하지 않는 기의 순환으로 몸 안의 수분이 과잉 축적되고 이것이 오래되면 담이 형성되어 지방이 외부로 배출되지 못하고 과도해지는 것을 비만의 원인으로 보고 있다. 따라서 한의학적인 방법으로 사상의학에 입각하여 체질별로 식욕을 억제하고, 부종을 없애며, 비만을 일으키는 질병을 치료하여 기의 흐름을 정상화시켜 몸에 쌓인 지방과 수분을 배설시키는 것을 도와주는 것이 한방 다이어트이다. 단순히 열량을 줄여서 체중을 줄이는 방법과는 달리 인체의 음양이 조화를 이루도록 도와 근본적인 대사작용을 활성화시켜 건강한 다이어트를 할 수 있기 때문에 다시 체중이 증가하는 경우가 드물고, 체질개선의 효과도 있다.

체중을 줄이는 동안 금식을 강조하지 않고, 정상적인 생활을 하면서 다이어트를 진행하기 때문에 배고픔을 느끼지 않을 뿐만 아니라 각 사람의 체질과 건강상태에 맞게 처방하기 때문에 체질개선 효과까지 있다. 반면에 한방다이어트 제품들이 중국산 약재를 사용하거나, 검증되지 않은 물질을 사용하는 경우 오히려 건강에 해가 될 수 있으므로 전문가의 진단 하에 사용하여야한다.

3. 채식주의

채식주의(vegetarianism)는 인간이 동물성 음식을 먹는 것을 피하고, 식물로 만든 음식만을 먹는 것을 뜻한다. 동물성 음식은 보통 동물을 식재료로 만든 음식과, 동물로부터 나온 유제품(우유, 버터, 치즈, 요구르트 등), 동물의 알, 동물 성분을 물에 넣고 끓인 국물과 어류까지도 포함하는 말이지만, 일부 엄격하지 않은 채식의 경우에는 동물의 고기를 제외한 일부의 동물성 음식을 먹는 경우도 있다. 서양의 경우에는 자연보호, 생태주의, 반자본주의, 정신수양의 관점에서 채식주의를 주장하였고 20세기 이후에는 윤리, 건강, 환경보호, 동물보호의 측면에서 채식주의자의 수가 늘어나고 있다.

인도 인구의 20-30% 정도가 락토 베지테리언(동물성 음식 중에서 유제품은 먹는 채식주의자)이며 전 세계 채식주의자의 70%를 차지한다. 우리나라에서는 주로 건강을 위하여 선택한 경우로 개인의 식습관 성향 또는 식이요법으로 적용하는 경우도 있다.

▮ 표 5-1 ▮ 채식주의의 유형

유형	특징
락토 오보 베지테리언 (lacto-ovo vegetarian)	유제품과 동물의 알은 먹는 경우. 서양의 대부분의 채식주의자들은 락토 오보 베지테리언으로 분류된다.
락토 베지테리언 (lacto vegetarian)	고기와 동물의 알은 먹지 않지만 유제품은 먹는 경우. 인도와 지중해 연안의 나라에서 흔하다.
오보 베지테리언 (ovo vegetarian)	유제품은 먹지 않지만 동물의 알은 먹는 경우
비건(vegan)	유제품과 동물의 알을 포함한 모든 종류의 동물성 음식을 먹지 않는 경우. 일부는 꿀도 먹지 않는 경우가 있다. 짐승의 가죽으로 만든 옷이나 화장품류처럼 동물을 이용해 만들어진 모든 상품과 가죽을 얻기 위해 짐승을 학대하는 생명의 존엄성 침해에 반대하여 사용하지 않는 사람도 넓은 의미에서 비건이라고 부른다.
폴로 베지테리안 (Pollo-vegetarian)	우유, 달걀, 생선, 닭고기까지 먹는 채식주의자. 붉은 살코기는 먹지 않는다.

유형	특징
페스코 베지테리안 (Pesco-vegetarian, Pescetarianism)	우유, 달걀, 생선까지 먹는 채식주의자
플렉시테리안 (Flexitarian)	대부분 채식을 하지만 때때로 육식을 하는 경우. 일부는 공장식 농장에서 생산되는 고기를 거부하고 자연 상태에서 자란 동물 고기만을 먹는 경우도 있다.
불교 채식주의 (Buddhist vegetarian, su vegetarianism)	모든 고기류와 양파, 마늘, 부추, 리크, 샬롯 등을 먹지 않는다.
자이나교 채식주의 (Jain vegetatian)	유제품은 먹지만 달걀, 꿀, 뿌리 식물을 먹지 않는다.
생식주의 (Raw veganism)	음식을 익히거나 열을 이용해 조리하지 않고 주어진 그대로 먹는 경우. 조리과정에서 영양소가 파괴되거나 변형되는 것을 막기 위한 경우가 많다.
과식주의 (Fruitarianism)	과일과 견과류의 열매와 씨앗 등, 식물에게 해를 끼치지 않는 부분만 먹는 경우. 일부 열매주의자는 나무에 매달려 있는 열매는 먹지 않고, 다 익어 땅에 떨어진 열매만 먹는 경우도 있다. 따라서 감자와 시금치 등은 먹지 않는다. 영양소 결핍의 가능성이 있어 그 수가 많지는 않다.

제2장
활성산소와 항산화제

1. 활성산소

활성산소는 '프리라디칼(free radical)' 혹은 '자유기', '유리기' 라고 불린다. 인간은 산소 없이는 생존이 불가능하고 호흡을 통하여 체내에 들어온 산소의 95%는 영양소를 산화하여 에너지로 만드는 대사과정에서 유익한 역할을 한다. 5%의 산소는 활성산소의 형태로 동식물의 체내 세포들의 대사과정에서 생성되는 산소화합물로 노화나 동맥경화, 암 등의 원인과 관계가 있는 것으로 알려지고 있다.

활성산소가 일반 산소처럼 산소원자 2개가 결합한 정상적인 분자구조가 아니라 산소원자 1개의 불안전한 구조를 갖고 있어, 우리 몸 안의 다른 것들과 결합하려고 한다. 이런 과정을 산화작용이라고 하는데, 활성산소의 이러한 산화작용은 우리의 세포와 단백질, DNA 등을 공격하여 파괴시켜 세포구조나 기능, 신호전달체계에 심각한 손상을 준다.

활성산소는 우리가 호흡한 산소가 에너지를 만들고 물로 환원되는 과정에서 나타나는 수천배 산화력이 높은 산소찌꺼기로서 공해, 스트레스, 흡연, 자외선, 과식, 식품첨가물 등 각종 유해환경에 노출되는 것, 세균침투에 의해서도 병원체나 이물질들을 제거하는 과정에서 활성산소가 발생한다. 현대병의 90% 이상이 활성산소가 원인이며, 노화의 원인설로 가장 강력하게 대두되고 있는 것 또한 활성산소이론이다.

활성산소는 적당량이 있으면 세포의 성장, 분화 그리고 발육을 유도하는 능력을 가지고 있으며, 세균이나 이물질로부터 상처를 치료하는데 기여하거나 면역

반응 활성에 기여를 하는 것으로 알려져 있으나 너무 많이 발생하면 정상세포까지 무차별 공격, 각종 질병과 노화의 주범이 된다. 즉, 환경오염과 화학물질, 자외선, 혈액순환장애, 스트레스 등으로 과잉 생산된 활성산소는 인체의 정상적인 DNA와 세포, 조직을 공격한다. 활성산소는 DNA의 유전정보를 파괴하고 세포막을 붕괴하며 비정상적인 세포단백질을 형성한다.

2. 항산화제

활성산소의 유해성을 막기 위하여 우리의 신체는 항산화 비타민, 비효소적 항산화 물질, 그리고 항산화 효소로 구성되어 있는 효율적인 항산화 방어체계를 가지고 있다. 일반적으로 항산화 비타민은 직접적으로 유리기를 제거하는 역할에 관여하며, 항산화 물질인 glutathione과 다른 thiol 물질들은 세포의 산화 환원상태를 유지하는데 중요한 역할을 하고, SOD(Superoxide dismutase), CAT(Catalase), 그리고 GPX(Glutathione peroxidase)와 같은 항산화 효소는 활성산소의 하나인 전자 환원반응을 촉매한다.

활성산소에 의해 공격을 받았을 경우 손상 복구를 빠르게 하며 다른 항산화제들이 효과적인 기능을 발휘하기 위한 환경을 제공해 준다.

1) 항산화제의 필요성과 효과

활성산소로 인해 우리 몸이 노화되고 손상되는 것을 막아주는 물질이 항산화제(antioxidants)이다. 인체 내에 자연적으로 존재하는 것과 외부에서 투여해 주는 것으로 나눌 수 있다. 인체 내에 자연적으로 존재하는 항산화제로는 SOD, 글루타치온, 페록시다제 등의 효소와 요산, 빌리루빈 등이 있으며 외부에서 투여해 주는 것으로 비타민 E, C, 베타카로틴이 있으며 미네랄 중에는 셀레니움이 대표적이다. 그 밖에도 멜라토닌 같은 호르몬, 녹차에 많이 들어 있는 플라보노이드 성분과 적포도주에 들어 있는 폴리페놀, 벌집을 구성하는 성분의 하나인 프로폴리스 등이 대표적인 항산화제이다. 활성산소를 적절히 제거하지 못할 경우 축적되는 활성산소에 의해 여러 가지 질병이나 노화가 초래된다고 알려져 있다. 이들 항산화제들은 활성산소의 독작용을 제거하여 생체를 보호하고 있다.

· 유전자 손상을 막는다.	· 인간의 수명을 연장한다.
· 피부의 노화를 방지한다.	· 심장병을 예방한다.
· 뇌를 보호한다.	· 암을 예방한다.

2) 항산화제의 종류

(1) 항산화효소(SOD; Superoxide dismutase)

활성산소는 대부분 음식물을 섭취해 에너지로 바꾸는 신진대사 과정에서 생긴다. 반면 우리 몸에는 활성산소를 해가 없는 물질로 바꿔주는 효소(항산화효소)도 있어 활성산소의 무제한 증가를 막아준다.

몸속에서 자체적으로 생기는 항산화효소 외에 외부의 식물에서도 항산화물질을 얻을 수 있다. 비타민 C(키위, 양배추 등에 다량 함유됨), 비타민 E(아몬드, 해바라기씨 등에 다량 함유됨), 베타카로틴(당근, 토마토 등에 다량 함유됨), 셀레늄(각종 해산물에 다량 함유됨) 등이 그것이다.

(2) 자연에 있는 대표적인 항산화제

이러한 나쁜 물질을 막아주고 세포를 보호해주는 물질이 바로 항산화제이며 알려진 항산화제는 비타민 C와 E, 베타카로틴, 멜라토닌, 무기질, 셀레늄 등과 기타 야채, 과일, 좋은 지방(불포화 지방산)에 많이 포함된 여러 종류가 있다. 자연 음식에 있는 항산화제가 흡수가 좋아 더 권장하며 부족 시 합성 항산화제를 복용하도록 한다.

▮ 표 5-2 ▮ 항산화제

종류	공급원	기능
알파카로틴	당근, 호박	필요한 경우 비타민 A로 변할 수 있다. 피부, 눈, 간, 폐를 유리된 분자로부터 보호.
베타카로틴	살구, 참외, 복숭아, 브로콜리, 호박, 당근, 시금치	심근경색, 동맥경화, 뇌졸중, 백내장을 예방하며 면역체계를 강화시키고, 유리된 분자의 생성을 억제
리코펜	토마토, 수박	암세포의 성장을 억제. 특히 토마토를 많이 먹는 이탈리아, 그리스인들에게 전립선암이 적다.
루테인	시금치와 푸른채소	프리 래디칼을 중화시키고 노화로 인한 반상질환(AMD) 예방
제악산틴	시금치, 근대, 치커리	망막의 황반부 변성으로부터 눈을 보호하고 항암작용이 있으며 종양의 성장을 억제
카테킨	녹차, 포도, 포도주스, 포도주	카테킨은 포도상구균을 억제하고 콜레스테롤 수치를 고르게 하고, 동맥경화증을 예방하며, 충치와 잇몸질환을 예방한다. 위암, 폐암을 예방
레스베라스톨	포도(껍질과 씨), 붉은 포도 주스, 포도주	콜레스테롤 수치를 고르게 하며, 심장 및 순환기 질환을 예방
OPC	포도씨, 소나무 껍질 추출물	혈관을 보호. 결체조직, 힘줄, 인대, 뼈가 강해짐. 골다공증을 예방, 피부의 멍과 노인반점, 정맥류, 치질의 방지에 도움
제니스테인	콩, 두부, 두유, 청국장	전립선암, 유방암, 장암, 폐암, 피부암, 출혈성 백혈병 등 암을 억제
알리신	양파, 마늘, 파	혈압을 조절, 혈당수치가 낮춤 혈관벽이 유연하고 투과성이 좋아짐
안토시안	뽕잎, 크랜베리, 월귤나무	박테리아 감염, 암질환, 만성질병, 백내장, 야맹증 예방
인돌과 설포라판	양배추	암을 예방
SOD	야생보리, 브로콜리, 양배추, 밀의 잎	강력한 항산화제
유비키논	육류, 곡물 가공품, 달걀, 염소젖	비타민 E와 비슷한 정도의 항산화제이며 면역체계를 강화하고 피부를 보호하며 잇몸질환의 회복
셀레늄	해바라기씨, 버섯, 콩, 현미, 곡식의 껍질, 양배추, 마늘, 참치, 굴	중금속, 수은, 납, 카드뮴을 소변으로 배출 나쁜 지방산, 알코올, 니코틴과 마약물질을 해독. 암 예방

3) 항산화 물질과 효능

(1) 비타민 C

노벨상을 수상한 비타민 C 연구자 라이너스 포링(Linus Pauling) 박사는 1994년 93세로 세상을 떠났는데 50년 이상 비타 민C를 계속 섭취한 것이 장수의 비결로 알려져 있다.

하루에 300mg의 비타민C를 매일 섭취하면 남성은 6년, 여성은 2년 평균수명보다 장수한다는 것이 최근의 연구결과 밝혀졌다. 비타민 C($C_6H_8O_6$)의 화학적 구조는 포도당($C_6H_{12}O_6$)과 아주 흡사하여 세포 내로 쉽게 흡수되는 특징이 있다.

비타민 C는 비타민 E와 마찬가지로 우리 몸에서 생성되지 않기 때문에 야채나 과일 등의 음식물로 섭취해야 하며 비타민 C는 소화기를 자극하여 암을 유발하는 물질인 니트로스아민을 억제하는 작용이 있기 때문에 식도암, 위암, 대장암을 예방하는 효과가 크다.

(2) 비타민 E

α-토코페롤(tocopherol)이라 불리는데 토코페롤이란 그리스어로 "아이를 수태" 한다는 의미이며 여성 생식능력을 유지, 증진시키는 것으로 알려져 있다. 비타민 E는 쌀과 보리의 배아, 콩, 호두, 잣 그리고 식물성 기름에 많이 함우되어 있는 지용성 물질로 열에는 강하지만 공기 중에는 쉽게 산화된다. 알파, 베타, 감마, 델타 토코페놀과 알파, 베타, 감마, 델타, 토코트리에놀 등 8가지가 있는데, 이중 대표적인 것은 알파 토코페롤이다.

비타민 E의 효능을 보면 뇌와 혈관의 노화지연, 암예방, 면역기능 강화, 동맥경화예방, 관절염 완화, 여성 생리 정상화 등이 있다.

(3) 리코펜(lycopene)

리코펜은 토마토에 많이 있는 카로티노이드이다. 최근 연구에 의하면 LDL-콜레스테롤의 산화를 방지하는 효과와 암을 예방하는 효과가 탁월하다는 연구보고가 있다.

(4) 카로틴(Carotene)

베타 카로틴은 카로티노이드의 일종이며 탄소 20개로 된 테트라 페노이드로서 단세포 박테리아로부터 황색 꽃, 규화과 식물에 이르기까지 모든 식물에 들어있는 지용성 색소이다.

베타 카로틴은 비타민 A의 전구물질로 음식을 통하여 카로틴을 섭취하게 되면 그중 베타카로틴은 40%, 알파카로틴은 20%가 장이나 간에서 비타민 A로 바뀌어 흡수되며, 비타민 A로 변화되지 않은 카로틴은 지방조직으로 가서 저장된다.

베타 카로틴은 비타민 E와 비타민 C처럼 지방과 LDL-콜레스테롤의 산화를 방지하여 동맥경화를 예방하고 면역세포의 기능을 강화시켜 암의 발생을 억제한다.

(5) 루테인(Lutein)

루테인은 망막의 중심부, 즉 황반에 있는 카로테노이드 성분으로 자외선이나 가시광선에 의한 조직의 손상을 예방하여 주는 항산화물질이다. 50세 이후 실명을 초래하는 중요한 질병인 황반변성은 빛의 자극에 의해 발생된 활성산소가 원인이다.

예방하는 효과적인 방법은 루테인과 제잔틴이 많은 음식을 섭취하는 것이다. 루테인은 밝은 황색의 색소 성분으로 옥수수,난황,브리콜리,호박,케일,시금치 등에 함유되어 있다. 암과 동맥 경화를 예방한다.

(6) 카테킨(Catechin)

녹차에는 폴리페놀계의 플라보노이드인 "카테킨"이라는 성분이 있는데, 이것은 지방과 콜레스테롤의 산화를 방지하며, LDL-콜레스테롤과 중성지방을 감소시키고 HDL-콜레스테롤을 증가시켜 심장병을 예방하는 것이다. 외국에서는 많은 연구 끝에 녹차의 추출물이 암과 심장병 등에 보조치료요법으로 사용되고 있다.

(7) 퀴세틴(Quercetin)

퀴세틴은 카테킨과 함께 지방의 산화를 방지하는 중요한 프라보노이드로, 음식물 중에서는 양파에서 제일 많이 발견되고 있다. 퀴세틴은 LDL-콜레스테롤의 산화를 방지할 뿐 아니라 혈액의 응고를 방지하여 심장병을 예방한다. 또한 항암작용이 있어서 백혈병과 유방암을 치료하는데 효과가 있다. 퀴세틴은 히스타민을 억제하는 효과가 있어서 알레르기의 치료제로도 사용될 뿐 아니라 염증을 억제하며, 세균, 바이러스, 진균 등을 죽이는 작용도 가지고 있다.

(8) 마늘(Allium Sativum)

심장병, 즉 동맥경화가 있는 사람에게 마늘은 필수적이며 외국에서는 마늘을 심장병 환자들에게 기본으로 처방하고 있다. 마늘에 들어있는 알리신(allicin)은 강력한 항산화 작용을 가지고 있어서 LDL-콜레스테롤의 산화를 방지한다.

또한 마늘은 콜레스테롤과 중성지방을 감소시키고, 혈액의 응고를 방지하며, 혈압을 떨어뜨리며 혈관의 탄성력을 증가시키고 혈관 속의 노폐물을 제거하는 효과도 있다.

(9) 포도

포도의 껍질과 씨에는 강력한 항산화 작용을 하는 프라보노이드인 OPCs가 함유되어 있다. 포도주를 즐겨 마시는 프랑스 사람들에서는 심장병이 적게 생기는 이유는 포도가 지닌 항산화 효과이다. 혈액의 응고를 방지하고 혈관을 튼튼히 한다.

(10) 피크노지놀 : 자연에서 발견되는 가장 강력한 항산화제

피크노지놀은 OPCs(proanthrocyanidines)라는 프라보노이드를 함유한 강력한 항산화제로, 소나무 껍질에서 추출된 물질이다. 피크노지놀은 항산화 효과 외에 모세혈관을 튼튼히 하여 혈액순환을 개선한다. 따라서 혈관과 관련된 질환(쉽게 멍드는 사람, 하지의 정맥류, 망막의 혈관질환)에 도움이 된다. 또한 비타민 C의 작용을 강화시켜 피부로 가는 모세혈관을 튼튼히 하고, 혈액의 순환을 개선시켜 피부를 튼튼하고 젊게 만든다.

(11) 은행잎 추출물(Ginkgo Biloba)

징코는 뇌로 가는 혈류의 감소에 따라 발생되는 기억력 감소, 집중력 장애 그리고 치매 증상을 예방하고 치료하는 목적으로 오래 전부터 유럽에서 사용되어 왔다.

최근에는 징코 프라보노이드가 가진 우수한 항산화 효과와 혈류개선 효과가 인정되어 전세계적으로 널리 사용되고 있다. 징코는 유리기를 중화하는 항산화 효과 외에 나이트릭 옥사이드의 균형을 유지하여 뇌로 가는 혈관뿐만 아니라 하지, 남성의 성기 그리고 미세한 혈관인 망막에 이르기까지 모든 혈관의 탄력성을 유지하여 혈류의 순환을 원활이 한다.

(12) 셀레니움(Se)

셀레니움은 우리 몸에 필수적인 미량 미네랄로서 항산화제는 아니지만, 항산화 작용을 하는 글루타틴온과 비타민 C를 생성하는데 필요한 물질이다. 또한 셀레니움을 비타민E와 같이 투여하면 항산화 효과가 상승된다. 유방암 조직의 혈관형성을 억제하여 종양의 크기를 감소시키는 효과가 있다.

(13) 리포익산(lipoic acid)

유럽에서 당뇨병의 합병증을 치료하기 위해서 오래동안 사용되어 오고 있다. 리포익산은 비타민과 유사한 작용을 하는 물질로 비타민과 차이점이 있다면, 비타민은 우리 몸에서 생성이 되지 않지만 리포익산은 우리 몸에서 만들어지는 물질이다

(14) 조효소(coenzyme)

코엔자임은 미토콘드리아에서 에너지를 만드는데 반드시 필요한 보조효소로 코엔자임이 없는 에너지가 생성되지 않는다. 코엔자임은 우리 몸 속에서 분비되는 물질로 20대에 최고로 많이 분비되며, 나이를 먹음에 따라 분비는 점점 감소하게 된다. 심장, 뇌 그리고 근육은 에너지를 많이 소모하는 장기들로서 많은 양의 코엔자임을 필요로 한다.

따라서 코엔자임이 부족하게 되면 에너지의 생성이 감소되며, 이로 인해 뇌는 기억력이 떨어지고, 심장은 수축력이 감소하며, 근육은 무력하게 된다. 미토콘드리아에서 에너지를 생성하고 나면 반드시 슈페록사이드와 하이드로겐-페록사이드 같은 유리기가 발생되는데, 코엔자임은 이런 유리기를 중화하는 강력한 항산화 작용을 가지고 있다.

4) 산화 스트레스 검사

항산화제는 중년 이후 대부분의 사람들에게 필요하므로 어떤 종류의 항산화제라도 복용하면 노화방지에 도움이 된다. 항산화제를 복용하기 전에 먼저 활성산소에 의한 신체의 산화 스트레스 정도와 항산화능력을 검사해서 필요한 항산화제의 종류와 용량을 결정, 치료 전후의 호전 정도를 비교하면 좀 더 효율적인 복용이 될 수 있다.

산화 스트레스는 워낙 변수가 많아 상태와 시간에 따라 다르게 나올 수 있어 검사 조건을 동일하게 해서 측정한다. 최근에는 간단하게 혈액 한 방울로 산화 스트레스 정도와 항산화 능력을 측정할 수 있다.

5) 항산화제 복용 방법

활성산소 발생 장소는 세포 내의 미토콘드리아, 세포막, 혈액 등 다양하다. 따라서 1~2가지 항산화제만으로는 여러 종류의 활성산소를 제거하기 어렵다.

시중의 복합 비타민 제제 중 항산화제의 종류는 다양하나 용량이 매우 부족하다. 비타민제에는 비타민결핍 증상을 피할 수 있는 최소한의 양인 권장용량(RDA: Recommended Daily Allowance)이 들어 있을 뿐이다.

활성산소를 제거하기 위해서는 그보다 2~10배 고용량인 적정용량(ODA: Optimal Daily Allowance)이 필요하다. 전문가 처방을 받아 여러 가지 항산화제를 충분한 용량으로 배합한 항산화제 포뮬러를 복용한다.

제3장 산성음식 vs 알칼리성음식

산성체질	알칼리성체질
산성노폐물 체내 축적 면역력 저하 각종 성인병 유발	산성노폐물 체외 배출 면역력 증강 각종 성인병 예방 및 개선

우리 체내의 혈액은 어느 정도의 pH 변화에는 항상성을 유지하지만, 지나치게 산성 음식 혹은 알칼리성 음식만 먹는다면 체내의 항상성에 이상이 생기고, 여러 건강상의 이상증세를 유발하게 된다. 현대인들 대부분 산성체질이며 체내의 항상성의 유지를 위해 산성과 알칼리성 음식이 조화를 이루어야한다.

우리가 먹는 음식에 따라 우리의 몸이 산성 체질과 알칼리성 체질로 변하기 때문에 먹는 음식의 종류가 중요하다. 산성 식품이냐, 알칼리성 식품이냐는 그 식품을 연소시킨 후에 남는 부산물에 따라 판단한다. 어떠한 식품을 태웠을 때 만약 칼슘, 칼륨, 나트륨 등의 금속원소를 남기면 그것을 바로 염기성 - 알칼리성 식품이라고 하며, 식품을 태웠을 때 산소, 인, 황 등의 비금속 원소를 남기면 그것을 바로 산성 식품이라고 하는 것이다.

음식이 인체 내에서의 효소에 의한 분해과정에서 산성 부산물을 남기면 산성 음식, 알칼리성 부산물을 남기면 알칼리성 음식으로 구분할 수 있다. 예를들어 과일의 신맛의 주성분인 구연산(혹은 구연산칼륨)이 인체 내에서 모두 분해되거나 연소되면 칼륨이 남는데, 칼륨은 금속원소이므로, 구연산이 많이 포함된 식품은 알칼리성 식품이라고 할 수 있다. 오징어, 닭고기, 치즈 등은 대표적인 산성 식품인데 최종 대사산물 혹은 연소 산물에서 비금속원소가 남으므로 산성 식품이다.

요즘 식생활이 서구화되어 사람들이 많이 먹는 패스트푸드나 가공식품, 육류 등은 산성 음식이므로 사람들의 몸이 점차 산성 체질로 바뀌고 있다. 육류의 주성분인 단백질에는 황, 질소 등의 비금속 원소가 많으므로 산성 식품으로 분류된다. 예를 들면 칼슘, 마그네슘 등의 성분을 가지고 있는 야채류가 대표적인 알칼리성 음식이다. 반면에 탄수화물, 지방 등이 들어있는 밥(정제된 쌀로 지은), 고기 등은 대표적인 산성 음식이다.

이처럼 대부분 우리가 먹는 음식이 산성 음식이기 때문에 중화를 위해 알칼리성 음식을 챙겨 먹어야 한다는 것이다. 최근 알칼리 이온수, 각종 미네랄 등이 시중에서 많이 팔리는 이유도 항상성을 유지하기 위해 체내를 중성화하고자 하는 노력이다. 따라서 육류를 많이 소비하는 사람이라면, 산성 식품을 중화시킬 수 있는 채소류의 알칼리성 식품을 먹는 것이 건강에 좋을 것이다.

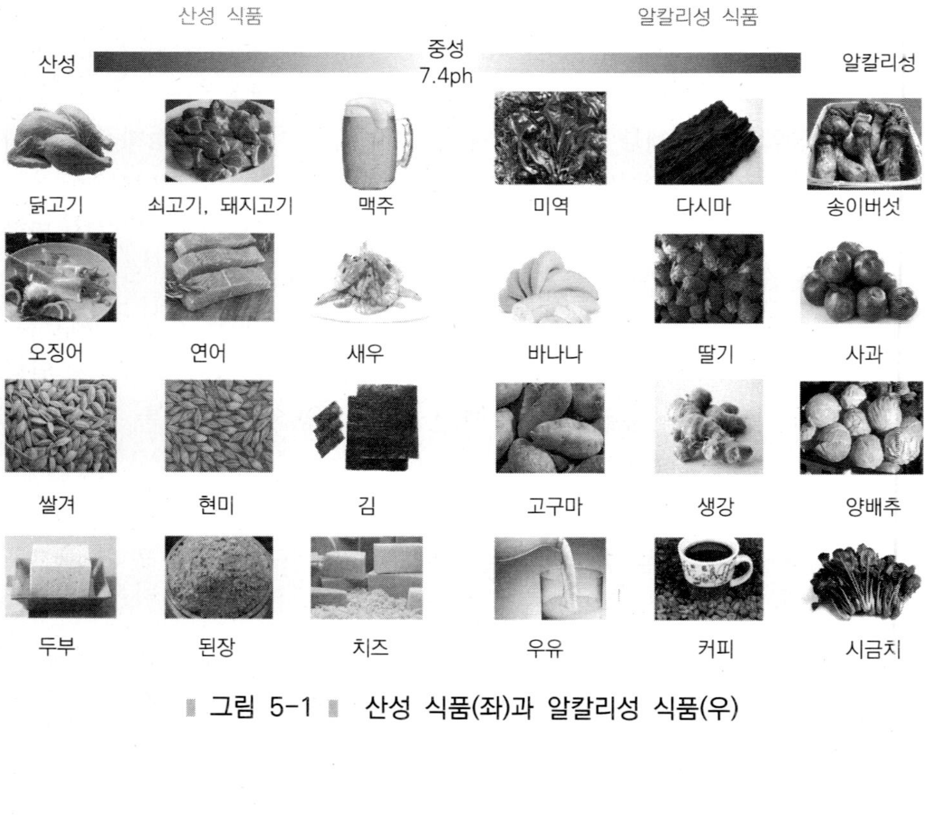

■ 그림 5-1 ■ 산성 식품(좌)과 알칼리성 식품(우)

제4장
건강기능 보조식품

1. 영양보충제(Nutritional Supplement)

국민소득의 증가로 인해 생활수준의 향상과 삶의 질에 대한 관심이 높아지고 있는 현대사회에서 건강한 100세를 맞이하기 위한 노력의 일환으로 건강기능식품 또는 영양보충제 대한 수요가 점차 늘고 있다.

영양보충제(nutritional supplement)는 식이보충제(dietary supplement) 혹은 음식보충제(food supplement)와 같은 의미로 사용되며 일반적으로 비타민, 미네랄, 섬유질, 지방산, 아미노산 등을 지칭한다. 우리나라에서 영양보충제는 법률적으로 건강기능식품의 한 종류로 구분되거나 유사한 의미로 쓰이며 현재 건강기능식품은 식품의약품안전처(KFDA)의 인정 절차 없이 판매할 수 있는 고시형 건강기능식품과 사전인정을 받고 판매할 수 있는 개별 인정형 건강기능식품의 두 가지로 나뉘어 관리되고 있다.

---

* **고시형 건강기능식품**: 인삼, 홍삼, 오메가 3, 녹차추출물 등 비타민, 식이섬유, 단백질과 같은 영양소로만 구성된 건강기능식품

국내 건강기능식품의 생산량은 2004년 2,506억 원에서 2011년 1조 3,682억 원으로 7년 동안 4.5배가량 증가하였다. 이 중 국내 판매는 약 1조 211억 원이며, 가장 많은 부분을 차지하는 건강기능식품은 홍삼/인삼으로 5,849억 원(57.3%), 이외 개별인정형 제품 1,123억 원(11.0%), 비타민 무기질 제제 987억 원(9.8%) 등의 순서로 판매되었다. 해외의 제품을 구입하여 실제 한국인이 복용

하는 건강기능식품의 종류와 빈도는 2007년부터 2009년까지 실시된 4기 국민건강영양조사 수치를 감안하여 추정해야 할 것이다.

전 연령층을 통틀어 가장 건강기능식품 복용률이 높은 군은 학동전기 아동(2-6세)으로 복용률이 46.0%에 이른다. 한국인 소아의 건강기능식품 복용률은 33.4%이고, 성인에서는 33.8%로 이는 3기 2005년 조사의 29.1%보다 증가한 수치이다. 전 연령층에서 가장 많이 복용하고 있는 건강기능식품은 비타민/무기질 제제이며, 다음은 오메가 3 지방산이다.

무분별한 건강기능식품의 남용으로 인한 건강상의 위해 상황이 일어나지 않도록 평상시에 균형잡힌 식생활을 하고 있는 건강한 일반인은 굳이 영양보충제를 일부러 복용필요가 없으며 스트레스 및 불균형적인 상황(다이어트 및 불규칙적인 식습관 등)에서는 반드시 의사와의 상담을 통하여 건강을 향상하는 방향으로 복용해야 할 것이다

▮ 표 5-3 ▮ 비타민의 종류와 효과

종류	효과
베타카로틴	정상적인 시각 기능을 유지하는데 중요한 역할을 하며, 성장, 세포분화 및 증식, 생식, 면역기능의 유지
비타민 C	세포재생, 피로회복, 항노화
비타민 D	낙상, 골절, 골밀도에 대한 효과뿐만 아니라 세포성장을 조절하는 호르몬의 역할
비타민 E	강력한 항산화 작용, 고용량 비타민 E(하루 150 IU 이상)를 복용해서는 안 된다고 권고

▮ 표 5-4 ▮ 미네랄의 종류와 효과

종류	효과
칼슘	체중의 약 1.5-2%를 차지하며 대부분인 99%는 뼈에 저장 칼슘과 비타민 D를 같이 투여 골절예방 효과. 골밀도 보충
셀레늄	견과류, 해산물, 간, 신장, 가금류, 육류, 정백하지 않은 곡류, 시리얼.

▮ 표 5-5 ▮ 고시형 건강기능 식품

종류	효과
인삼	중국, 한국, 일본과 러시아에서 아시아 인삼(Panax ginseng)이 제배됨. 미국 인삼(P. quinquefolius)은 미국, 캐나다 등에서 자라며 성분은 아시아 인삼과 유사. Panax는 그리스말로 만병통치약(panacea)이며 ginseng은 사람과 유사하게 생긴 뿌리란 뜻. 면역증강. 강력한 항산화 효과
글루코사민	인체에 자연적으로 존재하는 단백단당류(aminomonosaccharide)로 glycosaminoglycans, hyaluronan 생합성에 중요한 역할을 담당: 관절연골의 주요 구성성분이며 활액 내에서 압력을 흡수하는 역할. 갑각류 껍질이나 조류, 버섯, 곤충의 폴리사카라이드에서 합성
클로렐라	식물의 녹색을 띠게 하는 화학물질이며, 광합성을 위한 필수 성분. 단백질, 탄수화물 외에도 엽록소, 비타민, 미네랄, 식이섬유 등을 많이 함유. 항산화작용, 면역력 향상
쏘팔메토	5a-reductase type 1&2의 억제, 항남성호르몬작용 등을 통해 효과전립선비대증 환자의 증상개선.
은행	유럽에서는 1960년대부터 녹색 은행잎 건조추출물을 분리하여 인지력 장애와 말초혈관질환에 광범위하게 사용. 말초동맥질환, 어지러움, 이명, 기질성뇌기능장애 치료 보조제. 복용의 안정성은 높지만, 효과에 대한 근거가 불확실
오메가 3:	반드시 음식으로 섭취해야 하는 필수지방산. 심혈관질환 예방효과
달맞이 꽃 오일 (evening primrose oil, Oenothera biennis)	국내에서는 GLA가 약품으로 아토피피부염, 당뇨병성 신경병증에 보험급여로 처방되고 있으나, 건강기능식품으로서 GLA의 복용은 일화적인 경험을 근거로 주로 폐경 전후기 증상호전을 위해 사용
에키나시아	네덜란드와 독일 등의 유럽과 미국 등의 다양한 나라에서 상기도 감염의 예방과 치료의 목적으로 사용. 에키나시아 추출물에는 플라보노이드, 필수 지방산, 폴리사카라이드, 카페인산의 유도체, 알칼로이드 등의 다양한 성분.

• 과량복용에의 부작용

비타민 A, D, E와 같은 지용성비타민은 배출이 잘 되지 않으므로 중독을 초래할 수 있다.

- 비타민 A는 피로, 두통, 설사 등의 증상이 오고 임산부에서는 기형아 출산의 위험까지 있다.
- 비타민 B_6은 신경염을, 비타민 C는 신장결석이나 통풍 등을 초래할 수 있다
- 임산부들이 많이 먹는 엽산의 경우에도 고용량으로 장기간 복용하면 식욕감퇴, 구역질 등 부작용이 올 수 있으며 심하면 콩팥이 손상되기도 한다.
- 철분제도 과하면 중독되어 각종 장기가 상할 수 있고 부정맥 등의 심장질환을 유발할 수 있다.
- 아연을 과다하게 먹으면 구토와 설사, 어지러움, 고지혈증, 체내 구리와 철이 부족하게 되는 미네랄 불균형 등이 올 수 있다.
- 다량의 칼슘을 섭취하면 체내 아연과 철이 부족해질 수 있다.
- 셀레니움도 머리카락이나 손톱이 잘 부서지거나, 피부발진, 신경계증상, 구토, 설사등의 독성증상이 나타날 수 있다. 장기능 개선을 위해 많이 사용하는 유산균이나 프록토올리고당도 설사, 복부팽만 등을 유발할 수 있다.
- 알로에는 복통, 오심, 구토, 전해질 장애 등을 유발할 수 있다.
- 키토산과 키토올리고당을 장기 복용하면 비타민 A, D, E, K 부족을 초래할 수 있다.
- DHA는 지혈장애를 일으킬 수 있으므로 수술 전에는 복용을 금해야 한다.
- 녹차 추출물도 과하면 불면, 초조감 등을 초래할 수 있으며 다른 카페인 함유제품과의 겸용은 피하는 것이 좋다.
- 인삼과 홍삼도 두통, 불면, 가슴 두근거림, 복부팽만감, 혈압상승 등의 부작용이 나타날 수 있으며, 고열이나 고혈압이 있는 경우에는 피하는 것이 좋고, 항응고제나 인슐린, 항우울제, 카페인, 알코올 등과의 병용은 주의하여야 한다.

• 영양보충제 복용방법

- 식사 후 바로 먹거나 식전에 먹는 것이 대사가 원활해져 효과가 좋다.
- 감기나 질병에 걸렸을 때 먹는 것이 질병에 대한 저항력을 키우고 회복에 좋다.
- 운동 전에는 가볍게 탄수화물을 보충하고 운동 중에는 물을, 운동 후에는 단백질을 보충해주는 것이 가장 좋다.

- 운동 또는 육체노동전에 항산화 영양소를 먹으면 노폐물 배설을 촉진해서 근육이나 세포벽을 깨끗하게 유지해주고 근육사용으로 생기는 유해 활성산소를 없애준다.
- 술, 담배를 하는 사람들은 대사와 해독을 위해 많은 효소가 활동해야 하기 때문에 이 효소들의 원료인 비타민과 미네랄, 아미노산을 꼭 공급해 주어야 한다.
- 과로로 피곤할 때도 간기능 회복을 위한 영양소를 먹어주는 것이 좋다.
- 임산부는 엽산을 먹어 기형아를 예방하고 피리독신(Phyridixine, Vitamin B_6)은 입덧을 줄여준다.
- 채식주의자는 비타민 B_{12}와 B_2, 철분과 칼슘, 비타민 A와 D 등 지용성비타민, 라이신, 트립토판, 메치오닌 등의 필수아미노산이 부족할 수 있으니 적절한 보충이 필요하다.

식품의약품안전처는 건강기능보조식품은 인체에 유용한 기능성을 가진 원료나 성분을 사용하여 제조, 가공한 식품으로 정의하고 있다. 건강기능식품은 의약품과 달리 질병상태의 치료가 목적이 아니라 생체기능의 활성화를 통해 질병 발생 위험을 감소시키거나 건강유지 증진을 목적으로 하고 있다

모든 질병에 대한 표준약물 치료를 우선시하여야 하며 상기의 건강기능식품의 효과에 대한 과학적 연구결과는 실제로 알려져 있는 것보다 일관성이 없거나 효과가 미미하여 증명이 어려운 실정이며 건강유지 증진의 목적으로 의사와 상의하여 복용하도록 한다.

제5장
식품 위해요소 중점관리기준 HACCP

인간은 생존과 활동을 위해서 항상 외부에서 에너지를 공급받아야 한다. 인간이 섭취하는 모든 식품은 영양가도 높아야 하지만 기본적으로 위생적으로 안심하고 먹을 수 있어야 한다.

우리나라에서는 식품위생법을 1962년 제정한 이래로 식품으로 인한 위생상의 위해방지 및 식품영양의 절적 향상을 위해서 노력하고 있다. 2013년 정부조직법에 의해 승격된 식품의약품안전처에서 식품위생정책을 담당하고 있으며 부정식품 및 첨가물, 부정의약품 및 부정유독물의 제조 등의 범죄에 대하여 가중처벌을 하고 있다.

식자재의 원료와 식품의 위생적인 안전성을 보장하기 위하여 예방적 위생관리 체계가 HACCP이다. '식품위해요소중점관리기준'이라고 한다.

그 정의를 살펴보면 다음과 같다.

'위생적이며 안전한 식품을 생산하기 위해 식품 제조공정을 여러 단계로 나누고 이 단계를 다시 여러 지점으로 나누어 이 지점에서 위해를 일으킬 만한 생물학적, 의학적, 물리적 위해요소를 발견하고 이를 근본적으로 제거하는 방법을 강구해서 문제 발생 시 이를 신속하고 정확하게 대처하는 예방책을 개발하는 시스템이라고 할 수 있다.

HACCP은 NASA(미항공우주국)의 요청으로 1959년 필스버리(Pillsbury)사가 우주식에 적합하게 개발한 것으로, 무중력 상태에서 병원균 혹은 생물학적 독소가 전혀 없는 무균식품을 만들기 위한 것이었다. 안전한 우주식량을 만들기 위해 필스버리사와 미육군 나틱(Natick) 연구소가 공동으로 HACCP를 실시한 것

이 최초이며 위해분석(HA : Hazard Analysis)과 중요관리점(CCP : Critical Control Point)으로 구성되어 있다.

1980년대에 일반화 되었고 우리나라는 1995년 12월 29일 식품위생법에 HACCP제도를 도입하여 식품의 안전성 확보, 식품업체의 자율적이고 과학적 위생관리 방식의 정착과 국제기준 및 규격과의 조화를 도모하고자 식품위생법 제32조에 위해요소 중점관리기준에 대한 조항을 신설 후 현재는 48조로 적용하고 있다.

우리나라는 HACCP 시스템에 의한 식품 위생관리는 물론 시설설비 등의 일반적 위생관리를 실천함으로써 식품의 원재료 생산에서 부터 최종소비자가 섭취하기 전까지 각 단계에서 생물학적, 화학적, 물리적 위해요소가 해당식품에 혼입되거나 오염되는 것을 방지하기 위한 위생관리 시스템을 의미한다. HACCP은 국제식품규격위원회(codex)에 규정된 12단계와 7원칙으로 현장에 적용되고 있다.

우리나라의 식품 안전을 위한 관리소관부처는 아래와 같다.

▮ 표 5-6 ▮ 식품 안전 소관부처

식품종류	소관부처	관련법률
식품 및 건강기능 식품 (축산물 위생포함)	식품의약품안정처	식품위생법
		건강기능식품에 관한 법률
		식품안전 기본법
		어린이 식생활안전관리 특별법
		축산물위생관리법
농축수산물 등	농림축산식품부	농수산물 품질관리법
		식품산업진흥법
		농수산물 원산지표시에 관한 법률
		인삼산업법 등
먹는물	환경부	먹는물 관리법

참고문헌

• 강병우외, 공중보건학(5th Edition), 청구문화사, 2014
• 김길수, 생각만 바꿔도 10kg은 저절로 빠진다, 길벗, 2007.
• 김명순, 비만 관리학, 훈민사, 2010
• 김상우, 처녀 몸매로 돌아가는 산후조리, 세종서적,1999.
• 김순경, 최미경, 김미현, 배윤정, 개정판 현대인의 질환과 생애주기에 맞춘 영양과 식사관리, ㈜ 교문사, 2013
• 김순옥 외 ,미용영양학, 수문사, 2002
• 김혜영, 고성희 외, 식이요법, 지구문화사, 2011
• 남재현. 다이어트 완전정복, 중앙생활사, 2009.
• 박용우, 원시인처럼 먹고 움직여라, 팝콘, 2009
• 손숙미, 임현숙, 김정희, 이종호, 서정숙, 손정민, 임상영양학, 교문사, 2011
• 송경희, 손정민외 개정판 식사요법, 파워북, 2014
• 송정자 외, 현대인의 건강을 위한 영양과 식생활, 청구문화사, 2006
• 이승교, 원향례, 정은희, 생애주기 영양학, ㈜ 라이프 사이언스, 2013
• 이영미 외, 생애주기 영양학, 양서원, 2013
• 이영숙, 비만과 스포츠 영양, 성신여자대학교 출판부, 2003
• 이준숙. 의사가 당신에게 알려주지 않는 다이어트 비밀 43가지, 모아북스, 2009.
• 장유경, 최영진, 김은미, 원선임 공저, 건강을 위한 기초영양(개정 2판), 형설출판사, 2011
• 정주영, 3개월에 12kg 빼주는 살잡이 까망콩 지음, 채기원 감수, 국일출판사
• 차윤진, 칼로리 앤 코르셋, 삼화출판사, 2013.
• 한정순, 권혜영 외, NEW 뷰티영양학, 메디시언, 2011
• 건강한 이웃, 이웃의 건강을 위한 약사모임, -음식과 영양소-2005호 통권 105호
• 다음건강백과
• 박현아·김수영, 주요 영양보충제의 최신지견
• 구두엽, 성인여성에서 저용량 식이 보충제 음용이 공복감, 식욕, 식사와 간식 섭취에 미치는 영향 , 성신여자대학교 생애복지대학원, 석사학위논문, 2013
• 김나영, 임신·수유부의 식이섭취 및 식생활 관련 요인이 모유의 지방산 함량에 미치는 영향. 이화여자대학교 임상보건과학대학원. 석사논문, 2013
• 김용기. 한국인 모유의 산유량과 영양성분의 변화에 관한 연구 학위논문(박사)- 서울대학교 대학원, 2004
• 김은서, 비타민 보충제 인식 수준이 피부건강에 미치는 연구, 한성대학교 예술대학원

(석사논문). 2011
- 김용성. Jequier, Tappy, 1999 .대한비만학회지, 10(2), 111-117. 2001
- 박승준, 음식 섭취의 신경내분비적 조절기전, 대한내분비학회, 22(6), 391-396, 2007
- 송영득, 비만의 약물요법, 대한내과학회지, 62(3), 322-327.2001
- 송진규, 헬스클럽 이용고객의 영양보충제 섭취여부에 따른 특성분석, 단국대학교 일반대학원(석사논문) 2013.
- 유박린, 심우영, 스트레스와 탈모, 경희대학교 의과대학 피부과학교실, 스트레스연구 제15권 제 2호 , p85-91 ,2007
- 정근영, 한국여성의 다이어트 제품 유형별 사용현황 및 선호도에 관한 연구(석사)-건국대학교 산업대학원, 2013.
- 황유진, 보충제를 복용하는 노인의 영양 상태 및 복용 실태, 이화여자대학교 대학원(석사논문), 2005
- 한주희, 항산화제 섭취기간 및 방법이 활성산소와 과산화물 생성억제 및 피로물질에 미치는 영향. 용인대학교대학원.(박사논문). 2005
- Badman M. K., Flier J. S. (2005). The gut and energy balance: visceral allies in the obesity wars. Science, 307, 1909-1914. 2005
- Blundell, J. E., Gillett, A. (2001). Control of food intake in the obese. Obesity Research, 9(Suppl. 4), 263S-270S. 2006.
- Heffenr, J. E., & Repine, J. E. Pulmonary strategies of antioxidant defense. Am. Review of Respiratiry Disease. 140 : 531-554. 1989
- Cummings D. E., Purnell J. Q., Frayo R. S., Schmidova K, Wisse B. E., Weigle D. S. (2001). A preprandial rise in plasma ghrelin levels suggests a role in meal initiation in humans. Diabetes, 50, 1714-1719. 2001
- Drazen D. L., Woods S. C. Peripheral signals in the control of satiety and hunger. Curr Opin Clin Nutr Metab Care, 6, 621-629, 2003
- Druce M. R., Small C. J., Bloom S. R., Minireview. Gut peptides regulating satiety. Endocrinology, 145, 2660- 2665. 2004
- Hellstrom P. M, Geliebter A, Naslund E, Schmidt P. T, Yahav E. K, HashimS. A et al. Peripheral and central signals in the control of eating in normal, obese and binge-eating human subjects. British. Journal of Nutrition, 92(Suppl 1), 47-57. 2004
- de Graaf C, Blom W. A., Smeets P. A,, Stafleu A, Hendriks H. F. (2004). Biomarkers of satiation and satiety. American Journal of Clinical Nutrition, 79, 946-961, 2004

- Ji, L. L. Oxidative stress during exercise : Implication of antioxidant nutrients. Free Radical Biology and Medicine., 18(6), 1079-1086. 1994
- Ji, L. L., Leeuwenburgh, C., Leichtweis, S., Gore, M., Feibig, R., Hollander, J., & Bejma, J. Oxidative stress and aging. Annals New York Academy of Science. 20 ; 854 : 102-117.1998
- Korea Food & Drug Administration. Data on health functional food production 2011 [Internet]. Cheongwon: Korea Food & Drug Administration [cited 2012 Aug 17]. Available
- Park HA. Top 10 dietary supplements of Korean adults from the 4th Korea National Health and Nutrition Examination Sur-vey. Korean J Fam Med 2011;32:263-266.
- Schwartz M. W., Woods S. C., Porte D, Jr., Seeley R. J., Baskin D. G,.(2000). Central nervous system control of food intake. Nature, 404, 661-671, St-Onge, M. P., Rubiano. 2000
- Talta, S. R., Woodhead, V., Foreman, J. C., & Chain, B. M. The role of reactive oxygen species in triggering proliferation and IL-2 secretion in T cell. Free. Radic. Biol. Med. 26 : 14-24. 1999
- Yoon JY, Park HA, Kang JH, Kim KW, Hur YI, Park JJ, Lee R, Lee HH. Prevalence of dietary supplement use in Korean children and adolescents: insights from Korea National Health and Nutrition Examination Survey 2007-2009. J Korean Med Sci 2012;27:512-517.
- Zouboulis CC, Böhm M , Neuroendocrine regulation of sebocytes: a pathogenetic link between stress and acne. Exp Dermatol 13(Suppl 4):31-35. 2004
- 두산백과
- 대한비만학회
- 보건복지부, 대한의학회, 국가건강정보 포털
- (사)대한 영양사협회, 식사계획을 위한 식품교환표(개정판), 2010
- 신동화교수의 식품안전 이야기 http://blog.cj.net/1097.
- 위키백과, http://ko.wikipedia.org/wiki/
- 이진한 기자·의사 http://soojooni.tistory.com/64
- 한국 보건의료 연구원 NECA
- J Korean Med Assoc 2012 September; 55(9): 889-897

찾아보기

ㅍ

ㅎ

INDEX

| A |

| B |

| C |

| D |

| E |

| F |

| G |

| H |

| I |

| K |

| L |

| M |

미용영양학

2015년 3월 10일 초판인쇄
2015년 3월 15일 초판발행

지은이 / 심은경, 이순례
펴낸이 / 이상태
펴낸곳 / 청구문화사
주　소 / (120-831) 서울특별시 서대문구 성산로 11길 15
전　화 / 02) 332-0541(代)　　**팩　스** / 02) 337-9577
등　록 / 1990년 11월 2일 제9-247호

정가 25,000원

ISBN 978-89-5616-649-0 93590